2024

宁夏生态文明蓝皮书

编 委 会

主　　任　马文锋

副 主 任　李　军

委　　员　贠有强　王林伶　李保平

　　　　　牛学智　李　霞　周鑫一

　　　　　徐　哲

《宁夏生态文明蓝皮书：宁夏生态文明建设报告（2024）》

主　　编　李　霞

宁夏蓝皮书系列丛书

宁夏生态文明蓝皮书

宁夏生态文明建设报告

（2024）

宁夏社会科学院 编

李 霞 / 主编

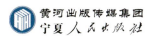

黄河出版传媒集团
宁夏人民出版社

图书在版编目（CIP）数据

宁夏生态文明蓝皮书：宁夏生态文明建设报告.
2024 / 李霞主编. —— 银川：宁夏人民出版社，2023.12
（宁夏蓝皮书系列丛书）
ISBN 978-7-227-07963-7

Ⅰ. ①宁… Ⅱ. ①李… Ⅲ. ①生态环境建设 – 研究报
告 – 宁夏 – 2024 Ⅳ. ①X321.243

中国国家版本馆 CIP 数据核字（2023）第 255515 号

宁夏蓝皮书系列丛书　　　　　　　　　　　　宁夏社会科学院　编
宁夏生态文明蓝皮书：宁夏生态文明建设报告（2024）　　李　霞　主编

责任编辑　管世献　白　雪
责任校对　周方妍
封面设计　张　宁
责任印制　侯　俊

出版发行

出 版 人　薛文斌
地　　　址　宁夏银川市北京东路 139 号出版大厦（750001）
网　　　址　http://www.yrpubm.com
网上书店　http://www.hh-book.com
电子信箱　nxrmcbs@126.com
邮购电话　0951-5052104　5052106
经　　　销　全国新华书店
印刷装订　宁夏银报智能印刷科技有限公司
印刷委托书号　（宁）0028541

开本　720 mm×1000 mm　1/16
印张　18.25
字数　300 千字
版次　2023 年 12 月第 1 版
印次　2023 年 12 月第 1 次印刷
书号　ISBN 978-7-227-07963-7
定价　50.00 元

目 录

1

改 革 篇

领 域 篇

区 域 篇

附 录

总报告
ZONG BAOGAO

奋力建设人与自然和谐共生的现代化美丽新宁夏

——2023年宁夏生态文明建设研究总报告

李 霞 赵 颖 宋春玲

2023年是全面贯彻落实党的二十大精神的开局之年，是实施"十四五"规划承上启下的关键之年。一年来，自治区党委、政府以习近平新时代中国特色社会主义思想为指导，全面贯彻落实习近平生态文明思想，认真落实全国生态环境保护大会和自治区党委十三届五次全会精神，大力实施生态优先战略，以构筑西北生态安全屏障为目标，以完善生态制度、维护生态安全、优化生态空间、发展生态经济、践行生态生活、弘扬生态文化为主要任务，积极推进环境污染防治率先区建设，补短板、锻长板、攻难点，强力推进中央生态环境保护督察反馈问题整改，稳步推进银川市、石嘴山市"无废城市"建设，全力打好"水、气、土"三大污染防治攻坚战。宁夏水环境质量总体稳定，土壤环境污染风险低，声环境质量保持稳定，核与辐射环境正常，主要污染物排放量进一步下降，生态环境质量持续改善。截至2023年10月，宁夏拥有3个国家生态文明建设示范区，6个"绿水青山就是金山银山"实践创新基地。六盘山生态功能区入选全国山水林田湖草沙一体化保护和修复工程项目名单，渝河入选第二批全国美

作者简介 李霞，宁夏社会科学院农村经济研究所（生态文明研究所）副所长（主持工作）、研究员；赵颖，宁夏社会科学院农村经济研究所（生态文明研究所）副所长、副研究员；宋春玲，宁夏社会科学院农村经济研究所（生态文明研究所）助理研究员。

丽河湖优秀案例。在 2023 年国家重点生态功能区县域生态环境监测评价培训班上，宁夏作为全国 5 个被邀请的省区之一，交流了近年来开展县域生态环境监测评价工作亮点及典型经验。生态文明建设取得显著成效，为宁夏高质量发展奠定了坚实基础。

一、宁夏生态环境状况

（一）2022 年宁夏生态环境状况

2022 年，宁夏大气环境质量考核指标达到国家考核目标要求，水环境质量总体稳定，土壤环境污染风险低，声环境质量保持稳定，全区生态环境状况进一步改善。

1. 空气质量

全区环境空气质量优良天数比例为 84.2%，高于国家考核目标 1.2 个百分点；$PM_{2.5}$ 浓度 30 $\mu g/m^3$，PM_{10} 浓度 64 $\mu g/m^3$。剔除沙尘天气影响后，6 项环境空气主要污染物浓度"一降三平二升"。按空气质量综合指数评价排名，空气质量由好到差分别为固原市、中卫市、宁东能源化工基地、吴忠市、银川市、石嘴山市。

2. 水环境质量

全区地表水（黄河干流、支流和湖库）环境质量总体稳定，黄河干流宁夏段水质总体为优，自 2017 年以来连续 6 年保持"Ⅱ类进Ⅱ类出"，创有监测数据以来历史最好成绩；全区 20 个地表水国家考核断面水质优良比例为 90.0%（剔除本底指标影响），完成国家考核目标，沿黄重要湖泊（水库）水质总体良好；主要排水沟 11 个入黄口断面水质全部达到或优于Ⅳ类；17 个地级城市集中式饮用水水源地水质达到考核目标要求。

3. 土壤环境质量

开展一般风险监控点位监测，农用地监测点位汞、砷、铬、铜、锌、铅、镍、六六六总量、滴滴涕总量、苯并芘土壤污染物含量均低于农用地土壤污染风险筛选值；建设用地监测点位汞、砷、镉、铜、铅、镍、六六六总量、滴滴涕总量、苯并芘含量均低于建设用地第二类用地土壤污染风险筛选值。

4. 声环境质量

全区城市区域声环境质量较好，道路交通声环境质量等级达到好的水平；宁夏城市功能区声环境质量总体平稳，昼间达标率高于夜间，昼间、夜间达标率同比均有所提升。

5. 自然生态环境质量

全区生态质量指数值为 52.63，生态质量类型为三类，与 2021 年相比，生态质量保持基本稳定。监测的 22 个县域中，生态质量类型为一类的县域有 1 个，二类的县域有 5 个，三类的县域有 16 个。农村环境方面，全区农村环境质量监测 54 个村庄，环境质量总体保持稳定。

（二）2023 年 1—11 月宁夏生态环境状况

1. 环境空气质量

1—11 月，全区未发生重污染天气；$PM_{2.5}$ 平均浓度为 27.4 $\mu g/m^3$，优于国家考核目标（30.6 $\mu g/m^3$）要求，同比下降 10%，下降幅度位居全国前列。

2. 水环境质量

1—11 月，全区 20 个地表水国控考核断面优良比例 80%，达到国家考核目标要求（80%），预计能够完成年度目标任务，劣 V 类水体和县级以上城市黑臭水体动态清零。

3. 土壤环境质量

1—11 月，全区农用地土壤环境总体清洁，建设用地土壤环境总体安全，受污染耕地安全利用率和重点建设用地安全利用率均完成国家考核任务。

4. 污染物总量减排

1—11 月，全区氮氧化物、挥发性有机物、化学需氧量、氨氮 4 项主要污染物重点工程减排量依次达到 14000 吨、6200 吨、6000 吨、550 吨，提前完成国家下达的"十四五"总量减排目标任务。

表1　2023年1—11月宁夏生态环境主要指标一览表

指标名称	年度目标	1—11月实际值	2022年同期值	同比增减（%）
地级市空气质量优良天数比例/%	84.2	80.7	84.6	−3.9
重污染天数比例/%	0.5	0	0.9	−0.9
$PM_{2.5}$平均浓度/($\mu g/m^3$)	30.6	27.4	29	−6.9
PM_{10}平均浓度/($\mu g/m^3$)	65	63	61	1.6
地表水优良水体比例/%	80	80	90	−10
地表水劣V类水体比例/%	10	0	0	—
氮氧化物重点工程累计减排量/t	7320	14000	—	—
挥发性有机物重点工程累计减排量/t	2460	6200	—	—
化学需氧量重点工程累计减排量/t	3600	6000	—	—
氨氮重点工程累计减排量/t	180	550	—	—

数据来源：宁夏回族自治区生态环境厅。

二、宁夏生态环境建设取得的显著成绩

宁夏以黄河保护治理为核心，坚持保护优先，推动绿色发展，狠抓环境治理，加强生态建设，建立健全责任追究、资金投入、环境评价、生态补偿等机制，以生态环境高水平保护促进经济社会高质量发展。

（一）顶层设计不断完善

近年来，宁夏坚定扛起先行区建设使命任务，坚持生态高水平保护与经济高质量协调发展，2020年出台了《中共宁夏回族自治区委员会关于建设黄河流域生态保护和高质量发展先行区的实施意见》，聚焦黄河流域生态保护和高质量发展先行区建设，编制了《黄河宁夏段生态保护治理规划（2020—2025年)》《黄河流域宁夏段国土绿化和湿地保护修复规划（2020—2025年)》，明确宁夏生态环境保护的红线、底线，确保国土绿化和湿地保护修复落地落实，形成大保护大治理工作格局。把碳达峰、碳中和纳入宁夏生态文明建设整体布局，印发了《2021年全区应对气候变化重点工作安排》。针对碳排放主要来源于化工、钢铁、有色和建材行业，印发了《宁夏回族自治区碳达峰实施方案》以及生态环境监测、环评与执法协调联动管理办法，修订了《宁夏水资源管理条例》《宁夏湿地保护条例》《宁夏河

湖管理保护条例》等地方性法规。自治区党委十三届五次全会是自治区成立以来第一次以生态环境保护和治理为主题的党委全会，站在"国之大者""省之大计""民之大事"的高度，审议通过了《关于深入学习贯彻习近平总书记重要讲话精神、全面推进新征程生态文明建设、加快建设美丽宁夏的意见》及环境整治、生态修复、绿色发展、组织保障4类专项38个文件，对新征程全面加强生态环境保护、推进美丽宁夏建设作出全面部署。初步形成了包括政府规章、各类规划、标准规范、监督管理、地方性法规等制度体系，为推动宁夏生态环境保护和治理提供了坚强的制度保障。

（二）深入打好污染防治攻坚战

保持污染防治攻坚的强劲势头，实现生态环境质量稳中向好。截至2023年11月底，主要污染物排放总量持续下降，重点行业超低排放改造走在西部地区前列，吴忠市、银川市、固原市、中卫市先后入选北方地区冬季清洁取暖项目。组织105家重点行业企业开展挥发性有机物（VOCs）"一企一策"综合治理，建成国内首个省级加油站储油库油气回收在线监管平台。

1. 全力打好蓝天保卫战

坚持源头防控，强化系统治理，实施煤尘、烟尘、扬尘、汽尘"四尘"同治。突出重点领域，坚决打好重污染天气消除、臭氧污染防治、柴油货车污染治理3个标志性战役。高质量稳步推进钢铁、水泥等重点行业超低排放改造，坚持"先立后破、不立不破"原则，持续推进清洁取暖改造和散煤污染综合治理，加快推进北方地区冬季清洁取暖项目实施。聚焦$PM_{2.5}$和臭氧协同控制，完成大气治理重点项目170个，大气污染物治理取得明显进展。

2. 着力打好碧水保卫战

统筹水资源利用、水环境治理、水生态修复，全力推进饮用水源、黑臭水体、工业废水、农业退水、城乡污水"五水共治"。加强入河（湖、沟）排污口监督管理，实施"一口一策"分类整治。谋划推动重点入黄排水沟生态修复、再生水利用等9个水污染防治和水生态修复工程，整治入黄排污口946个，13条城市黑臭水体全部治理完成，工业园区全部实现污水集中收集处理，群众满意率达到 90%。持续开展地下水环境状况调查，实施农村生活污水治理项目 37 个，全区农村生活污水治理率达到 32%，超过全国平均水平（31%），水环境治理水平显著提升。

3. 扎实推进净土保卫战

一是强化重点监管地块风险管控和建设用地用途管制。完成全区农用地土壤污染状况详查，实施农用地分类管控，推动银川市、石嘴山市"无废城市"建设，开展涉重金属、白色污染、废弃电器电子产品等专项治理，受污染耕地安全利用率达到 100%。完成重点行业企业土壤污染状况调查，对 9 个优先管控地块进行风险评估，对 176 家重点监管单位进行污染隐患排查，有效保障了重点建设用地安全利用。二是统筹推进生活污水治理、粪污无害化处理和资源化利用。完成 60 个新增行政村环境综合整治，分期分批整治 27 个国家和自治区监管的农村黑臭水体，实施农村生活污水治理项目 104 个，全区农村生活污水处理率达 28.96%。三是实施化肥农药减量增效行动和农膜回收行动，强化固体废物和新污染物治理，提高固废处理"三化"水平，强化医疗废弃物处置监管，建立危险废物分级分类管理制度，完善危险废物经营许可豁免管理制度。

（三）生态环境保护监管能力显著提升

近年来，宁夏深入实施生态立区战略，持续推进空、天、地一体化智慧监测体系建设，强化卫星遥感、无人机遥感和生态地面监测的联动应用，初步建立空、天、地一体化监测协同机制。同时优化农村环境监测点位，率先实现农村环境监测县域全覆盖，完善贺兰山、罗山气候生态环境综合监测站点建设，提升对生态环境脆弱地区气候环境变化的监测能力，生态环境监测能力建设成效显著。目前，全区共有各类生态环境质量监测点位 1698 个，其中，环境空气质量自动监测站 54 个，水环境质量监测点位（断面）114 个，土壤环境质量监测点位 294 个，噪声监测点位 1032 个，辐射环境质量监测点位 204 个，基本实现了空气、水、土壤、辐射、噪声、农村环境及污染源监测多维度全覆盖。

（四）绿色转型发展再上新台阶

全区国土空间开发保护持续优化，推动形成"一带三区"绿色发展格局。加快培育经济发展新动能，支柱产业绿色低碳循环发展水平显著提升，单位地区生产总值能源消耗进一步下降。应对气候变化取得积极成效，碳排放强度增长趋势得到有效遏制，绿色生产生活方式加快形成。生态文明建设示范区、"两山"实践创新基地创建持续推进，黄河流域生态保护和高质量发展先行区建设取得新突破。

1. 推动传统产业改造提升

3年来，自治区累计安排财政资金8400万元，支持鼓励企业淘汰落后产能、化解过剩产能，累计退出产能573万吨，淘汰燃煤锅炉3500余台，火电和水泥行业全部实现超低排放改造，钢铁行业超低排放改造正在有序实施。

2. 加快能源消费低碳转型

聚焦光伏、风电、氢能等领域，宁夏不断健全新能源全产业链，先后吸引国电投、华电、大唐、隆基、中环等清洁能源龙头企业投身风光资源开发，推动中卫百万千瓦沙漠光伏电站、华电宁东风电场等一大批技术先进、投资大、带动效果显著的清洁能源产业项目建设取得积极成效。宁夏新能源装机达到3247万千瓦，光伏和风电装机分别居全国第9位和第10位。新能源装机占统调电力总装机突破50%，超过火电成为全区第一大电源，宁夏成为全国第4个新能源装机占比突破50%的省区。截至2023年11月，自治区已建成国家绿色制造系统集成项目6个，国家和自治区级绿色园区12家、绿色工厂115家，开发工业绿色设计产品21个。

3. 扎实推进绿色低碳发展

坚定不移转方式、调结构、换动能，推进产业绿色化和绿色产业化。围绕新能源、新材料、新食品发展方向，大力推动重点产业高质量发展，持续推进传统产业"四大改造"，坚决遏制"两高"项目盲目发展，科学规划工业园区建设，推动生态高水平保护和经济高质量发展。

4. 制定了工业碳达峰目标任务和路线图

重点实施产业结构调整、重点行业达峰、节能降碳、绿色制造、数字降碳、科技降碳、新能源产业链建设和资源循环高效利用八大工程，绿能开发、绿氢生产、绿色发展的特色优势凸显。宁夏宝廷新能源有限公司建成全国首套低碳烷烃循环利用联合装置，在生产高清洁环保芳香烃类产品的同时，产生纯度高达99.999%的高品质氢气，建立起氢能发展的新产业链条，实现绿色低碳循环发展和产业链延伸；吴忠赛马新型建材有限公司采用行业最先进新技术、新工艺、新装备，企业数字化、绿色化、智能化及节能减排达到行业领先水平；宁夏吉元冶金集团有限公司成功研制热熔渣制备岩（矿）棉技术，实现冶金废渣中大量热能的再回收、再利用，能源节约效能和经济效能显著。抓好碳达峰碳中和实施意见和碳达峰方案的落实，加强重点排放单位碳排放报告核查工作，将重点排放企业纳入国家碳排放配额管理，积极推进碳排放权改革，碳排放强度增长趋势得到有效遏制。截至2023年6月，全区能耗强度下降4.2%，降幅高于全国平均水平3.6个百分点。

（五）持续筑牢西部生态安全屏障

宁夏坚持山水林田湖草沙一体化保护和系统治理，高标准编制"三山"生态保护修复专项规划，实施一批生态保护修复、退化草原修复、湿地保护修复、荒漠化治理、天然林保护等重大工程项目，积极推进人类活动点位全面清理整治，贺兰山保护区内169处人类活动点、外围45处影响生态功能的点位全部治理完成，巩固扩大"一河三山"生态保护修复成果；完成矿山地质环境恢复治理和国土综合整治5万亩，草原生态修复26.9万亩，推进"退耕还湿"治理，保护修复湿地20.8万亩；治理荒漠化土地65.4万亩，治理水土流失面积930平方公里，持续推动腾格里沙漠污染问题整治，加强自然保护地监管，推动建设六盘山、贺兰山国家公园。全区森林覆盖率由15.2%提升到16.9%，草原综合植被盖度提高到56.51%，水土流失面积减幅达20.9%，年入黄泥沙由1亿吨减少到2000万吨，重要生态廊道渐次贯通。目前，997条（个）河湖都有了河湖长，全区4284名河湖长认真履职，河湖管理水平不断提升，河湖长制工作连续3年受到国务院表彰激励。五级林长组织体系全面建立，设置各级林长8582名，实现"山有人管、树有人种、林有人护、责有人担"。筑牢祖国生态屏障的生动实践，成为全国生态修复的典型案例，被世界自然保护联盟积极推广。

(六) 持续开展生态环境违法行为专项整治行动

扎实开展全区生态环境违法行为专项整治行动和"四防"常态化专项督查，严厉打击环境违法犯罪行为。狠抓中央生态环保督察、黄河警示片披露和自治区生态环境保护督察等问题整改，解决了一批群众反映强烈的突出环境问题。2023 年度的 29 项整改任务已整改验收 16 项，13 项已完成整改待验收。累计排查企业 894 家，发现问题 2424 个，已完成整改 2361 个，完成率 97.4%。全区生态环境系统立案查处案件 460 件，罚款 5646.83 万元，查封扣押 51 件，公安系统侦办生态环境和资源类刑事案件 110 起，有力打击了环境违法行为。全区"12369"环保投诉热线共受理群众环境污染投诉 8031 件，办结率 100%。

(七) 生态环境体制机制改革取得新突破

持续深化生态环境领域改革，发挥市场机制作用，高标准完成空间规划（多规合一）试点任务，完成全区生态保护红线划定，成为全国首批、西北第一个完成红线划定省（区）；深化生态环境领域"放管服"改革，推进监督执法正面清单制度化、规范化，为自治区生态环境重大工程建设开辟绿色通道；完善能耗总量和强度双控、煤炭消费总量和污染物排放总量控制制度，探索制定投资负面清单，抑制高碳投资，严控资源消耗大、环境污染重、投入产出低的行业新增产能；完善农村环境基础设施运行维护长效机制，持续落实河湖长制，加快建立林长制、山长制；完善生态保护成效与财政转移支付资金分配相挂钩的生态保护补偿机制，加快建立保护修复生态有回报、破坏生态环境有代价的生态产品价值实现机制；完善黄河宁夏段横向生态保护补偿机制，实现环境质量预测预警、污染溯源追因、容量分析等综合运用；深入推进排污权和碳排放权改革，健全完善法规政策体系和运行保障机制，推动挥发性有机物纳入排污权有偿使用交易试点，积极推动碳排放融入全国碳市场交易。

三、宁夏生态环境建设面临的严峻挑战

2023 年全区生态环境保护取得积极成效，为推进美丽宁夏建设，打造绿色生态宝地奠定良好基础。对标党中央要求和群众期盼，仍存在一些问

题和不足。

（一）生态环境质量改善不够稳固

1. 空气质量改善仍不稳定

监测结果显示，2015—2022 年，全区地级城市臭氧浓度的超标天数总体均呈波动上升趋势，臭氧已经成为仅次于 $PM_{2.5}$ 的重要污染物，臭氧污染防治已成为宁夏大气污染防治工作的重点。地级城市优良天数比例为80.6%，受异常增多的外来沙尘影响，2023 年沙尘天气同比增加 17.8 天，优良天数比例近年来出现首次下降。

2. 水环境存在风险隐患，部分水体断面水质还不稳定

一是黄河干流周边化工园区密集、跨河桥梁多，危险化学品基本靠道路运输，地表水型饮用水源地风险隐患突出。二是固原市茹河、清水河，石嘴山市沙湖等河湖自净能力弱，水质易受外部条件影响。清水河径流总量较上年同期下降 8.1%，河流水量偏少，导致污染物积聚富集，指标浓度变化较大。三二支沟贺兰—平罗交界断面、平罗—大武口交界断面均为劣 Ⅴ 类水体，第三排水沟贺兰—平罗交界断面、平罗—惠农交界断面为 Ⅴ 类水体，全面达标难度大。黄河支流和重点入黄排水沟仍存在非法排污口，部分水源地规范化建设滞后。

（二）资源能源约束持续趋紧，生态环境保护任重道远

1. 水资源整体匮乏

86% 的地域年均降水量在 400 毫米以下，人均水资源占有量为全国平均水平的 1/12，人均可利用水资源量不足全国平均水平的 1/3。

2. 土地资源利用仍较为粗放

全区单位建设用地地区生产总值约为全国平均水平的 1/2，中南部大部分县区甚至不足全国平均水平的 1/5。

3. 生态文明建设面临新的压力

"2030 年前实现碳达峰，2060 年前实现碳中和"是中央明确提出的发展目标，国家对环境保护、资源利用、能耗双控、安全生产等要求和约束将更加严格，宁夏能耗"双控"指标进一步趋紧，安全生产防范任务更加繁重，节能减排形势十分严峻。

4. 重化型资源型产业结构明显

产业结构、能源结构、运输结构不优的问题没有根本改变，生态环境保护结构性、根源性、趋势性压力总体仍处于高位。2022 年，自治区二产比重高于全国平均水平 8.4 个百分点，六大高耗能行业能耗占规上工业能耗的 92.2%。从能源消费结构来看，全区煤炭占比仍然在 70%以上，用能效率偏低、能耗强度偏高，全区煤电装机占比近 50%，节能减排压力较大。绿色新兴产业发展较慢，绿色技术创新能力还需进一步提升，促进绿色产业发展的体制机制还有待健全。生态环境保护形势仍然严峻，面临着改善生态环境与优化调整结构的双重挑战。

（三）环境治理能力亟待提高

环保投入与污染治理需求相比还有较大差距，资金渠道单一，绿色发展的激励约束机制还不健全；环保基础设施建设存在隐性短板，尤其是农村环保基础设施建设和运行管理短板急需补齐；监测能力与监管需求不匹配，利用天、地一体化的信息化监管手段还比较欠缺，实施精细化管理、精准治污的能力不足。黄河流域宁夏未形成统一的生态环境监管体系和标准规范，联防联治的保护合力有待加强。

四、推动宁夏生态文明建设的对策建议

生态环境是关系党的使命宗旨的重大政治问题，也是关系民生的重大社会问题。"十四五"时期，我国生态文明建设进入了以降碳为重点、推动减污降碳协同增效、促进经济社会发展全面绿色转型、实现生态环境质量改善由量变到质变的关键时期，面对宁夏生态环境保护正处在巩固提升、扩大成果的突破期，压力叠加、负重前行的关键期，标本兼治、整体推进的攻坚期"三期叠加"时期，我们以习近平新时代中国特色社会主义思想为指导，深学细悟习近平生态文明思想，完整准确全面贯彻新发展理念，坚定扛起加快黄河流域生态保护和高质量发展先行区使命任务，坚决按照自治区党委十三届五次全会审议通过的《关于深入学习贯彻习近平总书记重要讲话精神、全面推进新征程生态文明建设、加快建设美丽宁夏的意见》，坚持绿水青山就是金山银山理念，树立"谁保护谁受益、谁污染谁赔

偿"的鲜明导向，注重全领域转型、全方位治理、全要素提升、全地域建设、全过程防范、全社会行动，全力打造生态宝地，实现宁夏经济社会可持续发展。

（一）压紧压实生态环境保护责任

充分发挥自治区生态环境保护领导小组职能，严格落实生态环境保护"党政同责、一岗双责"和"三管三必须"要求，建立健全美丽宁夏建设的考核体系和推进落实机制，实施生态环境保护工作专题报告制度，将履职尽责情况纳入自治区生态环境保护督察体系，把生态环境保护责任从"软要求"转变为"硬约束"。

（二）持续深入打好污染防治攻坚战

以实现减污降碳协同增效为总抓手，以改善生态环境质量为核心，以精准治污、科学治污、依法治污为工作方针，统筹污染治理、生态保护、应对气候变化，保持力度、延伸深度、拓宽广度，以更高标准打好蓝天、碧水、净土保卫战，以高水平保护推动高质量发展。

1. 持续打好蓝天保卫战

持续推进大气污染防治攻坚行动，强化"四尘"同治，完善联控联治联防机制，有效应对重污染天气。打好重污染天气消除、臭氧污染防治和柴油货车污染治理攻坚三大战役。一是消除重污染天气。围绕钢铁、焦化、建材、有色、石化、煤化工等重点行业和居民取暖、柴油货车、扬尘防控、秸秆焚烧等重点领域，全面提升污染治理水平。坚决遏制高耗能、高排放、低水平项目盲目发展，坚决叫停不符合要求的高耗能、高排放、低水平项目，逐步淘汰落后产能。二是打好臭氧污染防治攻坚。以银川市、石嘴山市、吴忠市和宁东基地为重点区域，建立区域联防联控、齐抓共管的长效机制，完善臭氧和挥发性有机物监测体系，研究制订治理提升计划，统一治理标准和时限，全面排查使用溶剂型涂料、油墨、胶黏剂、清洗剂以及涉及有机化工生产的产业集群。三是开展柴油货车污染治理攻坚行动。以区内货车通行量大的国（省）干线公路、高速公路、跨省际交通枢纽、物流园区、工业园区、工矿企业为重点，强化柴油货车和非道路移动机械监管。加快运输结构调整和机动车清洁化推进力度。

2. 持续推进水污染防治攻坚行动

全面加强"五水"共治，推动沿黄 1 公里范围内高耗水、高污染企业迁入合规园区，严禁在黄河干流及主要支流临岸 1 公里范围内新建"两高一资"项目及相关产业园区。完善流域水污染协作制度，建立健全流域水污染联防联控机制。全面治理水体污染，加强入河排污口排查整治，优化入河（湖、沟）排污口布局。将黄河宁夏开发利用区中二级水功能区黄河青铜峡饮用、农业用水区设置为禁止排污区域，将一级水功能区黄河宁蒙缓冲区设置为严格限制排污区域。对于不达标水体、敏感水体限制新增排污口，不再新增除依法审批集中式处理设施以外的排污口，鼓励已有的直接入黄排污口逐步实施人工湿地尾水净化工程，进一步减少黄河干流污染物排放量。落实县域农村生活污水治理专项规划，推进农村生活污水治理，优先解决水源保护区、黑臭水体集中区域、乡镇政府所在地、村庄中心村、城乡接合部、旅游风景区等区域生活污水问题。

3. 不断深化土壤污染防治和农村生态环境保护

进一步推进"六废"联治，强化土壤污染源头治理，防范新增污染。持续推进土壤污染防治攻坚行动，加强土壤和地下水污染风险管控，实施水土环境风险协同防控。推进农业面源污染防治，推进"源头减量—循环利用—过程拦截—末端治理"全链条污染防治；加强畜禽养殖污染防治，以利通区、灵武市等养殖大县为重点，依法编制实施畜禽养殖污染防治规划，推动种养结合和粪污综合利用，规范畜禽养殖禁养区管理。适度优化种植结构，以县为单位，完善农业产业准入负面清单制度，因地制宜发展旱作玉米、小麦种植，改进种植模式。推进农药化肥减量增效，推广有机肥，开展农业面源污染治理和监督指导试点，划分农业面源污染优先治理区域，探索开展农业面源污染调查监测评估工作，建设农业面源污染监测"一张网"。

（三）打好绿色转型整体战

坚持把绿色低碳发展作为解决生态环境问题的治本之策，全面落实生态环境分区管控要求，坚决遏制"两高一低"项目盲目上马，推动产业、能源、交通、建筑等关键领域绿色低碳转型，提升资源集约节约利用质效，加快构建现代化绿色产业体系，形成节约资源和保护环境的产业结构和生产方式，推动经济社会发展全面绿色转型，打造绿色低碳发展高地。

1. 深入推进碳达峰行动

以能源、工业、城乡建设、交通运输等领域和钢铁、有色金属、建材、石化化工等行业为重点，积极稳妥推进碳达峰碳中和，坚持降碳、减污、扩绿、增长协同推进，以"双碳"目标引领生态保护和高质量发展，加快经济社会发展全面绿色转型。围绕自治区碳达峰实施方案主要目标和重点任务行动，有计划分步骤做实"双碳"具体工作。加快推动制定全区能源、工业、交通、建筑等领域专项碳达峰实施方案，鼓励冶金、有色、化工、建材等重点行业制定碳达峰实施方案，加快推进各地级市及宁东基地出台碳达峰实施方案，推动能耗"双控"向碳排放总量和强度"双控"转变。着眼减碳、降耗、增绿，统筹推进煤电、钢铁、有色金属、建材、石化、化工等重点领域碳达峰，持续改善工业用能结构，提高清洁能源比重，依靠技术创新不断提高制造业能效水平。

2. 研究出台降碳减碳产品价值实现机制

以林业、草原、湿地碳汇等为突破口，采取碳中和认证、重点行业碳排放评价等措施，打通降碳减碳产品与市场需求间的通道，加快推进排污权、用能权、碳排放权市场化交易。全面实施环保信用评价，发挥环境保护综合名录的引导作用。

3. 探索建立温室气体和大气污染物协同减排管理机制，形成大气污染和碳排放协同治理

适时开展碳中和研究，选择典型区域开展碳中和示范区创建试点。围绕区域、行业、产品、清单等碳排放统计核算重点任务，建立科学核算方法，加快研究宁夏本地排放因子。

4. 积极开展市县级碳排放统计核算方法研究

定期编制市、县级温室气体排放清单，系统掌握市、县碳排放真实情况，建立与"双碳"发展目标相适应的考核体系，在领导干部离任审计中增加碳审计，避免短期决策对高碳排放的长期锁定。积极出台政策，引导重点排放企业开展碳排放管理体系建设，推进建立重点产品碳排放核算方

法，鼓励有条件、有需求的企业开展产品碳足迹认证，提高企业产品市场竞争力。

5. 加快产业绿色低碳转型

一是促进高耗能产业绿色转型发展。对标国际先进技术，开展低碳零碳关键核心技术攻关，对符合绿色发展、节能降耗的首台套设备的制造企业研发投入给予适当补贴，支持已取得突破的绿色低碳技术开展产业化示范应用。加强焦化、钢铁、水泥等行业焦炉尾气余热回收项目，利用生物发酵技术将热炉尾气转化为燃料乙醇、甲醇、蛋白饲料等高附加值产品，提高煤炭资源综合利用水平。加强农业绿色种植养殖、节水节肥增效，完善农产品绿色标准体系；培育绿色商场超市，发展绿色物流，发展环保服务业；培育发展消耗低、排放少、质效高的绿色新兴产业。

6. 推进能源清洁低碳转型

坚持源头发力，推动煤炭绿色智能开采、煤电清洁低碳建设、天然气资源勘探开发、风电光伏高质量跃升发展、可再生能源多元发展、绿氢低成本规模化发展，做好能源"生产"文章；坚持产业筑基，建设国家光伏产业发展高地，提升风电设备制造配套能力，加快完善新型储能产业链条，积极培育氢能装备制造产业，做好能源"产业"文章；坚持用能升级，促进重点行业清洁低碳高效用能，持续提升终端用能电气化水平，做好能源"消费"文章；坚持整体推进，提升电源侧灵活调节能力，强化电网基础设施建设，推动储能多形式科学配置，提升电力需求侧响应能力，创新打造绿电园区，做好能源"系统"文章；坚持政策引领，深化能源市场化改革，完善经济支持政策，加强要素资源保障，强化科技人才支撑，坚守能源安全底线，做好能源"机制"文章。全力布局新型储能、氢能等产业赛道，通过资金、人才、税收等政策，加快构建"领军企业＋产业集群＋特色园区"绿色能源产业格局。

7. 坚决遏制高耗能、高排放项目盲目发展

严把高耗能、高排放项目准入关口，严格落实污染物排放区域削减要求，对不符合规定的项目坚决停批停建，依法依规淘汰落后产能和化解过剩产能。合理控制煤制油气产能规模，严控新增炼油产能。

8.加强生态环境分区管控

衔接国土空间规划分区和用途管制要求，将生态保护红线、环境质量底线、资源利用上线的硬约束落实到环境管控单元，建立差别化的生态环境准入清单，加强"三线一单"成果在政策制定、环境准入、园区管理、执法监管等方面的应用。健全以环评制度为主体的源头预防体系，严格规划环评审查和项目环评准入，开展重大经济技术政策的生态环境影响分析和重大生态环境政策的社会经济影响评估。

9.加快形成绿色低碳生活方式

绿色低碳生活是人民群众共同参与、共同建设、共同享有的事业，把生态文明教育纳入宁夏国民教育体系，增强全民节约意识、环保意识、生态意识。因地制宜推行垃圾分类制度，加快快递包装绿色转型，加强塑料污染全链条防治。深入开展绿色生活创建行动。建立绿色消费激励机制，推进绿色产品认证、标识体系建设，营造绿色低碳生活新时尚。

（四）持续开展全区生态环境违法行为专项整治行动

加强生态保护综合执法，着力提升执法效能，拓展信用监管模式，发挥媒体监督作用，严厉打击环境违法犯罪行为。强化社会化检验检测机构整治，规范市场秩序，严格环境监测全过程全环节监督管理，严惩弄虚造假行为。持续开展全区生态环境违法行为专项整治行动，全力推进中央生态环境保护督察和黄河流域生态环境警示片反馈问题整改，组织开展自治区生态环境保护督察。

（五）不断提高环境治理能力

适时修订《宁夏回族自治区环境保护条例》，积极推动《宁夏回族自治区噪声污染防治条例》等列入立法项目计划。深入推进排污权和碳排放权改革，健全完善法规政策体系和运行保障机制，推动挥发性有机物纳入排污权有偿使用交易试点，积极融入全国碳市场交易。加快完善生态保护补偿制度，积极推进生态环境导向开发模式，推动环境污染防治、生态系统保护修复等工程与生态产业发展有机融合。

（六）坚决打好保护修复系统战

紧紧抓住宁夏全境处于黄河"几"字弯攻坚战片区和"三北"工程全

覆盖的"双优势",围绕"一带三区"生态格局,以生态问题治理和生态功能恢复为导向,探索源头保护、系统治理、全局治理新途径,统筹山水林田湖草沙一体化生态保护修复,努力建设黄河流域生态保护和高质量发展先行区。

1. 扎实推进"一河三山"生态保护修复治理

对现有自然保护区、森林公园、风景名胜区等各类自然公园开展评价,逐步形成以国家公园为主体、自然保护区为基础、各类自然公园为补充的自然保护地分类系统。

六盘山要着眼解决林种单一、林分质量不高、草原植被退化、水土流失严重等生态问题,坚持自然恢复与人工修复有机统一,加快推动六盘山保林、涵水、固土,持续提升水源涵养和水土保持能力,突出绿色屏障作用,因地制宜、适地适绿,推进林草产业、全域旅游互利升级。

贺兰山保护区要加快构建"一屏两带两域"保护修复建设格局,全面开展历史遗留废弃矿坑治理和行洪沟道整治,依法逐步退出贺兰山内井工煤矿,因地制宜营造防风固沙林、水源涵养林,构建以贺兰山国家级自然保护区外围重点区域为主的山前生态保育带,以110国道两侧、贺兰山东麓葡萄长廊为主的山下生态产业带,彰显生态安全屏障作用。深化贺兰山东麓山水林田湖草生态保护修复等试点成效,总结推广典型经验做法。

罗山要聚焦解决荒漠化土地面积较大、水源涵养能力不足、草原植被退化等问题,构建"一核两廊两区"保护治理修复建设格局。加快培育天然林、补植补造未成林、营造灌草结合的水土保持林,构建以苦水河、红柳沟两条黄河一级支流为主体的生态廊道,维护生物种群和生物多样性,全面提升防沙治沙屏障、重要水源涵养区等生态功能,打造中部干旱带"绿屏"。

2. 加强现有湿地资源保护

宁夏现有湿地310万亩,其中河流湿地达到147万亩。要着力推进区域再生水利用和生态保护修复,实施重点入黄排水沟综合治理,推动水环境改善。严格落实饮用水水源保护区制度,修复流域水生态,降低生态关联区土壤盐渍化,消除矿山造成的水源污染和土壤面源污染。

3. 发展葡萄酒产业、生态文化旅游等新业态

聚焦构建贺兰山东麓葡萄酒文化旅游长廊，结合贺兰山东麓废弃矿山修复和防洪沟道治理，推动发展山前葡萄酒产业、生态文化旅游等新业态。以六盘山生态功能区、生态移民迁出区等为重点，推广泾源县吸引社会资本参与生态保护修复的试点经验，加快推进生态与农业、特色苗木、旅游度假等产业深度融合。实施罗山地区沙区资源利用富民工程，发展沙漠光伏风电、沙漠种植、探险旅游等产业，以特色产业发展促进生态环境改善。探索生态产品价值实现形式，探索开展生态环境导向的开发模式，推进生态环境治理与生态旅游、城镇开发等产业融合发展。

（七）创新生态保护修复体制机制

加强工作统筹协调，谋划生态保护修复长远发展，强化生态保护修复顶层设计，加快建立自治区、市、县三级规划体系，构建"一河三山"生态保护修复格局，落实分级保护、分类治理、分区修复措施，巩固重点生态功能空间布局。要主动融入国家重大战略，推动"三山"区域更多项目纳入国家重大规划、成为国家重点示范工程，加快工程项目建设，抓好项目成效评估和后期管护，防止生态退化，实现长治长效。

（八）发展绿色金融，加快构建统一完备的绿色金融标准体系

绿色金融是针对节能环保、清洁能源等产业提供的金融服务，是绿色经济的"发动机"。目前，宁夏绿色金融发展还面临着绿色金融标准体系不完善、绿色金融产品创新不足、绿色金融市场活跃度不高等现实困境。一要完善绿色金融政策框架体系，健全有关绿色金融发展的实施意见、实施方案，修订绿色金融界定标准，加快构建统一完备的绿色金融标准体系。二要积极研发、推广绿色金融产品。积极发展绿色信贷，适时扩大绿色直接融资渠道，大力发展绿色产业基金。自治区要积极支持地方银行发行绿色金融债券，推动金融机构以市场化的方式支持减污降碳投融资活动。三要加快绿色金融改革创新，积极申请和创建绿色金融改革创新试验区，推进绿色金融基础设施建设，建立强制的减污降碳信息披露机制和激励约束机制，充分调动金融机构等参与绿色金融改革、促进绿色低碳发展的积极性，形成可复制可推广的绿色金融模式，全面推动绿色金融发展。

综合篇
ZONGHE PIAN

"两山"理论指引下宁夏生态
旅游可持续发展研究

朱　琳

　　产业发展与生态保护之间是辩证统一的关系。2005 年，习近平总书记在浙江湖州安吉考察时首次提到"绿水青山就是金山银山"。2015 年 4 月，"两山"理论被正式写入《中共中央、国务院关于加快推进生态文明建设的意见》，后来又被写入党的十九大报告、国民经济和社会发展"十三五"规划等正式文件。"两山"理论深刻阐释了经济发展与生态保护之间的关系，成为新时代中国促进生态文明建设和经济绿色发展的重要理论基础和实践指导。经济建设和生态平衡实现协调是新时代社会经济发展的重要战略议题。习近平总书记明确指出："如果能够把生态环境优势转化为生态农业、生态工业、生态旅游等生态经济的优势，那么绿水青山也就变成了金山银山。"[①]可见，生态旅游产业是实现"绿水青山"转化为"金山银山"的重要载体和途径，它倡导保护当地生态环境，协调人与自然的关系，是实现生态价值与经济价值融合转化的最佳产业。

　　作者简介　朱琳，北方民族大学经济学院副教授。
　　基金项目　国家社会科学基金项目"乡村振兴视域下六盘山连片特困区脱贫户稳定增收长效机制研究"（项目编号：20BJY171）阶段性成果。

①习近平：《之江新语》，浙江人民出版社，2013 年，第 153 页。

一、宁夏生态旅游资源类别

（一）独具特色的自然景观资源

宁夏处于青藏高原、西北干旱、东部季风三大气候交汇过渡带。特殊的地理位置与气候条件孕育了丰富而又独特的自然景观资源，中国科学院的研究资料表明，在我国十大类、95 种基本类别的旅游自然资源中，宁夏占据了八大类别、46 种，约占我国旅游自然资源种类的 84%，包括山岳、湖泊、湿地、沙漠、草地、森林等。这里的自然景观既有北方的雄浑粗犷，又有南方的妩媚秀丽，其"塞上江南"的美誉实至名归。

雄伟挺拔，若群马奔腾的贺兰山威严壮观、气势磅礴，山峰云海交相辉映；蜿蜒曲折，若巨龙盘旋的六盘山，峡谷险峻，风景宜人，朝雾弥漫，层峦叠嶂。在银川平原和贺兰山东麓的洪积扇高地上，有众多的湖沼像珍珠一样呈链状分布，银川周围的湖泊被称为"七十二连湖"，比较著名的有鸣翠湖、沙湖。这里星罗棋布的湿地资源分为 4 类、14 型，总面积 272 万亩，湿地保护率 29%，约占全区土地总面积的 4%，主要包括河流湿地、湖泊湿地、沼泽湿地和人工湿地。2011 年，沙湖自然保护区和鸣翠湖国家湿地公园荣获"中国最美湿地"称号；2018 年，银川市被评为首批国际湿地城市。腾格里沙漠、乌兰布和沙漠、毛乌素沙地，从西、北、东 3 个方向呈倒"U"形包围宁夏。中卫沙坡头是国家 5A 级旅游景区，这里"大漠孤烟直，长河落日圆"的景观久负盛名，吸引了无数中外游客。宁夏共有天然草原 3046.55 万亩，约占全区土地总面积的 47%。森林面积 769.35 万亩，森林覆盖率 9.88%，拥有贺兰山和六盘山两个国家级森林公园。

（二）丰富多样的生物物种资源

截至 2022 年底，宁夏共建立省级以上自然保护区 14 个，总面积 5356.46 平方千米，脊椎动物数量、各种野生植物数量分别达到 5 纲 30 目 87 科 471 种和 130 科 645 属 1909 种。[①]其中贺兰山国家级自然保护区内动植物资源丰富，是干旱区重要的生物资源宝库，共有昆虫 18 目 169 科 779

---

① 李锦：《宁夏全面构建生物多样性监测网络》，《宁夏日报》2023 年 5 月 23 日。

属 1121 种；脊椎动物 5 纲 24 目 56 科 139 属 218 种，其中国家一级重点保护野生动物有黑鹳、金雕等 8 种，国家二级重点保护野生动物有马鹿、岩羊等 32 种，主要野生动物岩羊的种群数量由 1.8 万只增长到目前的 4.4 万只，是世界上岩羊分布密度最高的地区之一。马鹿由 1800 只左右增长到目前的 2600 只左右。①有"高原绿岛"之称的六盘山自然保护区建于 1982 年，为宁夏境内植物种类最多的地区。保护区雨量丰沛、气候湿润、植被覆盖率高，1988 年晋升为国家级自然保护区，自 2000 年实施天然林资源保护工程之后，生物多样性得到更加有效保护，动植物种群迅速增加，现有陆生脊椎野生动物 363 种、无脊椎动物 3554 种、高等植物 1224 种，是构筑西北乃至全国生态屏障的重要生态廊道，被冠以"天然水塔""西北种质资源基因库"和"野生动植物王国"等美名。

（三）异彩纷呈的民俗文化资源

宁夏汇集了各民族独具特色的民俗文化，如民间剪纸和皮影、特色建筑、民歌花儿、各族婚俗和服饰、民间器乐等。从饮食来看，宁夏有焦酥香脆的馓子、外焦里嫩的油香、别具风味的蜜馃子、肥而不腻的手抓羊肉等特色西北美食。从建筑来看，有银川地标凤凰碑、文化示范基地中国枸杞馆、全国重点文物保护单位承天寺塔和海宝塔、闻名遐迩的银川鼓楼、别有情韵的玉皇阁，这些具有浓郁地域特色的建筑吸引了众多国内外游客打卡参观。从民间艺术来看，宁夏的高腔山歌花儿非常著名，唱法独特，历史悠久，深受各族群众喜爱。贺兰皮影曲调悠扬、高亢、奔放，风格古朴、沧桑、豪放，具有内容丰富、特征鲜明的特点，在中国皮影发展历史中独树一帜。此外，宁夏还有让人惊叹的剪纸艺术，借形寓意，生动形象，蕴含着隽永含蓄的艺术魅力。

（四）丰厚悠久的历史文化资源

在漫长的历史长河中，宁夏逐渐形成黄河文化、红色文化等多种文化。黄河文化是宁夏旅游的一大亮点。游客通过黄河大桥以最快速度往来于两

---

① 李云华、李峰、李徽：《贺兰山，生物资源宝库》，《宁夏日报》2019 年 3 月 29 日。

岸，驱车行驶在黄河大桥上，可以眺望滚滚黄河，感受山河壮美。宁夏是有着光荣革命历史和革命传统的地区。近年来，自治区党委、政府深入贯彻落实习近平总书记关于红色资源保护利用和红色旅游发展的重要论述和指示批示精神，加强红色资源保护利用，推出 22 条红色旅游精品线路，红色旅游发展张力不断增强。六盘山红军长征纪念馆 2005 年 11 月 20 日被中共中央宣传部确定为全国第三批爱国主义教育示范基地；2006 年 5 月，被共青团中央确定为全国青少年教育基地；2010 年 1 月，被国家国防教育办公室命名为首批国防教育示范基地。现代休闲文化盛行，如以贺兰山东麓葡萄酒产区为代表的葡萄酒文化和以自行车骑行为代表的运动文化，这两种文化已经成为引领生活新时尚、引导健康发展的重要力量。从考古文化看，作为中华文明的重要发祥地之一，宁夏境内发掘出了许多文化遗存，比较有名的有水洞沟遗址、鸽子山遗址、菜园新石器时代遗址、固原北朝隋唐墓地，以及贺兰山岩画等遗存。

二、宁夏发展生态旅游的主要做法

（一）加强顶层设计，坚持全域全程规划引领

自治区党委、政府历来高度重视旅游产业的发展，按照"全景、全业、全时、全民"的全域旅游发展模式，2017 年编制了《宁夏回族自治区"十三五"全域旅游发展规划》（以下简称《规划》），宁夏成为全国第二个全域旅游示范省区。《规划》强调要全面深化生态旅游业供给侧结构性改革，通过生态产业化、产业生态化促进生态旅游业可持续发展。此外，宁夏还建立了全区生态旅游环境管控体系，坚持适度开发与保护发展有机结合，构建了系统的空间规划法规、规范和技术标准体系，促进旅游业全区域、全要素、全产业链的可持续发展。

（二）开发创意产品，打造旅游产业新业态

为了更好地推进生态旅游产业健康发展，宁夏坚持绿色发展理念，积极打造创意产品，突出文化在旅游产业中的核心地位，形成了风格独特的旅游业态体系，如平吉堡生态庄园、芦花"稻梦空间"、镇北堡"桃李春风"、贺兰县"稻渔空间"等，这些生态观光园成了游客的好去处。此外，

宁夏众多景区通过实景演出、歌舞演艺和民间杂耍等形式，将历史展现在游客面前，既复原了文物的前世今生，又使传统文化焕发了新的魅力，比较著名的有水洞沟景区的《北疆天歌》、花儿舞剧《月上贺兰》、漫葡小镇的《西夏盛典》和《看见贺兰》等。这些演出在宣传传统文化的同时也丰富了游客的旅游体验，有助于打开景区知名度。

（三）坚持改革创新，实现旅游产业转型升级

近年来，宁夏文化和旅游产业发展日新月异，数字化建设步伐也不断加快，各类创新应用场景和探索案例层出不穷。"元游宁夏"就是宁夏文旅人在文旅元宇宙领域的新探索和突破，它是以虚拟现实、人工智能为支撑，以多样资源、厚重人文为内容，构建的一个全新宁夏数字文旅新生态。这个平台可以向广大群众提供云展馆、云演出、云社交、云服务等虚拟体验服务，集中了"宁夏二十一景"特色资源，以集群效应、多元化手段，展示、宣传宁夏的文旅产品，让游客用便捷的智能新方式，实现无差异、跨地域、个性化的新体验。

（四）完善营销体系，突出旅游精品品牌效应

近年来，宁夏不断推出具有本地旅游特色的宣传口号、宣传片以及形象标志，起到了很好的宣传效果，先后推出了同程旅游全域宁夏专题、西北旅游营销大会、深圳文博会宁夏旅游专题推介、"湘约"宁夏湖南宣传周等重大宣传活动，通过准确定位，开拓远程市场，植入情感，丰富文化内涵，巧设体验师，精准营销，线上线下同步推广，紧密对接宣传、文化、航空、铁路、公路、影视、通信等部门，打造海陆空贯通、一体化推进的宁夏旅游宣传营销体系。这些举措有力地推动了旅游业的高质量发展，激发了旅游行业活力。

三、宁夏生态旅游发展存在的问题与挑战

（一）发展基础相对薄弱，综合竞争力较低

宁夏处于西北地区，总体经济规模较小，对生态旅游业的基础设施建设投入力度相对不足，城市的综合竞争力不强，尤其区内缺少大中型城市，对游客引流、交通运输、宣传推广、文化沟通缺少支撑。比如交通环线不

够完善，城市周边的旅游景点交通还不便利，对于没有私家车的市民而言，周末到农家乐一日游还是不方便，旅游标识标牌及交通标志设施等不够明确，有相当数量的农家乐在住宿、卫生设施的建设上还不尽如人意，建筑外观与环境不协调等现象普遍存在。

（二）产业体系发展不完整，辐射带动能力较弱

从目前生态旅游产业发展看，生态旅游业的相关链接并没有很好地发展起来。景区为游客提供的产品主要停留在游览观光层面，游客前往景区多数只能看风景，没有其他可供游玩的亮点，旅游消费内容单一。无论是相对原来的旅游六要素（吃、住、行、游、购、娱）还是新六要素（商、养、学、闲、情、奇）都存在供给不足的问题，娱乐场所、集会场所太少，满足不了游客多样化的需求，对服务业和商业的带动辐射能力较弱。

（三）乡村旅游同质化明显，特色文化挖掘不深

良好的生态环境是农村最大优势和宝贵财富，但优良的生态环境不会自动产生价值。在乡村振兴的大背景下，乡村旅游已经成为带动"绿水青山"向"金山银山"转化的重要途径，但是由于生态资源限制和发展策略单一，乡村旅游的产品同质化现象明显，千村一面，缺乏特色和亮点，缺乏对乡村风俗民情、文化传统等旅游要素的深度挖掘。形式大于内容的仿古街道，商业气息浓郁的餐饮服务，设施不完善的住宿条件非常普遍。许多开展乡村游的村庄都有雷同的观景台、观景长廊、中心花坛、彩虹滑道和游步道等。由于开发层次较浅，游览缺乏互动性和特色品牌，大多数旅游目的地沦为"一次性"的体验项目，无法持续吸引游客。

（四）缺乏专业旅游人才，服务质量有待提高

一是适应现代旅游业创新发展的人才相对短缺，定制化、小众化、近程游、深度游的旅游专业人才短缺。二是中、高级导游比例偏低，缺乏深入了解产品、熟悉线路以及航班、地接操作等方面人才，尤其外语导游短缺现象较为明显。三是人员流动大，低层次从业人员多，而且由于薪金低、社会认可度不高，导游流动相对频繁，出现"野导游"甚至"黑导游"。这类导游缺乏规范性，存在低价竞争、欺压游客、强迫消费等不文明行为，影响了旅游市场健康发展。

（五）"互联网＋旅游"融合不够，智慧服务信息有限

一是在人工智能算法的运用上还不成熟，比如对潜在客户的预测分析，以及市场细分和打造个性化产品开发能力不足。二是基于"互联网＋旅游"的全要素供应链结构还不完善，众多公众号比如"游宁夏""游在宁夏""宁夏游玩网""惠游宁夏""智游宁夏"等内容单一，更新不及时，内容以短视频、游记美文、企业广告居多。游客关心的住宿、餐饮、购物、攻略、出行状况等信息鲜见，集散中心、服务中心、自驾营地、停车场、厕所的智能引导、行程定制等互动性、便捷化、高效化的智慧服务信息更少，降低了游客的旅游效率，体验感较差。

四、宁夏发展生态旅游产业路径选择

（一）践行绿色发展理念，加强基础设施建设

一是坚持"绿水青山就是金山银山"的绿色发展理念。合理利用资源，避免竭泽而渔，开发与保护并重，拓展产品，发掘优质的旅游资源，结合产品研发，促进产业结构优化升级，从而取得更好的经济效益。二是继续推进旅游相关基础设施建设和完善。各级政府应加快投融资体制改革，多渠道筹集资金。坚持用改革开放的思路推动生态旅游业的发展，建立政府引导、市场化运作的投资机制，加快旅游基础设施建设，主要包括道路交通建设，保障游客出行需求，扩大游客的出行规模，提高出行质量；推进公共服务基础设施建设，加强景点打造、旅游主题酒店建设，提升服务质量，提高游客的体验感和满意度。

（二）大力推进乡村旅游，着力打造特色品牌

在旅游产品研发和景区特色打造方面要充分了解市场，从游客需求角度进行设计和规划。首先，在开发和设计乡村旅游线路产品、旅游活动项目、旅游纪念品时，对市场进行充分且全面的调研，对潜在目标受众进行刻画，明确生态旅游产品定位，寻找当地旅游资源与市场的契合之处，开发建设受游客青睐且具有经济、社会双重效益的景区景点。其次，着力打造具有本土文化特色的生态景观，从挖掘当地民间文化入手，开设展现民间艺术的舞台，展演民俗文化，促进民间文化的传承与发展。立足乡村文

化底蕴和生态资源，按照"一村一品"要求，建设一批风格各异的特色"美丽乡村"集群。

（三）培育引进专业人才，聚力人才队伍建设

一是依托高校优质资源，培育高素质旅游人才，建立以市场需求为导向的旅游人才培养机制，打破传统培养瓶颈，加大实训课比重，建立校内外实训基地，推动产学研结合，使培养的人才既具有扎实的理论知识、较高的职业操作技术，而且还具有专业的运作能力。二是大力引进专业旅游人才尤其是高端人才，提高政策吸引力，为做到吸引来、能留下，要在住房补贴、生活补贴、子女就学、就医服务等方面提供优惠政策，营造良好的人才发展氛围，吸引并留住大批专业人才。三是加强与生态旅游大省的交流合作，开展分级分类培训，促进本土人才队伍全面发展，提高其在经营管理、接待礼仪、餐饮和客房服务等方面的素质和技能，助力宁夏生态旅游高质量发展。

（四）加快旅游产品研发，完善产品体系建设

一方面，要充分发挥大数据的数字分析功能，联合政府、文旅企业、景区以及旅游业的专家学者，多渠道、多方位，立体研发符合自身底蕴的旅游产品，加大宣传力度，通过多形式、多元化的旅游推广活动，使更多游客了解宁夏的生态旅游景区，把生态旅游景区融入周边知名景区的旅游线路当中，进一步拓展客源市场，以推动宁夏旅游业的发展和旅游产业化的进程。另一方面，着力提升旅游产品体系建设，增强旅游产业经济影响力和社会效益，充分分析市场需求，深化旅游业的供给侧结构性改革，对旅游产品结构进行优化调整，积极统筹开发各类生态资源，大力发展与农业、科技、教育等产业深度融合的旅游新业态，提高资源利用效率，在游、娱、购、闲、情、奇上下功夫，吸引游客，留住游客。

（五）构建科技创新平台，拓展宣传服务渠道

通过短视频、微信公众号、微博、系列丛书、电视栏目等大众关注的传播方式进行推送，扩大生态旅游影响力。首先，将现代化信息技术手段更广泛地应用到生态旅游的宣传推广和营销工作中，打造信息丰富、更新及时的旅游软件或网站，并设置线上服务小管家，帮助国内外游客制订个

性化旅游方案，主要包括旅游产品革新，以及设计包装、搜索预订、售前售后服务等环节。其次，构建生态旅游目的地建设的科技创新平台。利用信息技术、计算机技术、大数据、云计算等，为游客提供个性化旅游服务，增加宁夏生态旅游产业科技含量，促进生态旅游产业智慧化发展，加强对景区、酒店、旅行社等企业的管理和目的地公共管理中的信息采集与管理工作，为游客提供一站式服务，提升信息化服务体验。

宁夏乡村生态产业化发展研究

张治东

随着"绿水青山就是金山银山"理念的深入推进，乡村生态产业化日益受到重视。统筹生态保护与经济发展，探索乡村生态产业化发展模式和有效实践路径，对于宁夏加快乡村全面振兴具有重要意义。

一、宁夏乡村生态产业化发展模式

（一）"生态植绿＋庭院经济"模式

鼓励农户在房前屋后、闲置土地、山坡空地等地进行村庄绿化美化和庭院经济林建设，把闲置的农家院变成菜园、果园、花园、游园，建设"春有百花、夏有葱绿、秋有硕果、冬有蕴藏"的乡村特色景观。比如隆德县以发展庭院经济为抓手，按照"小规模、大群体，小成本、大收入"的发展思路，因地制宜引导广大村民盘活"一院四园"，发展庭院经济，将庭院经济与乡村美化充分结合，通过清理农户房前屋后杂草杂物，将土地化零为整，在农户庭院、房前屋后、道路两旁和菜园边缘地带，种植牡丹、玫瑰、月季和瓜菜、叶菜等集观赏与采摘体验于一体"小花园""小菜

作者简介　张治东，宁夏社会科学院文化研究所副研究员。

基金项目　宁夏哲学社会科学规划一般项目"政府规划与农民适应：新内源发展理论对宁夏打造乡村振兴样板区的经验启示"（项目编号：22NXBSH02）阶段性成果。

园"。同时，结合乡村实际，发展林果经济，鼓励村民种植花椒、梨、山桃、红梅杏和苹果等兼具经济性和观赏性的林果品种，形成符合乡村发展特色的庭院经济。2023 年，隆德县划拨专项补贴资金 180 余万元，按照"以户促村、以村促乡、整县促进"的规划格局，引导村民发展乡村生态特色产业，拓宽农民增收致富渠道，建设生态宜居和美乡村。

一是依托县域资源禀赋，围绕"五特五新五优"①产业布局，根据各流域片区产业发展实际，整流域规划、整片区设计，在渝河川道区集中打造以辣椒、西红柿、茄子为主的庭院经济产业带，在六盘山外围阴湿区和甘渭河川道区集中打造以油菜、菠菜等叶菜为主的庭院经济产业带，在朱庄河流域构建以"果园 + 油菜 + 胡萝卜 + 包菜"的庭院经济产业带，共建设蔬菜园 254 个、微菜园 201 个，推动农户庭院经济向规模化、特色化发展。

二是充分利用路边、沟边、坎边"三边"地带及房前屋后的空地、荒地和闲置土地，培育投资少、易护理的小农业、微农业，在全县建成微菜园 1400 户、微果园 1121 户、微菌园 8 户，使农家小院呈现"地面有菜、树上有果、门前有景"的产业兴旺新图景。

（二）"生态整治 + 规模化生产经营"模式

立足地方特色优势，着力培育一批规模化、标准化农业产业园融合示范园，不断延伸农产品加工产业链，形成多方主体参与、多种模式推进的融合发展格局。近年来，为切实提高水资源利用效率，保障粮食安全和农业特色产业高质量发展，固原市推广应用"互联网 + 农业灌溉"智能化管理模式，不断提升农田灌溉条件，发展高效节水灌溉农业，优化作物种植结构，发展特色优势产业，整区域发展高效节水灌溉面积 33.36 万亩，其中，2023 年新建 17.76 万亩，改造提升 15.6 万亩。同时，围绕高效节水灌溉，规划发展冷凉蔬菜 13.53 万亩、马铃薯 7.3 万亩、青贮玉米 12.53 万

---

① 隆德县按照自治区第十三次党代会提出的"六新六特六优"产业，根据当地实际相应提出了"五特五新五优"产业，五特，即枸杞、牛奶、肉牛、滩羊、冷凉蔬菜；五新，即新型材料、清洁能源、装备制造、数字信息、轻工纺织；五优，即文化旅游、现代物流、现代金融、健康养老、电子商务。

亩，年新增农业产值达到 12 亿元，农民人均收入提高 500 元以上，为有效推动农业规模化种植、标准化生产、集约化经营，实现农业农村现代化和推进乡村全面振兴走出了一条新路径。

为进一步推进人畜分离养殖区建设，提高肉牛养殖规模化比重，切实抓好村屯内外、交通沿线、村庄周边绿化美化工作，加快推进增绿步伐，鼓励农户将肉牛集中起来，进行规模化养殖，实现"牛出院、树进院""家家有牛养、家家不养牛"的生产格局，改变人畜混居现象，改善农村人居环境，让村庄环境整洁有序。2021 年，固原市原州区协调在三营镇移民新村安和村投入 3000 万元建成占地 106 亩，集养殖圈棚、青贮池、饲草料棚、防疫消毒室、堆粪场、活动场等于一体的高标准肉牛养殖场。在园区内实行统一养殖、统一粪污处理、统一防疫、统一销售、统一分红的"五个一"的管理模式，积极构建联农带农特色肉牛产业发展新路径。2022年，该村出栏肉牛 436 头，实现村集体收益 55.2 万元（其中 42 户农户分红 4.2 万元），达到了集约化养殖成本低和抵御市场风险能力强的目标。2023 年该村总结经验，大胆试行、全力推广，进一步扩大规模，养殖肉牛 1100 头，带动农户 130 余户，推动以强村带弱村一体化融合发展。

（三）"生态修复＋调整农业产业结构"模式

借助当地自然生态、产业经济等资源优势，充分利用现代农业科技，在生态恢复过程中，发展生态农业、特色农业、休闲农业和乡村旅游等新业态。如中宁县白马乡白马村曾是硒砂瓜的主要生产基地。当地在政府实施生态修复之前，"山上种瓜、山下种粮"是其主要产业布局。随着压砂地的逐渐退出，村民在政府的引导下积极调整产业结构，大力发展枸杞产业、大地西瓜、温棚果蔬和综合立体复合种养。2022 年，该村在完成国家粮食种植任务的基础上，大力发展西瓜产业，种植大地西瓜 350 亩、大棚西瓜 20 亩，产出 300 余万元，亩均收入 8000 元，取得了良好的经济效益和生态效益。2023 年该村进一步扩大种植规模，种植大地西瓜 600 亩，西瓜落秧后，又种植了一茬大白菜，两茬作物加起来，不仅大大提高了土地利用率，还增加了农业产出效益。

同时，白马村夯实农业基础设施，大力发展村集体经济。一是充分利用水库移民后期扶持资金 500 余万元，盘活村集体土地 55 亩，建成暖棚 16 栋，采取"党支部＋合作社＋农业大户"模式，种植青椒、黄瓜、香瓜、西瓜、番茄、豆角等特色经济。2023 年，连种 3 茬，收益 30 余万元，其中村集体收入 9.6 万元。二是联合邻近村落和农业龙头企业、金融银行成立"合生联"农业党委。在湖羊养殖场设立养殖经销部，带动新田村、三道湖村、白路村养殖户积极"出户入园"，采取"公司连园区、园区带农户"的联农带农机制，使养殖场羊只入园数量超过 1 万只。为解决羊只饲料问题，该联合体还成立了饲草回收部，持续推广"小麦＋燕麦草""大地西瓜＋饲草"种植模式，为湖羊养殖场养殖产业提供优质饲草，使农户每亩种植成本下降了 200 元。

（四）"生态与三产融合＋多元主体共赢"模式

生态产业有"第四产业"之称，其所蕴含的经济价值需要在产业融合中实现。生态与三产融合，能够有效实现多元主体共赢。近年来，宁夏积极探索将一产中的酿酒葡萄、枸杞种植等传统农业，二产中的新能源、数字信息等现代工业，三产中的文化旅游、体育康养等优势服务业，与以提供绿色生态产品为目标的第四产业充分融合，推进生态文明建设市场化、产业化、多元化、专业化，让附着在"绿水青山"上的自然财富、生态财富转化为看得见、摸得着的经济财富、社会财富，实现生态价值向经济价值、社会价值转化。其中，光伏治沙是生态与三产融合的成功典范。在光伏板下安装节水滴灌设施种植经济作物，不仅可以充分利用沙漠戈壁的光热资源，而且可以恢复沙区植被，改善沙地生态。银川市兴庆区月牙湖乡实施的宝丰农光一体化项目，通过在光伏板下种植枸杞，使 3 万亩沙地成为可利用的林地资源，实现了光伏发电、沙滩治理、枸杞种植与生态旅游等多元主体共赢。

在生态与三产融合过程中，优化产业布局，通过大力发展特色农业产业，实现农业生态产业化的经济效益。近年来，泾源县黄花乡依托"三川两河"（胭脂川、黄花川、沙塘川和羊槽河、沙塘河）积极发展冷凉蔬菜产业，通过设施蔬菜"一园带百户"，建立标准化生产示范基地。2023 年该村种植蔬菜 840 亩，其中设施蔬菜 80 亩、"小菜园"180 亩、特色果蔬

580 亩。与此同时，构建产业融合发展示范基地，通过冷链仓储"接二连三产"，建成 500 吨冷库 2 处、食用菌烘干车间 1 处、400 平方米冷凉蔬菜分拣车间 1 个，为生态产业化发展奠定了坚实基础。

（五）南果北种错位发展模式

蒋滩村位于青铜峡市叶盛镇东南部，交通便利，土地集中，区位优势突出。近年来，该村采取"以强带弱、抱团发展"的产业发展方式，有效发挥"二合一"带头人致富帮扶作用，以推进自治区扶持壮大村级集体经济项目为抓手，通过"党支部＋合作社＋农户"模式，引进精准水肥一体化、生物菌肥等先进技术，建设高标准移动式拱棚 60 栋，种植早金蜜西瓜、温图拉西芹等特色农产品并开展订单销售。2021 年村集体经济收入从不足 10 万元突破 100 万元。与此同时，针对蒋滩村与正闸村、张庄村产业相似、地域相近、发展不平衡等问题，叶盛镇党委、政府实施"强村带弱村"模式，成立产业联合党支部和广联农业专业合作社，吸纳集体资产 215 万元，打造占地 200 亩的现代农业示范基地，从南方引进热带、亚热带果蔬，采取"南果北种"方式，在温棚里利用现代科技控制好湿度、温度，种植北方少见的木瓜、香蕉、车厘子、火龙果、无花果、橘子等高附加值水果，建成集生产、加工、包装于一体的深加工车间，有效破解了产业链条短的问题，形成了"优势互补、经验互鉴、资源共享、支部共建"的党建联建经验。2023 年该村集体经济总收入达到 230 万元，还带动邻近的正闸村、张庄村集体经济收入分别达到 128 万元、79 万元。

针对同质化竞争，很多乡村都采取了错位发展模式。红寺堡区柳泉乡永新村处于罗山大道现代农业产业示范带重点片区，该村结合区位特点，积极发展观光度假、农事体验、民俗文化、休闲游憩、乡村民宿、特色美食等生态产业，通过食用玫瑰示范园、瓜果蔬菜采摘体验园、特色牛排限量供应示范户、特色小吃体验户、游客厨房，以及黄花菜、玫瑰、枸杞采摘等个性化农事体验旅游产品，让旅客全方位感受田园风光和淳朴惬意的农家生活。为满足游客多样化、特色化、个性化的服务需求，该村按照"八县美食一村品"的设计理念，每户提供 1—2 种精品美食，全村打造一张"共享菜单"，每户亮特色、创品牌，减少农户同质化竞争，提升服务水平，切实让游客感受到不一样的特色。

（六）"'六权'改革＋产权交易"模式

用水权、土地权、排污权、山林权、用能权、碳排放权"六权"改革，是自治区党委、政府推进水、土、污、林、能、碳 6 个要素资源市场化配置，加快建设黄河流域生态保护和高质量发展先行区的重大改革任务。其中，利用荒滩、闲置土地、闲置农房等，打造特色民宿，建立农业观光园，是"六权"改革活化静态生态要素创新发展的亮点。沙坡头区迎水桥镇鸣钟村借助"六权"改革有利契机，紧紧依托城市近郊优势，将非遗文化、农村特色和乡村美食等元素融入乡村旅游，探索出"旅游＋"新业态新路径。2021 年以来，该村共引资 1600 余万元扎实开展乡村人居环境整治、农宅围墙改造、道路维修等工作，新建文化长廊 2 处，修剪嫁接果园 500 余亩，改良土地 340 亩，卫生改厕 76 户，栽植迎新杨、爬藤月季等乔灌木 2 万余株，通过美化村庄，吸引游客观光消费，乡村旅游累计接待游客 20 万余人次，带动村集体增加收入 40 余万元。

为贯彻落实"节水优先、空间均衡、系统治理、两手发力"治水思路，坚持"四水四定"原则，海原县紧紧围绕区、市全面深化改革要求，成立用水权工作领导小组和改革专班，积极创新思路，以"节水增效"为目标，以优化配置水资源为核心，以严守水资源管控指标为红线，积极落实河湖长制工作，持续深化改革工作成效。一是坚持从激活水权交易市场、提高用户节水意识出发，把用水权交易作为用水权改革成效的关键之举，建立农业水价综合改革"四项机制"，农业灌溉全部实行新水价。成立用水合作社 15 个，收缴水费 1242 万元，水费收缴率 92%。二是通过设置县、乡两级河长和警长，调蓄利用水资源，有效提升水资源利用效率，服务沿河产业发展，推动生态产业与水资源节约集约利用有序发展。

二、宁夏乡村生态产业化发展过程中面临的现实困境

（一）生态供给与公众需求存在结构性失衡问题

宁夏在乡村生态产业化发展过程中，产生了观光休闲、生态旅游、运动漫步、健康养生等众多乡村生态产业化新业态。然而，纵观全区各地仍

存在资源配置趋同情况和同质化竞争问题，各地都配备有特色民宿、特色饮食、非遗文化，但在高品质生态产品开发和稀缺性资源挖掘上明显存在供给不足和个性化服务质量不高的问题。乡村生态产品也缺乏完善的农村物流系统，存在农村电商网点覆盖率不高、乡村冷链流通系统不健全，以及农村信息服务、电子商务和现代金融等明显滞后的问题。这直接导致乡村生态产品物流成本过高，经济效益难以达到预期。在资源整合、生态修复等方面，也没有与当地地域风貌、传统民俗、特色资源、历史文化深度结合，从而造成生态产业层次低、模式单一、产业链短和经济效益不高等问题。

（二）价值评估与产品开发存在体系不健全问题

宁夏在"六权"改革中，虽然对用水权、土地权、排污权、山林权、用能权、碳排放权进行了资源性市场化配置，但在实际操作过程中并未针对清新空气、林下经济、碳排放等乡村生态产品建立相应的生态价值评估体系，再加上当前全区绝大多数乡村生态产业尚处于投入高、产出低的起步阶段，在乡村生态产品转化为生态旅游、健康养生、农副产品附加值增值等方面，针对定价、核算和变现等仍存在度量难、交易难和变现难的问题。在乡村生态环境治理修复、生态产品监测和生态产品监管等方面，缺乏智能化、数字化、电子化和信息化处理手段，很多地方仍旧依赖传统经验和人工管控。另外，短期内乡村生态产业开发生态经济效益不明显，生态资源的价值还不能完全实现。

（三）政府主导与公众参与存在主体不明问题

从当前的具体实践看，存在政府唱"独角戏"的情况。在生态修复等方面，政府是主力军。在实施生态产业化过程中，无论是发展庭院经济、产业调整，还是三产融合、规模化种植养殖，社会力量和村民参与的都较少。在森林碳汇交易、用能权交易等方面，社会资本多数以"搭便车"形式进入，甚至存在套取国家项目资金的行为。在生态产业化实践过程中，也没有明确的法律保障和激励机制，只是以行政手段对破坏生态环境的行为给予相应的警告和处罚。

三、宁夏推进乡村生态产业化发展的实践路径

（一）以市场为导向，开发竞争力强、凸显个性化特色的生态产品

摸清地方生态资源家底，以市场需求为导向，依托乡村独特资源禀赋，做优果蔬、中药材、林果经济、粮食作物、园艺作物，以及中华蜂、鱼虾、滩羊和肉牛等原生态种养模式，因地制宜，积极构建地方特色强、具有区域竞争力的乡村生态产业体系，结合乡村风貌、传统历史、地域文化和地方自然生态优势资源，优化区域生态产业布局，以特色民宿、特色饮食为基础，避免同质化竞争，提高产业竞争力，努力让生态与三产深度融合，提高生态产业的经济价值。

（二）充分利用乡村自然风光，盘活荒山、林地、废弃屋舍等存量资源

乡村优美的自然风光是发展乡村生态特色产业的基础，各地应以宁夏加快建设乡村全面振兴样板区为契机，盘活荒山荒地、废弃矿山场地、废弃屋舍草棚、生态移民迁出村落等存量资源，科学规划布局，打造特色生态旅游与康养休闲深度融合的乡村生态产业，推广规模养殖（种植）、林下经济、南果北种、水肥一体化循环利用、运动探险等新业态，着力打造科技含量高、经济附加值高的生态科技产业。同时，加大乡村基础设施、生态修复治理力度，按照"谁保护谁受益、谁使用谁付费"的原则，建立乡村生态资源有偿使用机制，逐步完善生态补偿、产权交易、乡村物流等配套服务机制，牢固树立绿色发展理念，提高乡村生态产业的服务质效，真正实现乡村生态的资源化、产业化。

（三）努力培育乡村生态产业化经营主体，探索建立"政府＋企业＋社会"运行机制

宁夏作为欠发达地区，基础弱、底子薄。发展乡村生态产业化需要政府的主导，但村民、社会力量、农业龙头企业的积极参与也不可或缺。在乡村生态产业化过程中，应充分发挥市场在资源配置中的基础作用，通过发展和培育股份企业、农业合作社、家庭农场等多元经营主体，让乡村生态产业在市场利益的调控下生根发芽，逐步壮大。

宁夏乡村生态振兴实践路径研究

李晓明

　　良好的生态环境，是农村的最大优势和宝贵财富，是最普惠的民生福祉。推进乡村全面振兴，生态宜居是关键，生态振兴是重要任务。推进生态振兴、建设美丽乡村，是推进乡村全面振兴的必然要求，是一项长期的系统工程。习近平总书记指出，"让美丽乡村成为现代化强国的标志、美丽中国的底色"，"中国要美，农村必须美"。宁夏积极推进乡村振兴战略，贯彻落实党的二十大精神和习近平生态文明思想，以绿色发展引领乡村生态振兴，统筹山水林田湖草沙一体化保护和系统治理，聚焦农业生产、农村生态和农民生活，加强农业面源污染治理，加快推进农业绿色发展，强化综合整治，改善农村人居环境，加快宜居宜业和美乡村建设，引导转变生产生活方式，着力改善农业农村生产生活生态环境，解决老百姓反映强烈的生态环境问题，建设生态系统健康稳定、生活环境整洁优美、人与自然和谐共生的生态宜居和美乡村，拓展绿水青山转化金山银山路径、乡村生态优势不断转化为发展优势，让人民群众在美丽家园建设中共享自然之美、生命之美、生活之美，探索出了一条成功的乡村生态振兴实践路径。

　　作者简介　李晓明，宁夏社会科学院农村经济研究所（生态文明研究所）助理研究员。
　　基金项目　国家社科基金青年项目"农牧交错带易地搬迁农户的生计可持续发展模式与实现路径研究"（项目批准号：19CSH064）阶段性成果。

一、乡村生态振兴研究综述

实施乡村振兴战略，是党的十九大作出的重大决策部署，是新时代"三农"工作的总抓手，是全面建成社会主义现代化强国的重大历史任务。乡村振兴战略的基本方针是要坚持农业农村优先发展，基本目标是加快推进农业农村现代化，产业兴旺、生态宜居、乡风文明、治理有效、生活富裕是总要求，推动乡村产业振兴、人才振兴、文化振兴、生态振兴、组织振兴是核心内容和主要抓手。"五位一体"总体布局和"四个全面"战略布局在农业农村领域的具体体现，就是推动乡村"五大振兴"。乡村"五大振兴"与"产业兴旺、生态宜居、乡风文明、治理有效、生活富裕"是一脉相承的，是加快推进农业农村现代化、乡村治理体系和治理能力现代化的重大举措。其中，生态宜居、生态振兴是实施乡村振兴战略的重要内容、任务和目标。当前对乡村生态振兴的研究，主要围绕生态振兴的重要意义和战略地位、现实困境和机遇挑战、对策建议和实践路径等三个方面开展。[①]

（一）推进乡村生态振兴的重大意义

乡村生态振兴，是贯彻落实习近平生态文明思想的必然选择，是全面建成社会主义现代化强国、实现中华民族伟大复兴的必然要求，关系到党和国家工作大局、民族未来和人类发展；是全面实现乡村振兴的绿色根基、重要任务、内在要求和有效抓手，关系到全面推进乡村振兴工作的顺利开展；是积极践行"生命共同体理论"、"绿水青山就是金山银山"理念和实现"生态宜居"的必然举措，关系到农业农村现代化、农业强国和美丽中国目标的如期实现。

（二）推进乡村生态振兴的现实困境

实现乡村生态振兴，还面临诸多问题和挑战。老百姓反映强烈的环境治理仍存在不善不力的问题，生态安全意识还没有完全树立，乡村产业单

[①]李国锋、王丽君：《乡村生态振兴的现实困境与实践路径》，《沈阳农业大学学报（社会科学版)》2023年第11期。

一造成的农业面源污染还比较严重，生态治理还一定程度上存在主体不明、责任不清等问题，人居环境总体水平不高，还存在环境污染、生态破坏、垃圾处理、制度供给、科技支撑和治理能力水平欠缺的问题，实现乡村生态振兴面临多重现实困境。

（三）推进乡村生态振兴的实践路径

专家学者给出了规划先行、产业生态化、生态产业化、产业结构绿色转型升级、建设数字乡村、多元主体协同、城乡一体化等乡村生态治理路径，提出以绿色发展引领乡村生态振兴、努力实现发展与生态的良性互动，高质量实施乡村建设行动，建设宜居宜业美丽乡村，积极为乡村生态振兴提供组织和力量保障等对策建议。[①]

二、宁夏乡村生态振兴现状

自治区党委十三届五次全会专题研究部署生态文明建设工作，对新征程加强生态环境保护、推进美丽宁夏建设作出全面安排，印发自治区生态文明建设"1+4"系列文件和《宁夏回族自治区乡村振兴促进条例》等政策法规，从制度和法治层面构建起"四梁八柱"，坚定担当好建设黄河流域生态保护和高质量发展先行区的使命任务，努力完成筑牢生态安全屏障重要使命。这些政策法规制度均涉及乡村生态振兴的内容、任务和要求，从制度和法治层面为乡村生态振兴提供了实践路径保障。宁夏积极践行"绿水青山就是金山银山"的理念，统筹山水林田湖草沙一体化保护和系统治理，推进生态优先、节约集约、绿色低碳发展，加强乡村生态保护和环境治理，绿化美化乡村环境，探索建设宜居宜业和美乡村实践路径。

（一）持续推进农村人居环境整治提升

宁夏持续推进整治提升农村人居环境，瞄准农村基本具备现代生活条件的发展目标和人与自然和谐共生的时代要求，实施乡村面貌提升行动。一是大力加强农村人居环境整治。保障农村公共设施管护和运行经费投入，

---

① 杜栋：《"让美丽乡村成为现代化强国的标志、美丽中国的底色"——学习习近平关于乡村生态振兴的论述》，《党的文献》2022年第2期。

积极探索建立健全长效管护机制，因地制宜推动村容村貌整体提升、农村厕所改造、生活污水垃圾治理等工作。二是协同推进"规、建、整、治、管"。保护和修复农村自然和人文景观，加大对村庄私搭乱建、乱堆乱放、残垣断壁等脏乱差环境整治力度，鼓励村民委员会组织村民开展房前屋后院内、村道巷道、村边水边、空地闲地的绿化美化，因地制宜建设小菜园、小果园、小花园；开展人居环境专项治理，对厕所、污水、垃圾等通过分区分类集中处理、分散处理和纳入城镇污水管网统一处理等方式，鼓励村镇一体和联户联村处理，推进农村生活垃圾源头分类减量，提高整县专业化、市场化和社会化运行管护普及面。全年实现 2.56 万户问题厕所改建并不断完善运行管护机制，加快推进 20 个重点小城镇项目、50 个美丽宜居村庄建设，启动实施美丽村庄整村推进示范奖补试点，开展创建全国村庄清洁先进县活动，全力组织实施好乡村建设行动，绿化美化人居环境，统筹城乡规划发展，打造特色乡村生态旅游产业等，着力建设生态宜居和美乡村。

（二）着力推进农业清洁生产

优先发展生态循环农业，印发《宁夏现代高效节水农业发展规划（2021—2025 年)》，采用节水、节肥、节药、节能等先进绿色种植、养殖技术和设施，发展滴灌喷灌、地膜覆盖等节水技术和设备，提高农业用水效率；加强面源污染防治，实行土壤污染风险管控和修复，建立农膜、农药包装废弃物有偿分类回收点，推进秸秆综合利用和畜禽粪污资源化利用，实现农业生产废弃物资源化利用和投入品减量化。按照废弃物"减量化产生、无害化处理、资源化利用"原则，大力推行"种养结合、循环利用"的发展模式，通过有机肥加工、农村沼气、畜禽粪污沤肥还田等措施，粪污资源化利用率近 90%；深化残膜回收利用，回收率在 95% 以上；开展农作物病虫害统防统治，普及静电喷雾机等高效新型植保器械，应用精准施药技术，实现农药使用零增长；鼓励秸秆还田、种植绿肥、增施有机肥，化肥用量减少 10%；推广普及清洁能源，提高清洁能源入户普及率，逐步构建起绿色低碳循环的产业体系。

（三）梯次推进美丽乡村建设

全面推进"多规合一"实用性村庄规划编制全覆盖，为推进乡村全面振兴绘好蓝图、打好基础。统筹推进城乡基础设施布局，扎实推进农村道路、供水保障、农房品质提升和清洁能源等设施建设提档升级。加强农村住房建设管理和服务，指导村民建造结构合理、功能实用、成本经济、绿色环保、与当地环境相协调的宜居住房，加大推广使用绿色建筑材料、新型建造技术力度。落实"双碳"战略，深化山林权改革，推动实施生态系统保护和修复工程，农村生态系统碳汇能力得到不断提升，全面推进美丽乡村建设进程。

1. 着力推进村庄规划编制实现全覆盖

着力推动"多规合一"实用性村庄规划编制全覆盖，积极推动美丽乡村建设图则编制，注重保护和利用村落优秀传统和自然风貌，以改善生产、生活、生态环境为目标，打造具有地域特色的美丽乡村，加快宜居宜业和美乡村建设。把"多规合一"实用性村庄规划作为推进乡村建设、核发项目规划许可的依据，结合国土空间规划，坚持县域统筹，不断调整完善已编制完成的村庄规划。同时，建立统一的村庄规划编制成果数据库，将规划成果纳入国土空间"一张图"统一管理，推动形成生产集约高效、生活宜居适度、生态山清水秀的空间格局，为乡村全面振兴绘好蓝图、奠定基础。

2. 统筹推进农村基础设施建设现代化进程

统筹推进城乡基础设施现代化建设和布局，提档升级农房、道路、供水、清洁能源等设施建设。推进基础设施向村覆盖，实施农村公路生命安全防护工程、提升农村公路质量服务乡村振兴三年攻坚行动、农村电网巩固提升工程、冬季清洁取暖项目和农村供水工程升级改造等，广泛动员、积极引导农民群众参与到乡村建设的具体环节，深化"一村一年一事"行动，注重推动能够实现农村生产、生活、生态等多赢的项目建设。大力推进乡村信息基础设施优化升级和数字化建设水平，推动编制出台宁夏农业农村数字化发展规划，持续开展"百万农民数字应用提升"行动，深入推进"互联网＋城乡供水"示范区建设，建设国家数字农业创新应用基地，推动"六特"产业数字化集群发展，大力发展智慧农业，实施一批数字农业推广项目，推进农村电商全覆盖，全面拓展农村数字化领域，提升乡村治理信息化效能。

3. 持续推进乡村生态建设

持续推进生态移民迁出区生态治理。自生态移民搬迁以来，通过自然恢复、人工修复、土地荒漠化治理、小流域综合治理等措施，共完成迁出区生态恢复 880 万亩，其中耕地和宅基地整治 380 万亩，复垦复绿 4.9 万亩。固原市森林覆盖率由原来的 4.2% 提高到 28.4%，20 年降水量均值比常年增加了 10.4%。同时，注重生态移民区生态保护，红寺堡区作为全国最大的生态移民区，累计退耕还林 25.9 万亩、森林抚育 11 万亩、治理沙化土地 117 万亩，保存林地 124 万亩，封山育林 35 万亩，森林覆盖率由 5% 提高到 10.36%，改善了生态环境，实现了脱贫致富与生态建设的双赢。落实"双碳"战略，科学开展乡村大规模国土绿化，完成提升退化耕地 10 万亩、修复草原生态 21 万亩、治理荒漠化土地 60 万亩、营造林 100 万亩，深化山林权改革，着力提升农村生态系统碳汇能力。

三、宁夏乡村生态振兴面临的问题和挑战

（一）农业农村生态退化形势依然比较严峻

宁夏地处西北干旱半干旱的农牧交错带，生态脆弱区分布广泛，水土资源空间分布不均，农业资源约束和短缺形势趋紧，农业化学投入品用量、水土环境污染问题和水土流失、土壤盐渍化，以及草原退化沙化、荒漠化、石漠化等问题依然存在，农业农村环境污染和破坏治理能力和科技支撑不足，农业资源利用水平不高，农牧循环生态农业有待进一步推广发展，生态退化形势依然严峻。

（二）农村人居环境质量仍需持续提升

严格落实"多规合一"实用性村庄规划力度不够，村民不合规建设、破坏生态和污染环境情况依然存在。厕所革命实用性、便民性依然不高，农村厕所改造升级任务依然较重；生活垃圾、污水处理能力不足；公共场所设施运营维护水平较低，通自来水、天然气、公交车、网络、快递和危

房改造、厕所改造、村容改造以及文娱生活设施建设等"五通三改一建"短板依然明显，农村人居环境建设依然任重道远，人居环境整治提升面临很大困难和挑战。

（三）乡村生态环境保护意识较为缺乏

面对城乡发展不平衡、生态环境治理复杂、乡村生态建设历史欠账多问题，部分政府存在政策法规落实不到位、人财物保障不足等问题，生态治理工作机构不健全，环境保护法律法规修订滞后，监督检查执法执纪体制不完善。乡村干部、农民和市场主体的生态保护参与度不高、践行力不足，生态责任意识较为缺乏，对乡村生态资源优势的有效挖掘和绿水青山转化为金山银山的路径探索还不够充分，生态环境保护意识和绿色发展理念都有待进一步培养和提升。

四、优化宁夏乡村生态振兴实践路径的对策建议

（一）学习运用"千万工程"经验，推进宁夏乡村生态振兴

2023年中央农村工作会议强调，要学习运用"千万工程"蕴含的发展理念、工作方法和推进机制，从农民反映强烈的实际问题出发，找准乡村振兴的切入点，提高工作实效。浙江"千村示范、万村整治"工程，是"绿水青山就是金山银山"理念在乡村的生动实践，是有效推进乡村全面振兴的实践路径。浙江通过排污治污、垃圾分类、公厕治理、发展乡村生态旅游业等多项举措，重塑发展理念，变革发展模式，持续改造升级农村基础设施，统筹城乡规划一体化发展，深入挖掘乡村资源禀赋，集中整治人居环境，修复保护乡村生态等一系列政策举措，开启了建设美丽乡村、美丽中国的新时代，涌现了一批有示范带动效应的美丽乡村建设典范案例，为全国实施乡村生态振兴提供了浙江经验，探索出了一条成功的建设生态宜居美丽乡村的实践路径。宁夏要结合实际，因地制宜，学习运用"千村示范、万村整治"工程经验，充分发挥农村基层党组织的战斗堡垒作用，激发群众自主性、积极性、创造性，凝聚起推进城乡融合发展、乡村全面振兴、建设生态宜居宜业和美乡村、实现共同富裕的发展合力，让"千万工程"经验在宁夏乡村落地生根。

（二）强化政策支持和要素保障，推进宁夏乡村生态振兴

加强党对"三农"工作的全面领导，持续压实五级书记抓乡村振兴责任，落实农业农村优先发展要求，加强顶层设计，科学谋划和推进"三农"工作，强化政策支持和要素保障。坚持实干兴邦、实干惠民，以钉钉子精神抓好决策部署和政策法规落实落地，把振兴政策转化为群众可感可及的实事好事。一是要强化政策支持，全面贯彻落实党的二十大和二十届二中全会、中央经济工作会议、中央农村工作会议精神，贯彻落实自治区党委十三届五次、六次全会精神，锚定建设生态宜居美丽乡村目标，把推进乡村全面振兴作为新时代新征程"三农"工作的总抓手，制定推进乡村生态振兴的实施意见、具体办法等政策，切实推进宁夏乡村生态振兴和守牢农业农村现代化的生态底色。二是要强化要素保障，推进科技和改革双轮驱动，加大对生态农业、绿色发展核心技术攻关力度，完善"三农"工作体制机制，为产业生态化、生态产业化、农业农村现代化增动力、添活力，切实保障城乡一体化和一二三产业融合发展的生态振兴要素双向流动，深入推进宁夏乡村生态振兴和保障农业农村绿色低碳发展。

（三）充分发挥生态资源优势，推进宁夏乡村生态振兴

充分发挥乡村生态优势，是推进乡村生态振兴的有效路径。宁夏具有独特的生态资源和乡土文化优势，要立足自身特色，突出农文旅融合，充分利用乡村人文地理风光，挖掘农业农村绿色资源和多重复合型价值功能，变区位劣势为发展优势，变绿水青山为金山银山，以生态产业化推动乡村生态振兴。抓住建设乡村全面振兴样板区机遇，科学规划布局，盘活生态移民迁出村落、废弃屋舍草棚、荒山荒地、废弃矿山场地等存量资源，打造以红色、人文、山川、星空、避暑、生态治理等为特色的生态文化旅游产业，发掘以规模种植养殖、高效节水、康养休闲、道地药材、运动探险、碳汇交易等为主体的新型业态，着力打造高附加值现代化生态产业。

（四）积极推行绿色生产生活方式，推进宁夏乡村生态振兴

推动乡村生态振兴，走乡村绿色发展之路，以绿色发展推动乡村全面振兴是一场深刻革命。习近平总书记指出："实施乡村振兴战略，一个重要任务就是推行绿色发展方式和生活方式，让生态美起来、环境靓起来，

再现山清水秀、天蓝地绿、村美人和的美丽画卷。"①推行绿色发展方式和生活方式，是推进乡村生态振兴的日常之策，须久久为功、善作善成。在推行绿色发展方式上，要坚持以绿色发展为引领，强化农业供给侧结构性改革，加强生态农产品开发和农业清洁生产，指导一二三产高质量融合发展，坚决摒弃高污染、高耗能、高排放的"三高"项目，坚持低碳、循环、绿色发展方向，推动农村生态保护和经济社会发展良性高效互动。在引领绿色生活方式上，要继续实施乡村建设行动，瞄准农村基本具备现代生活条件的建设目标，以人与自然和谐共生的时代要求来优化乡村居民生活方式，建立健全乡村生态保护法治体系，结合农村社会优良传统和习俗，推动法治、德治、自治有机统一，引领广大群众自觉参与生态文明建设，让绿色发展方式和生活方式成为乡村生产生活新风尚，筑牢乡村生态振兴的群众基础和制度保障。

---

①中共中央党史和文献研究院：《习近平关于"三农"工作论述摘编》，中央文献出版社，2019年，第111页。

乡村振兴背景下宁夏农业
绿色发展现状、问题及对策

张　炜

农业绿色发展是生态文明建设的重要组成部分。2020 年 6 月，习近平总书记视察宁夏时强调，宁夏要努力建设黄河流域生态保护和高质量发展先行区，赋予了我们重大战略任务、历史使命。近年来，宁夏农业资源环境保护与生态建设支持力度不断加大，围绕建立和完善绿色农业技术体系、产业体系和政策体系，制定了《宁夏回族自治区农业绿色发展"十四五"规划（2021—2025 年)》，积极创建国家农业绿色发展先行区，因地制宜开展绿色技术集成、示范和推广，打造具有区域优势和产业特色的绿色农业示范平台，探索形成可复制可推广的农业绿色发展模式，农业绿色发展成效显著。

一、宁夏农业绿色发展现状

（一）农业绿色产业快速发展，农业资源得到有效保护

宁夏把产业发展作为巩固拓展脱贫攻坚成果同乡村振兴有效衔接的重要举措。"十三五"期间，宁夏产业结构不断优化，现代畜牧业快速发展，

作者简介　张炜，宁夏社会科学院《宁夏社会科学》编辑部助理研究员。
基金项目　宁夏哲学社会科学规划青年项目"宁夏创建国家农业绿色发展先行区路径研究"（项目编号：23NXCGL07）阶段性成果。

特色优势产业进一步壮大，形成了以优质粮食、酿酒葡萄、现代畜牧、枸杞等为主导的产业格局，特色产值占总产值的比重达到88%。党的十八大以来，宁夏坚持生态优先、系统治理、绿色发展理念，大力推进质量兴农、绿色兴农、品牌强农，全面提高农业发展质量和水平。宁夏依托农业农村特色资源，循着"六特"产业发展的路子，做足、做活、做好"土特产"文章，走"质量兴农、绿色兴农、品牌强农"道路，着力发展农业生产和农产品两个"三品一标"，推动农业标准化生产，促进特色农业提质增效。在全产业链培育壮大农业龙头企业方面，宁夏积极推进农业生产、加工、流通一体化发展，农产品加工转化率达到70%，保障了优质特色农产品的有效供给。宁夏大力开展耕地保护和质量提升行动，持续实施高标准农田建设、盐碱地改良、测土配方施肥、机械深松翻等示范项目，耕地质量稳步提升，建成高标准农田780万亩。

（二）推进农业面源污染防治，农业产地环境持续改善

2023年9月，自治区党委十三届五次全会审议通过的《关于推进农业面源污染治理的工作方案》（以下简称《方案》），明确宁夏农业面源污染治理的目标和重点任务是控制农业用水总量，把化肥农药用量减下来，实现畜禽粪便、农作物秸秆、农膜基本资源化利用。《方案》按照"源头减量、过程控制、末端治理"的总要求，从4个方面实施12项具体任务。近年来，宁夏农业绿色发展始终坚持问题导向、目标导向和结果导向，实施化肥减量增效行动，集成测土配方施肥、化肥深施、种肥同播、水肥一体化等化肥减量增效技术，提升科学施肥水平。以枸杞、酿酒葡萄、蔬菜产业为重点，大力推广有机肥，引导农户利用畜禽粪便、农作物秸秆就近积造有机肥。大力推行农业绿色生产方式，主要污染物减排超额完成国家下达任务，持续实施化肥农药使用减量增效行动，化肥、农药利用率分别达到40.1%、40.8%。积极推进农业废弃物资源化利用，畜禽污染综合利用率达到90%，农作物秸秆综合利用率达到87.6%，全区农用残膜回收率达到85%。

（三）农产品质量明显提高，农村人居环境整治扎实推进

宁夏积极推进农业标准化生产，建立健全四级农产品质量安全检验检

测和农产品质量追溯体系。大力实施特色产业品牌工程，创建中国特色农产品优势区 6 个，狠抓优质绿色农产品品牌培育，将一批特色鲜明、发展潜力大的优质地方品种做优做强。"中宁枸杞""盐池滩羊""宁夏大米""灵武长枣""固原黄牛"等区域公用品牌入选全国特色农产品区域公用品牌。大力推行"两次六分、四级联动"的农村生活垃圾治理模式，推动村庄清洁行动常态化、制度化、持续化，人居环境整治长效管理机制、成本分担体制等机制初步建立。农村生活污水治理水平明显提升，农村生活污水治理率达 20.5%。农村厕所革命成效显著。2018 年以来，宁夏以农村厕所革命为主要抓手的农村人居环境整治提升工作，连续 4 年获国务院督查激励。

（四）农业数字化转型升级，创新推广农业绿色技术

数字化、智能化为农业绿色发展提供了新路径。近年来，宁夏农业农村信息化基础设施和装备条件明显改善，行业大数据建设明显加速，形成了以奶牛养殖、蔬菜种植为引领的智慧农业应用，智慧牧场、智能日光温室、无人机植保、智慧农机等场景应用呈现良好局面。加快构建绿色低碳循环发展农业产业体系，及时总结一批农业绿色发展模式，谋划推广一批农业绿色发展项目，确保到 2025 年，宁夏国家农业绿色发展先行区建设取得实质性进展。以农业绿色发展引领农业数字化转型升级。加快建设绿色农业大数据平台，立足耕地、永久基本农田、水资源等资源现状，聚焦枸杞、葡萄酒、奶产业、肉牛和滩羊等重点产业，建立农业特色产业数据库，提升绿色农业数字化水平。引导种植养殖园区充分利用物联网、"互联网+5G"、人工智能、大数据等现代信息技术，建设一批智慧牧场、智慧灌溉、无人机植保、智能日光温室等数字化农业示范点。加快农业数字化基础设施建设，推进乡村数字化治理。

二、宁夏农业绿色发展面临的挑战

（一）水资源相对匮乏

宁夏地处西北内陆，是全国水资源较为匮乏的地区之一，人均占有水量 197 立方米，仅为全国平均值的 1/12。作为全国水资源相对匮乏的地区

之一，水资源对宁夏的发展具有特殊重要性。干旱缺水是宁夏气候最大的问题，也是今后一个时期影响宁夏农业绿色发展的主要因素。受水资源条件限制，宁夏优质耕地少、低产旱地多，水浇地占比不高。水资源约束趋紧、生态保护重任在肩，特别是在农业发展方式转型的关键时期，宁夏农业发展仍然面临解决发展动力不足和提升发展质量的双重挑战。

（二）农业面源污染仍存在

一般而言，农业面源污染主要来源于农业生产过程中因不合理使用而流失的农药、化肥、残留在耕地中的农用薄膜和处置不当的农业畜禽粪便、恶臭气体，以及因不科学的水产养殖等产生的水体污染物。黄河灌溉农业区化肥、农药减量增效任务依然艰巨，瓜菜生产集中区尤为突出，亩均施用量均高于全国平均水平。粪污资源化利用率还不高，尚未形成科学成熟的利用模式，还田利用水平有待提高，农用残膜回收利用率还需进一步提高。

（三）绿色发展支撑体系还不健全

资金投入不足，各级财政安排绿色发展引导性项目资金难以满足农业绿色发展的需要。科技支撑能力还不够强，推进农业绿色发展对农业科技创新提出了更高更新的要求，迫切需要加大创新驱动发展，转变科技创新方向，优化科技资源布局，改革科技组织方式等。此外，全社会关注农业绿色发展的意识还不够强，对于农药与化肥减量、农业废弃物循环利用等方面的意识还不强。

（四）发展程度不均衡，基础设施有短板

农业基础设施建设存在短板，宁夏部分农村地区水、电、路、气等配套措施不完善。农业发展和生产的基础设施老旧，标准化程度低，部分地区存在农业废弃物资源化利用设施与现状不匹配，农业绿色循环低碳发展的能力有限。因地理、气候因素和自然资源环境条件不同，宁夏农业产业布局和区划也有所不同。根据宁夏不同区域、气候等地理特征，农业产业定位也有所不同。目前，仍然存在农业生产标准化、组织化、信息化程度低，生产效益低，绿色农产品保鲜冷链技术存在短板等问题。

（五）农业专业人才缺乏

实现乡村振兴，需要各类人才在乡村振兴中建功立业，专业化的人才队伍更是破解农业绿色发展难题的关键。需要深入实施卓越农林人才教育培养计划，构建特色人才培养体系。与高校、科研院所等通过各种专题实践、学科竞赛、志愿服务、暑期"三下乡"等活动，鼓励学生将理论与实践相结合。此外，在自治区级层面，农业绿色发展还存在补贴范围窄、扶持政策滞后、支撑农业绿色发展的人才培养体系还不完善等情况。

三、加快宁夏农业绿色发展的对策建议

（一）推广高效节水技术，建立节水用水机制

加强农田水利基础设施建设，加快推进青铜峡灌区、固海灌区等五大灌区改造，进一步提高渠系水利用效率。实施节水工程，充分利用高标准农田建设，以耕地为重点，兼顾葡萄、枸杞等林地园地。推进农艺节水，大力推广滴灌、水肥一体化、灌溉自动化等高效节水技术。有序引导青铜峡等13个县（市、区）压减水稻种植面积，禁止开采深层地下水用于农业灌溉。

（二）打造农业绿色低碳产业链，推进产业集聚循环发展

推进产业集聚整合，按照全产业链开发、全价值链提升的思路，调整优化特色优势产业结构。实施枸杞核心区整村整乡推进行动，支持枸杞龙头企业创新发展模式，开发新产品，不断提升精深加工水平。把葡萄酒、奶产业、肉牛和滩羊产业打造成3个1000亿元综合产值的产业，把枸杞产业打造成500亿元产值的产业。发展绿色食品产业。大力发展农产品精深加工，打造绿色食品加工优势区，推动产业链、价值链、创新链、供应链加快构建、同步提升，形成以绿色食品加工引领现代农业产业发展的新格局。重点打造粮油、畜禽肉、乳品、葡萄酒、枸杞、果蔬6类绿色食品加工优势区，推进生产与加工、产品与市场、企业与农户协调发展。积极引进和培育自治区龙头企业，引导加工企业向种养示范园区、优势产区集中，大力推进农业生产、加工、流通一体化发展。实施农产品产地冷藏保鲜设施建设项目，支持银川建设自治区级农产品冷链物流中心，拓展中宁枸杞

国际交易中心功能。加快发展农产品电子商务，充分利用全国各类展会、农产品电商平台、"乡味宁夏"公众号等新媒体平台，鼓励通过农产品平台、视频直播、网红带货等方式，促进农产品产销对接，提高农产品线上销售能力。

（三）创新推广农业绿色技术，提升农业绿色数字化水平

开展绿色高效行动，集成推广新品种、高效节水、集约节肥、绿色防控等高效技术。加强新品种、新技术、新模式引进推广，建设世界知名葡萄酒产区。以枸杞核心产区和酿酒葡萄生产标准园区建设为重点，开展关键技术攻关。推进绿色技术集成创新，围绕农业旱作节水、精准施肥用药、面源污染治理、退化耕地修复等，组织产学研联合攻关，攻克一批关键核心技术，转化一批重大科技成果，推进绿色高效栽培关键技术集成创新与应用。转型升级绿色养殖技术，推广应用物联网技术，提升水产养殖规模化、集约化、可控化水平。2023 年 11 月 20 日，平罗县推广稻渔综合种养模式，开辟粮食增产增收增效新模式，入选 2023 年全国农业绿色发展典型案例。应积极推广平罗县"党组织+合作社+农户"模式，充分利用盐碱地，积极探索"稻渔综合种养"，大力发展水稻全产业链绿色技术，探索一条资源节约、环境友好、产出高效、产品安全的农业绿色发展新路子。在充分实现稻米提质增效的同时，成功将产业溢价增值，最终达到农民增收致富的目标。

（四）构建绿色农业科技支撑体系，培养壮大人才队伍

加强绿色技术推广，充分发挥农业新品种、新技术、新装备试验的作用，加强农业绿色技术科技推广，提高技术集成度、普及率和到位率。配足配强农技推广人员，建设绿色发展示范园区。聚焦宁夏"六特"产业和区域特色产业发展，集中展示新技术、新模式等，示范带动传统农业向现代农业转变。创新开展农技推广服务，推广绿色农机装备研发，研发创制一批节能低耗智能化农机设备，加快植保无人机、残膜回收机等农机设备推广应用。创新绿色技术推广人才培养模式，加快培养农业绿色生产高素质应用型人才。

（五）完善绿色农业发展支持政策，健全生态保护机制

完善绿色农业发展支持政策。加大公共财政对农业绿色发展支持力度，全面落实补贴政策，推动财政资金支持由生产领域向生产生态并重转变。用好农业资源环境保护政策，探索将补贴发放与耕地地力保护行为相挂钩，加大耕地地力保护补贴，支持重点作物绿色高质高效生产，开展化肥农药减量增效示范。推进废弃物资源化利用，畜牧大县整县推进粪污就地消纳、就近还田，在粮食和蔬菜种植大县开展绿色种养循环农业试点。全面实施秸秆综合利用行动，加快建立农用残膜回收利用机制。统筹整合相关项目资金，优先保障绿色农业发展资金需求，进一步调整优化补贴范围、补贴环节和补贴标准，提高农业绿色发展水平。健全生态保护补偿机制。支持开展退化耕地治理，引黄扬黄灌区实施盐碱地改良，中部干旱带实施压砂地退出治理，中南部移民迁出区完善退耕还林还草政策。实施好第三轮草地生态保护补助奖励政策，促进草原生态保护和畜牧业发展。实施新一轮渔业发展补助政策，强化渔业资源环境养护，促进渔业绿色循环发展。

宁夏宁东能源化工基地
产业生态化理论与实践研究

李文庆　刘　君

推进能源化工基地产业生态化是一种产业发展的新探索，也是一种产业可持续发展新模式，它遵循产业经济学和生态学的基本原理，以及产业发展的客观规律，通过产业绿色发展、低碳发展和循环发展，构建起更为合理的产业结构，是产业与自然环境之间实现动态平衡、产业与社会发展逐步协调的过程。当前，宁夏宁东能源化工基地贯彻落实绿色低碳发展理念，坚持将产业生态化作为高质量发展的重要抓手，不断创新工作思路，示范推进重点工程，取得了一定成效。通过对宁夏宁东能源化工基地产业生态化的理论与实践的研究，探索以宁东能源化工基地为代表的工业园区产业生态化发展的可行路径，对于宁夏全面贯彻落实新发展理念，在经济可持续发展基础上促进生态文明建设具有重要的理论价值和现实意义。

一、产业生态化的理论内涵

产业生态学是将产业经济学、生态学以及可持续发展理论等多学科相融合，在产业发展中的综合应用。这一思想可以追溯到美国的蕾切尔·卡逊

作者简介　李文庆，宁夏社会科学院农村经济研究所（生态文明研究所）研究员；刘君，宁夏银川市规划编制研究中心工程师。

的"环境保护运动"和艾瑞斯的"产业代谢理论"。在概念定义上，一些国外学者认为，产业的生态化转型是通过构建工业生产环节中的生态系统，按照产业发展的一般规律和生态文明建设的要求安排其生产经营活动来实现的，从而促进产业系统之间、产业与自然环境之间的协调和可持续发展。国内学者认为，产业生态化就是通过绿色发展、循环发展，将工业生产活动纳入生态系统的过程。在发展路径上，一些学者提出通过建设生态型的工业园区，加快资源、能源消费体系的转型；优化产业之间的资源配置，实现绿色、低碳、循环生产。

宁夏宁东能源化工基地产业生态化发展，就是遵循产业发展的一般规律和生态文明建设的总体要求，依托宁夏特色优势资源和能源，形成煤电水优势组合，根据国际、国内社会化分工和规模化生产的方式，将宁夏的资源优势、生态优势转化为特色产业发展优势。宁夏宁东能源化工基地的产业生态化，是进一步从国际、国内比较优势的视角出发，以自然资源、生态环境和产业可持续发展为目标，将产业体系纳入生态系统中，利用现代化、生态化的生产技术改造提升传统产业，进而重构宁夏宁东能源化工基地的产业结构，从而实现产业与生态环境系统之间的良性循环。基于国内外学者的研究，产业生态化就是将生态化的理念融入产业发展过程中，实现产业发展的生态化转型升级，促进传统产业向绿色化、低碳化、循环型产业转型。综合以上观点，笔者认为，产业化生态是对自然资源加工、生产、利用中符合生态环境要求的产业化转型升级过程，在实现自然资源、能源以及气候资源、环境资源等基础上，实现自然资源价值生态化的增值。

二、宁夏宁东能源化工基地产业生态化实践

宁夏宁东能源化工基地是全国重要的大型煤炭生产加工基地、"西电东送"火电基地、煤化工基地和循环经济示范区，是国家批准的重点开发区，是宁夏经济高质量发展示范区、高新技术产业开发区和能源化工基地，也是国家能源"金三角"的重要一极，是国家主体功能区规划中确定的重点开发区。多年来，宁夏宁东能源化工基地全面贯彻落实新发展理念，坚持绿色发展，坚持产业生态化方向，进行了实践和探索。

（一）宁夏宁东能源化工基地发展概况

宁东能源化工基地地处宁夏回族自治区中东部，位于宁夏灵武、盐池、同心、红寺堡地区的煤炭富集区，规划区总面积约3484平方公里，是一个在全国占有重要地位的煤质好、储量大且地质结构简单的整装大型煤田，被列入全国13个重点开发的亿吨级大型矿区之一。2022年，地区生产总值增长8%，工业总产值增长23.2%，工业增加值增长10%，固定资产投资增长14.1%，本级一般公共预算收入增长56.2%。21世纪初，自治区党委和政府牢牢抓住西部大开发历史机遇，将宁东能源化工基地作为自治区"一号工程"举全区之力建设。近20年来，宁东能源化工基地抢抓现代煤化工技术革新、东部产业转移等机遇，在全国煤炭富集地区率先完成资源优势向经济优势的转变，实现了"再造一个宁夏经济总量"的目标。在经济高速增长的同时，受资源禀赋和产业结构影响，相应排放了大量的二氧化碳。经统计，宁东能源化工基地二氧化碳排放量约占全区的一半，碳减排压力巨大。宁东能源化工基地通过推动重点领域、重点行业、重点企业节能降碳，重点行业碳减排取得初步成效。

（二）宁夏宁东能源化工基地生态产业发展实践

宁东能源化工基地坚持以新发展理念为引领，加快经济发展方式转变，加快产业转型升级，用高质量发展解决发展带来的问题，推动实现量的合理增长和质的稳步提升。

1. 加快产业结构调整

宁东能源化工基地把加快产业转型升级作为产业生态化发展的重要抓手，根据宁东地区的自然资源优势，坚持煤炭清洁高效利用，坚持绿色循环可持续发展，推进产业向高端化、智能化、绿色化方向发展，构建起现代煤化工、新材料、新能源以及专用化学品、精细化工等细分高端产业集群，加强以生产性服务业、绿色环保产业为支撑的现代生态化产业体系建设。

2. 严控煤炭消费总量

构建以热电联产为主的集中供热（汽）体系，编制完成热电联产规划，实施鸳鸯湖电厂和京能电厂燃煤机组改造，集中布局建设园区动力岛；严格煤炭消费计划管理，分企业下达年度用煤计划，指导企业分解到车间和班组台。

3. 大力推进可再生能源替代化石能源

一是加强政策引导和规划引领。在全国煤化工产业基地率先出台《宁东能源化工基地促进氢能产业健康快速发展若干措施》等政策文件，实施《宁东能源化工基地氢能产业发展规划》。二是全力推进项目建设。建成目前世界单体规模最大的太阳能电解制氢储能及应用示范项目，加快推进绿氢制备和应用项目。三是创建国家氢燃料电池汽车示范城市。获批成为国家氢燃料电池汽车示范应用上海城市群"1+6"成员，与郑州城市群结成共建关系，在示范期内完成清洁低碳氢应用和500辆氢能重卡示范任务。四是加快建设可再生能源发电。编制完成宁东光伏发电基地规划，推进宁东光伏园区建设。

4. 全面推进碳捕集、利用及封存示范项目

宁东能源化工基地通过"补链"工程，引进新技术、新装备、新工艺，提升系统集成和资源综合利用、循环利用，提升资源、能源利用效率，加强综合能耗、水耗、碳排放管理，大力推进废气、废水、废渣及余热无害化、资源化利用，积极探索二氧化碳减排途径，积极引进碳捕集企业。2023 年 5 月，总投资 100 多亿元的宁夏 300 万吨/年 CCUS 示范项目，是世界范围内首个实现现代化煤化工与大型油气田开采的绿色减碳合作项目，建成后将成为我国最大的碳捕集利用和封存产业链示范项目，年二氧化碳减排规模将达到 300 万吨，为大型央企跨行业开展绿色减碳合作提供项目示范，为现代煤化工行业低碳化发展作出有益探索。

5. 实行生态环境保护一体化

统筹资源环境承载能力，优化国土空间布局，建立健全绿色标准体系，实现以生态可承载能力为基础的源头减排、中间循环和末端治理相结合的一体化环境和生态保护管理模式，推动宁夏宁东能源化工基地企业清洁化生产，加快形成节约资源和生态优先发展方式。

(三) 宁夏宁东能源化工基地生态产业发展存在的主要问题

目前，宁夏宁东能源化工基地仍处于生态产业高质量发展的攻坚期，

破解资源环境约束、解决复合型环境污染问题、保障生态环境安全、平衡经济发展和生态环境保护关系的压力仍然较大。

1. 绿色发展水平仍然偏低

多年来，宁夏宁东能源化工基地能源消费始终以煤炭能源为主，虽有所下降但依然占绝对优势，天然气能源所占比例略有增加，石油、天然气的变化趋势并不明显，非化石能源发电比例近 10 年增加较快，完成二氧化碳排放强度下降目标压力较大。宁夏宁东能源化工基地倚重倚能的问题仍然突出，发展绿色产业任重道远。

2. 产业生态化水平有待提高

宁夏宁东能源化工基地产业生态化水平有待进一步提高，工业固体废弃物循环利用不足，每年还有工业固废无法回收利用，只能无害化处理填埋。在经济保持较快增长态势的情况下，单位 GDP 能耗不降反升，与全面降低碳排放强度，实现碳达峰、碳中和的目标差距大，如期实现碳达峰、碳中和的形势严峻。工业企业延链补链能力有待提高，上下游产业配套耦合度不足，产业精细化、高端化水平不高。

3. 生态环境质量改善还不稳定

宁夏宁东能源化工基地主要环境污染问题是空气污染和水环境污染，完成考核目标压力较大。结构性污染矛盾依然突出，以电力、化工等为主的产业结构，以煤和天然气为主的能源结构尚未根本改变，资源环境约束持续趋紧。自然生态系统保护还需加强，主要依靠资源要素投入的保护方式不可持续，生态系统服务功能水平不高，生态产品价值实现机制有待创新突破。

4. 生态文明建设领域科技创新能力较弱

宁夏宁东能源化工基地科技创新能力不足，生态产业发展科技支撑能力较弱。以市场为导向的生态文明科技政策尚未充分发挥，解决生态产业发展中的科技手段较为单一，关键技术研发力度不够，对引进发达地区环境科技成果转化不足，特别是煤炭技术路线中的高碳排放等技术支撑不够，与加快绿色发展的科技需求还有较大差距。企业创新研发能力不足，高新技术企业培育力度不够，绿色园区建设还需进一步完善。

5. 生态环境治理能力仍需加强

宁夏宁东能源化工基地生态环境保护形势仍较严峻，生态环境保护与修复工作复杂繁重。资金投入与生态产业发展需求相比还有较大差距，资金投入渠道单一。生态文明建设中的基础设施存在短板弱项，制度建设、执法能力、装备水平、资金投入水平仍然较低，激励机制不够健全。

三、宁夏宁东能源化工基地产业生态化发展建议

要牢固树立绿色发展理念，坚持产业发展与生态保护并重，加强政府、企业与社会公众的协同推进，发挥科技对产业生态化的支撑作用，强化生态、文化、产业之间的融合，共同推进产业生态化发展。

（一）牢固树立绿色发展理念

当前，我国经济已由中高速增长阶段转向高质量发展阶段，宁夏处于后发赶超的发展阶段，必须通过绿色转型发展，不断盘活非再生资源存量，扩大可再生资源增量，大幅度提高资源综合利用效率，减轻生态环境压力，从根本上解决经济发展和生态环境保护之间的协调问题。坚持绿色发展理念，实现宁夏宁东能源化工基地产业结构转型升级，实现经济社会与生态环境和谐进步。

（二）产业发展与生态保护并举

生态资源相对于产业发展，二者之间既相互独立又相互关联。对于宁夏宁东能源化工基地来说，要最大限度地做到统筹兼顾、综合利用、减排增效。一是进一步完善空间规划体系和产业发展规划，严格落实能耗双控目标，坚持煤炭、煤化工产业链清洁高效利用、循环利用，加快产业技术升级，推进关联产业融合发展；二是在坚持生态保护优先的前提下推进产业发展，加强自然生态保护和恢复，大力提升资源和能源利用效率，下大力气减少固体废物和大气主要污染物排放，加强废水二次循环利用，重点开展废渣资源化综合利用，促进产业发展与生态环境保护相协调；三是发挥好政府主导和企业的主体作用，引导开发符合宁夏宁东能源化工基地实际的特色生态产业；四是在发展生态产业的同时，倡导清洁生产、绿色低碳的生产方式和生活方式。

（三）加强政府、企业与社会公众的协同推进

宁夏宁东能源化工基地的产业生态化，要以现有的自然资源和生态资源为基础，加快传统产业转型升级，推动产业绿色化、低碳化、循环化发展，将资源优势充分转化为产业发展新优势，并通过市场机制实现自然资源和生态资源的价值增长。特别是在自然资源和生态资源价值增长过程中，需要一批规模大、投资能力强和抗风险能力强的企业参与，也需要社会公众的大力参与。因此，要实现宁夏宁东能源化工基地产业生态化发展，还需要协调好基层政府、企业和公众之间的关系，大力推动各类企业发挥市场主体作用，鼓励社会公众积极参与，为宁夏宁东能源化工基地产业生态发展创造新优势。

（四）发挥科技对产业生态化的支撑作用

要提高站位，通过引进前沿技术研究应用到生态产业链，解决生态产业化中的关键技术问题，通过科技支撑促进宁夏宁东能源化工基地产业生态化发展，确保自然生态在为经济系统发展提供所需物质资源时，不超过自身生态承载能力，减少产业系统所产生的废弃物对自然生态系统的污染和破坏，从而实现科技对产业生态化的支撑。

（五）强化生态、文化、产业之间融合发展

生态产业化不仅要重视山水林田湖草沙等自然要素的产业化发展，重视工业低碳循环发展，还要重视特色文化资源优势，将生态产业化赋予文化特征。一是在宁夏宁东能源化工基地生态产业发展中，必须大力弘扬习近平总书记"社会主义是干出来的"伟大号召，通过资金优势、技术优势、劳动力优势的紧密结合，以实干精神将生态产业发展落到实处。二是依托宁夏宁东能源化工基地煤、电、水、光优势，大力发展新能源、新材料等生态产业链。三是在发挥资源优势、加快生态产业发展的同时，寻找自然资源、生态资源、文化资源的结合点，强化具有宁东特色的生态、文化、产业之间融合发展，打造"自然—文化—产业"特色生态产业链，在发展生态工业的基础上，大力发展特色文化旅游产业。

环境篇
HUANJING PIAN

数字赋能宁夏绿色发展研究

贺 茜

绿色发展是建设生态文明和美丽中国的重要内容。以数字化促进绿色化、推动经济社会发展全面绿色转型，将产生"1+1>2"的整体效应。习近平总书记在全国生态环境保护大会上强调："深化人工智能等数字技术应用，构建美丽中国数字化治理体系，建设绿色智慧的数字生态文明。"自治区党委十三届五次全会指出，大力推进产业绿色转型，促进产业数字化、智能化同绿色化的深度融合。运用大数据、云计算、区块链、人工智能等数字技术，为各行业绿色低碳转型发展赋能，以最小的资源消耗和环境损害实现最高经济产出，是宁夏直面生态环境现实矛盾和问题的必然选择。

一、宁夏数字赋能绿色发展的现状

（一）数字经济快速发展

2023年上半年，宁夏信息传输、软件和信息技术服务业快速发展，数字信息产业实现26.2%的高增长，电信业务总量增长24.8%，增幅居全国第一，其中数据中心、云计算等新兴业务收入增长24%，拉动电信业务收入

作者简介 贺茜，宁夏社会科学院农村经济研究所（生态文明研究所）助理研究员。

基金项目 宁夏社会科学院2023年宁夏重大现实问题研究课题"宁夏数字赋能绿色发展研究"阶段性成果。

增长 8.3 个百分点。以"东数西算"工程为依托，积极承接发达地区头部企业算力服务，探索打造云工厂、云平台、云服务等产业组织新形态，推动全社会上云、用数、赋智，最大限度激活数据价值，释放算力产能。推行数实融合，加快数字经济和实体经济融合，大力推动数字产业化、产业数字化，赋能"六新六特六优"产业，更好释放数字技术对经济社会发展的放大、叠加、倍增作用。加快构建工业互联网平台体系，对于节能降耗有显著成效，以 5G 为代表的新一代信息技术与工业经济深度融合工业互联网，全面连接人、机、物、系统，构建起覆盖全产业链、全价值链的全新制造业和服务业体系，加快推动工艺、技术革新，提质、降本、增效作用不断显现，数智赋能之下，产业绿色化转型步伐加快，智慧化水平不断提升。

（二）数字技术在绿色生产方面不断发挥作用

1. 数字赋能农业绿色发展

宁夏以大数据技术为支撑，构建了农业大数据平台，整合了农业生产、农产品市场、农业气象、农业政策等多方面的数据，为农业决策提供了科学依据。积极推广农业物联网技术，通过在农田、温室等场所安装传感器，实时采集温度、湿度、光照、土壤含水量等信息，再通过无线网络传输到数据处理中心，实现了对农业生产环境的精细化管理。利用无人机进行病虫害防治，利用智能农机进行精准施肥、精准灌溉等，大大提高了农业生产效率和农产品质量，实现了农业生产的智能化和机械化。在数字农业创新研发方面，研发了国内首台高通量土壤肥力机器人检测装置、国内首个枸杞田间数据采集自动巡检平台、自行精准施肥施药一体机、无人机变量施肥技术、肉牛三维体尺检测技术等。西吉县建设了"互联网＋农业灌溉"智能化管理系统，鼓励在冷凉蔬菜种植基地集中连片配套高效节水灌溉、水肥一体化等设施设备。以数字技术为支撑，推动了农业现代化，推动了农业绿色生产。

2. 数字赋能工业绿色发展

宁夏通过引入和应用数字技术，加大数字化改造力度，推动工业升级转型，推动工业互联网、智能制造等技术在传统产业中的应用，支持企业开发绿色产品，创建绿色工厂，打造绿色园区，构建绿色制造体系，推动工业绿色低碳发展。全区数字化研发设计工具普及率和关键工序数控化率分别达到50.1%和47.3%，自治区认定的数字化车间、智能工厂超过60个。以光伏、石墨烯、锂电池、半导体、蓝宝石为代表的电子新材料产业加快发展，典型性企业的行业示范带动作用逐步凸显。在材料设计与优化方面，数字化制造、工业物联网、大数据分析等技术监测和优化材料生产过程，实现智能制造和过程优化，有助于减少生产中的能源消耗和废物产生，提高生产效率。对生产过程中的各种参数如温度、压力、流量等进行实时监测和控制，既降低了能源消耗，又减少了废弃物产生。对能源消耗进行实时监测和分析，帮助企业更加精确地分析和预测能源需求，制订合理的能源使用计划。对原材料采购、生产过程、产品运输等环节的碳排放进行实时监测和追踪，提高供应链管理的透明度和效率，实现绿色供应链管理，减少碳排放。宁夏共享集团持续打造"互联网+双创+绿色智能制造"产业生态，建设了共享工业云、铸造云、压铸云、经开区云、宁夏赋智强企云、增材云等六大互联网云平台，以3D打印产业推动传统产业绿色智能发展，成为全区"数字化 + 智能化"赋能制造业绿色低碳高质量发展的龙头企业。

3. 数字赋能服务业绿色发展

服务业是降碳减污扩绿增长的重要领域，为降碳减污扩绿增长提供智力支持和专业服务。宁夏推动服务方式低碳升级，将数据要素与传统生产要素相结合，数字技术可以优化传统服务业行业经营模式，提高高技术密集型和高附加值服务业的比重。互联网平台、人工智能等数字技术可以通过云直播、云旅游等方式，将传统批发业、零售业、旅游业与网络相结合，还可以赋能计算机、软件服务和商业咨询等新兴服务业的发展，提高新兴服务业的增加值，打造服务业新业态、新模式。数字技术推进服务业与制造业深度融合，推动制造业企业实行"制造 + 服务""产品 + 服务"模式。数字技术推进服务业与现代农业深度融合，推动建立"数字农业""智慧农业"等平台、电商扶贫等现代农业产业体系，以降低物流成本。

（三）数字技术引领公众绿色低碳生活

推广数字政务、互联网医疗、在线教育、共享出行等低碳生活新形态，建立碳减排数字台账，做好消费端减碳，在衣、食、住、行、游等方面对个人碳减排行为进行量化和记录，提升公众绿色低碳意识，让"互联网＋"低碳化生活方式成为社会新风尚。宁夏通过数字化手段提升公共服务和社会治理水平，推广政务服务一体化平台，提高政务服务效能，降低社会管理成本，为绿色发展创造良好环境。通过数字化手段加强城市管理，积极推进绿色智慧城市建设，利用物联网、大数据、人工智能等技术，将新一代信息技术与绿色发展理念相结合，提高城市治理水平，优化城市公共服务，智慧城市建设在交通、环保、教育、医疗等多个领域都取得了显著成效。

二、宁夏数字赋能绿色发展存在的问题

（一）数字经济规模总体偏小

国家互联网信息办公室发布的《数字中国发展报告（2022年)》显示，2022年我国数字经济规模达50.2万亿元，总量稳居世界第二，同比名义增长10.3%，占GDP比重提升至41.5%，占比首次超过四成。但宁夏数字经济规模总体偏小，数字经济增加值占地区生产总值比重约为26%，远低于全国平均水平。宁夏产业数字化和数字产业化发展较为缓慢，传统产业数字化转型仍未成为普遍现象，电子制造、软件开发等数字产业链条关键环节存在缺失。作为国家算力枢纽节点和国家数据中心集群之一，宁夏缺乏整体规划布局，自治区层面及地级市层面都未编制总体发展规划，在数字赋能绿色发展方面缺少整体规划。日前出台的一系列有关数字赋能的规划方案均围绕实施数字宁夏提质升级行动、数字赋能计划等，并未强调数字技术在绿色发展方面的应用，没有突出数字技术在绿色发展方面的重要性。数据中心集群基本涵盖算力产业的上中游企业，但缺少下游企业，企业多以租赁柜机业务为主，业务较为单一，数据流动性较差，交易性较低。中小型企业数字化转型推进进度较慢，数据规模小、利用率低，规模化体系不完善。西部云基地仍缺少互联网龙头企业、高科技企业，急需为集群注入活水，形成产业链上中下游集聚态势，激发产业活力。

（二）数字技术对绿色制造的驱动不足

宁夏制造业整体的数字化基础较为薄弱，工业1.0、工业2.0、工业3.0

并存。很多企业尤其是中小企业整体的数字化水平不高，导致"互联网+"绿色制造融合发展的基础较弱。我国超过 85% 的规模以下（年主营业务收入 2000 万元以下）工业企业中，设备自动化水平、设备联网率、工业软件普及率不高，很多中小企业甚至不具备最基本的信息化能力，通过数字技术开展绿色产品设计研发，促进节能降耗和回收利用等方面的能力不足。"互联网+"绿色制造的关键要素资源保障水平不足，数据资源未能有效利用。数字经济时代，数据作为新型的生产要素之一，在企业生产、运营等全流程的节能降耗优化过程中都起着重要的作用，但多数企业对数据要素的开发应用程度不高。一方面，数据标准体系建设相对滞后，企业间数据互联互通不畅，制造业在实际的生产经营活动中面临多种工业终端设备、多种网络及围绕企业生产管理的 ERP、MES、CAD、SCM 等多种应用，形成了多种设备与网络、协议与标准并存的局面，数据协议众多、数据接口分散、数据连接能力弱、数据流通环节缺乏统一标准等诸多问题广泛存在，导致企业间甚至是企业内部各生产环节之间互联互通不畅。"互联网+"绿色制造企业对数据要素支撑能力具有较高要求，需要企业实时高效获取、监测关键工业基础数据并进行分析处理，但当前，多数企业缺乏对资源消耗、能源消耗、污染物排放等关键工业基础数据的获取和监测能力，利用"互联网+"技术对企业设备进行数字化、精细化管理存在诸多障碍，缺乏大数据分析优化能力。另一方面，企业对生产运营管理数据的应用场景挖掘不够，多数企业对于数据作为新型生产要素如何发挥作用存在疑虑。事实上，如何将数据资产化并进行相关交易，是我国各行业甚至是全球企业在挖掘数据价值和潜力时遇到的共性问题。多数企业即使意识到了数据的重要性，但由于数字化基础薄弱，难以有效获取、采集、存储生产经营数据，即使能够获取数据，很多时候数据质量也较差，如何高效应用相关数据需要进一步探索。

（三）数字技术在生态环境保护与修复中的应用不足

生态空间治理点多、线长、面广，掌握精准全面的数据资源是管理好生态空间、修复好生态系统、保护好重要生态资源的根本保障。大数据等数字技术可以应用于实时获取、精准识别生态环境信息，进行环境容量分析与环境形势研判，通过数字监控实时观察生态系统的变化。智能计算、卫星遥感等数字技术可以赋能生态产品价值实现机制，实现生态产品价值的清晰量化，用核算结果指导生态产品价值有效变现。生态补偿数字化平台有助于统筹山水林田湖草沙系统管理，完善生态产品保护补偿机制。但宁夏在这些方面基本处于探索阶段，应用较少。数字技术有助于精准化、规范化、高效化推进生态空间治理。当前，多个省份已搭建并应用了"生态云"平台，但宁夏进展缓慢。2018 年，福建省率先在全国建成省级生态环境大数据云平台（生态云平台），打造"一中心、一平台、三大应用体系"，利用系统进行大数据分析，实现自动预警，真正做到全天候监管，将所有环境信息及相关业务数据集成汇聚共享。生态环境监测、监管、服务三大应用体系使得环境决策更科学、环境监管更精准、公众服务更便捷。

三、数字赋能宁夏绿色发展对策建议

（一）提高农业绿色发展水平，打造智慧农业新模式

一是加快遥感卫星、北斗导航、农机智能、大数据、物联网等新一代数字技术在农业全产业链各环节的推广应用，为农业现代化发展提供支撑。加快无人农业作业试验区建设，推进先进适用智能农机与智慧农业、云农场建设等协同发展，挖掘 5G、千兆光网和移动物联网等在农业生产场景的典型应用。二是推动智慧农业向产前、产中、产后各环节全覆盖。推动智慧农业向生产前端延伸，推进数字农业创新应用基地建设，搭建种业大数据服务平台，推动育种制种数字化，探索重点品种产业数字化转型路径，推动农业绿色发展。鼓励各地依托智慧农业数字平台，创建农业知识图谱，培育全国农业数字化发展典范。加快"数字供销"建设，优化完善数字供销综合服务平台，持续推动供销经营服务网点数字化改造。三是整合涉农电商平台，鼓励发展农产品直播带货等新模式，拓宽优质绿色农产品销售渠道，助力农民增收致富。积极鼓励电商平台、快递物流、移动联通电信等大型企业在偏远农村地区建设供应链数字基础设施，如建设智能供应链中心等，充分发挥企业创新引领作用。四是推动实用性数字农业技术研发创新，加快建设一批"六特"产业数字科技创新中心与重点实验室，着力

推动枸杞智能采摘设备、酿酒葡萄智能植保与埋起藤装备、肉牛滩羊养殖场环控系统、奶牛精准饲喂设备、冷凉蔬菜水肥一体化智能调控技术等自主研发创新。

（二）创新推动工业绿色发展，加强"互联网＋"绿色制造

一是在"互联网＋"绿色制造设计研发方面，支持发展网络化、平台化、开放化的研发设计软件，提升绿色制造从设计方案到产品的转化率，降低产品生产过程中产生的废料及能耗。大力发展基于云服务平台的研发测试模式，支持互联网企业、数据中心面向多个制造业细分领域提供专业软件服务，支持制造企业通过云平台开展大型装备的在线虚拟化研发、装配与仿真测试，由此大幅降低企业开展研发工作过程中因样机试制及测试而产生的资源消耗。着力建设绿色设计信息数据库和知识库共享平台，促进绿色设计资源的开放共享。二是在"互联网＋"绿色制造工厂方面，加快推广虚拟制造、在线仿真等新技术应用，支持装备制造、建材加工等行业通过部署网络化传感器，对生产全过程实现实时精准感知，并在此基础上对生产系统进行精准建模，从而实现对生产系统工作状态的快速决策及维护时间的精确预判，全面提高企业运维效率和生产系统能效。针对电力、冶金、化工、建材等行业，鼓励企业通过互联网技术感知生产过程中释放出的复产热能、压差能，形成网络化的决策调度系统，促进能源的回收与再利用。三是在"互联网＋"绿色制造公共服务平台方面，鼓励互联网、ICT 企业基于云平台为制造企业提供远程设备信息采集、软件优化决策、节能项目管理等服务，自动匹配、判断、识别异常能耗现象，提高能源使用效率。打造分行业的绿色资源在线购销平台，利用区块链技术打通绿色资源线下评估、溯源与线上推广渠道，实现资源绿色认证、供求智能匹配与信用评价等平台功能，加快建立形成多元共享的"互联网＋再制造""互联网＋回收""互联网＋服务"等覆盖产品全生命周期的绿色循环体系。四是在"互联网＋"绿色制造监测体系方面，加强绿色资源监测、绿色生产监测、绿色产品监测。建立产品生产过程的绿色化智能监测网络，重点监测原材料生产的能源资源消耗、环境污染水平，各类能源资源综合利用水平，以及原材料本身的耐用、环保等关键指标，纳入产品绿色制造

水平评估体系，通过智能监测推动生产工艺与过程的优化改进。加强数字基础设施绿色化改造升级，推动建立绿色低碳循环发展产业体系。

（三）提升服务业绿色化水平，持续深化"互联网＋文旅"

一是加快推进生活性服务业线上线下融合发展，借鉴国际消费中心城市、区域消费中心城市等建设经验，支持有条件的城市率先建设成为数字生活新服务标杆城市，打造一批智慧商圈，繁荣网络团购、体验经济等新商业。二是推进智慧旅游发展，加强资源、设施、服务的数字化建设，完善"云、网、端"智慧旅游设施，积极发展沉浸式互动体验，打造景区数字化自然生态空间、数字化博物馆、数字化展览馆、数字化文化演艺空间、虚拟展示、智慧导览等新型旅游服务，提升游客旅游体验。三是加快数字文旅融合发展，鼓励图书馆、美术馆、文化馆、博物馆等文化场所运用数字化存储、开发和利用技术，创作生产特色数字文化体验产品，支持景区运用数字技术充分展示特色文化内涵，创新文化和旅游数据场景应用。依托第三方网络消费平台承载全区文旅资源产品，发展数字化文旅消费新体验，促进网络消费、定制消费、体验消费、智能消费等新型文旅消费，打造数字化文旅消费新场景。四是激活乡村文旅数字引擎，结合宁夏乡村自身文化特点和市场需求，运用乡村动漫、短视频、VR/AR、直播等数字化手段创新文化艺术种类的表现形态和内容表达，增强艺术的网络传播力、吸引力、感染力。支持广大乡村旅游经营主体通过抖音生活服务功能，以"短视频＋直播＋产品销售"的方式进行线上营销推广，推进乡村文旅与互联网进行深度融合，促进乡村旅游消费。

（四）以数智化提升生态环境治理水平，引领绿色低碳生活新风尚

一是以数字驱动加快生态产品价值实现，推动生态产品交易数字化。应用数字技术实现生态产品价值的精准量化，建立生态产品价值核算评估体系，推进生态产品价值核算评估的规范化、标准化。依托数字技术建立生态产品数字化交易系统，搭建生态产品数字交易市场和平台，通过数字交易平台进行确权、赋能、定价、交易，推动用水权、土地权、排污权、山林权、用能权、碳排放权"六权"调节服务类生态产品供需精准对接。二是建设生态环境综合治理数字化平台及"生态云"平台，推动生态保护、环境治理数字化。建立基于数字资源的系统、高效、智能的生态环境治理体系，优化完善自然资源、生态环境、水利和能源动态监测网络和监管体系，加强生态环境智能感知体系建设，重点关注生态环境风险防范预警，提高监测数据的真实性、准确性、完整性，提升数字化环境治理能力。推进污染防治智能化转型进程，建设污染源数字化档案库，建立大气、水、固废、土壤、环境信访、环境执法等综合数字化管理体系。三是加强绿色消费中数字化应用，健全多元参与、可持续的碳普惠机制。以数字化的方式实现减排场景全覆盖，形成用户个人全面的碳账本，探索实行绿色消费积分制度，推动全民绿色低碳行动，以消费端减排引导生产端减排。普及数字化绿色生活方式，推进远程办公、在线会议、公共出行、绿色消费等绿色低碳生活方式。提升社区智慧设施建设水平，推动社区购物、居家生活、公共文化、休闲娱乐、交通出行、养老服务、社区医院等各类生活场景数字化。

推进宁夏盐碱地综合改造利用研究

王慧春

盐碱化土地既是我国农业生产中建设高产稳产田的障碍和重大区域生态环境的潜在威胁，又是我国农业生产和国民经济可持续发展的巨大土地资源。习近平总书记多次强调，"开展盐碱地综合利用，是一个战略问题，必须摆上重要位置"，"切实加强耕地保护，全力提升耕地质量，充分挖掘盐碱地综合利用潜力，稳步拓展农业生产空间，提高农业综合生产能力"。

一、国家开展碱盐地治理情况

我国盐碱地多，约有 15 亿亩，其中约 5 亿亩具有开发利用潜力。近年来，我国积极推进盐碱地治理改造，2022 年中央一号文件提出："分类改造盐碱地，推动由主要治理盐碱地适应作物向更多选育耐盐碱植物适应盐碱地转变。支持盐碱地、干旱半干旱地区国家农业高新技术产业示范区建设。"2023 年中央一号文件强调，"持续推动由主要治理盐碱地适应作物向更多选育耐盐碱植物适应盐碱地转变，做好盐碱地等耕地后备资源综合开发利用试点"。2023 年 9 月，国家出台《关于推动盐碱地综合利用的指导意见》，强调要充分挖掘盐碱地综合利用潜力，加强盐碱耕地改造提升。各地对盐碱地治理利用进行了有效探索和实践，取得了显著成效。

作者简介　王慧春，宁夏回族自治区人民政府研究室（发展研究中心）农村处处长。

（一）挖掘盐碱地增产潜力

盐碱耕地是我国当前中低产田的主要类型之一，条件相对较好，其中较大面积的轻中度盐碱耕地得到有效治理后有较大增产空间，在水资源保障条件下，亩均可增产约200斤，1亿亩盐碱化耕地年均可增产200亿斤，相当于新增2500万亩耕地（按亩均400公斤产量测算），能有效提升我国粮食安全保障能力。新时代以来，我国农业科技人员大胆创新攻关，以胡树文率领为代表的中国农业大学盐碱土改良团队，组成横跨土壤、微生物、育种、栽培、水利等十几个学科的人才方阵，在全国建立了十几个大型示范区，开展科研攻关和试验示范，推广生态修复盐碱地工程技术模式，累计将10万多亩重度盐碱荒地改造成良田，改良盐碱化中低产田160多万亩，年新增粮食产能达4亿斤。其中：山东东营改良后的中度盐碱耕地，小麦增产190%，小麦收获后轮作大豆，大豆增产270%；吉林松原苏打型碱土改良示范田，水稻亩产达506公斤；山西山阴在盐碱地推广种植青贮玉米和苜蓿等饲草，将牛粪加工成有机肥料改良盐碱地，再种杂粮作物的有机旱作农业循环模式，使青贮玉米亩产从2吨增长到6吨，高粱亩产从400斤增长到1000斤。

（二）加大盐碱化耕地改良

国家实施高标准农田建设和盐碱化耕地改良工程，重点推进高效节水灌排、盐碱化耕地分类改良与精准治理、有机质提升沃土、农田生态提质、农业科技服务等七大工程，实现生态效益、社会效益、经济效益多赢。内蒙古一直高度重视河套灌区盐碱化耕地改良，将其列入自治区"十三五"发展规划，实施巴彦淖尔市484万亩"改盐增草（饲）兴牧"示范工程项目，整合高标准农田建设、自治区盐碱地改良专项试点工程等项目资金16.39亿元，完成盐碱化耕地改良140.03万亩，盐碱地减少1.5万亩，新增可耕地4500亩。新疆探索出深耕粉碎松土机，开展松土耕作作业，将土壤板结块粉碎成颗粒粉末状，提高了土壤的透气性、渗水性，把低产田改造成了高产田，通过在改良的500亩土地上种植棉花，每亩增产50—100公斤。

（三）探索新技术新模式

多年来，我国通过对盐碱地改良利用的探索示范，创建了"重塑土壤结构，高效改良盐碱地"的领先技术模式，形成了包括土壤排盐技术、土壤生物有机治盐改土技术等八大体系 40 多项实用技术。内蒙古巴彦淖尔结合当地实际，集成"五位一体"改良技术、上膜下秸阻盐综改技术和暗管排盐技术 3 种模式。通过试验示范，轻度盐碱地采用"五位一体"技术模式，保苗率提高 20% 以上，总保苗率达到 95% 以上；中度盐碱地采用上膜下秸阻盐综改技术模式，保苗率提高 40% 以上，总保苗率达到 90% 以上；重度盐碱地采用暗管排盐配合"五位一体"模式，保苗率提高 60%，总保苗率达到 80% 以上。甘肃张掖分类治理，综合施策，探索了以增施有机肥、施用土壤改良剂、种植绿肥、秸秆还田、种植耐盐碱作物等盐碱地改良技术模式，在轻度盐碱地上综合采取"有机肥料 + 土壤改良剂 + 秸秆还田 + 垄膜沟灌 + 高效农田节水 + 深松耕技术"，土壤含盐量下降至 0.1%；在中度盐碱地上综合采取"冬泡地 + 有机肥料 + 土壤改良剂 + 种植绿肥 + 膜下滴灌技术 + 种植耐盐碱作物 + 深松耕技术"，土壤含盐量下降至 0.3%；在重度盐碱地上重点采用"冬泡地 + 开挖排碱沟 + 铺沙压碱 + 有机肥 + 土壤改良剂 + 深松耕技术"，土壤含盐量下降至 0.6%。经过连续 3 年试点，粮食亩均增产 20%。新疆巴音郭楞积极探索节水控盐技术，通过推广春灌"滴水出苗"和"干播湿出"技术组合模式，大幅减少驱盐用水量，比漫灌平均每亩节水 75 立方米，平均出苗率 81.3%；采用暗管排水控盐技术与滴灌水肥一体化技术灌排结合，节水 40%—50%，农作物增产 30% 左右。

（四）选育耐盐碱作物品种

我国从 20 世纪 50 年代开始开展耐盐碱作物育种研究，筛选鉴定出耐盐碱小麦、大豆、玉米和水稻等种质资源 2000 余份，建设国家耐盐碱作物种质资源圃（东营）和耐盐碱作物种质资源库，累计试验各种耐盐碱品种 200 多个，审定 8 个水稻耐盐碱品种和 4 个耐盐碱小麦品种，开发推广了 50 多种耐盐碱作物品种和多用途盐生植物，产量和品质均较可观。山东育种团队从收集保存的 5000 余份花生种质资源中挖掘耐盐碱种质，通过搭配杂交组合、经系谱法选育，培育出 20 多个耐盐碱品种，其中"花育 9307"

等品种亩产荚果达到 626 公斤。山西朔州筛选出高粱、燕麦、苜蓿等 11 个适合雁门关外种植的饲草和杂粮品种。宁夏平罗县成立改造盐碱地研发中心，设立 10 多个盐碱地改良和草畜繁育自主研发项目，示范种植苜蓿、湖南稷子草、燕麦等多种耐盐碱作物 1.1 万亩。

（五）发展盐碱地特色产业

近年来，各省区创新盐碱地治理思路，将盐碱地治理与研究种植盐生植物相结合。新疆的一些地区在盐碱地上引进种植盐地碱蓬、盐角草、黄花补血草、野榆钱菠菜等 150 多种既能"吃盐"，又可食用、可作饲料、可作药材等经济价值的盐生植物。在克拉玛依等地试种盐地碱蓬，第一年土壤盐分降低 40%，第二年累计降低 60% 以上，到第三年累计降低近 90%，每亩盐地碱蓬能收获 1.8 吨干草，可带走 400 多公斤盐，第四年种棉花，平均亩产达 350 公斤。辽宁探索收集到碱蓬、白刺等盐生植物 60 多种，盘锦市在红海滩国家风景廊道盐碱地种植碱蓬约 1000 亩，不但改良了滩涂土壤，还引来鸟类栖息，创造了经济价值和生态价值。

二、宁夏盐碱地基本情况、治理做法及面临的挑战

（一）盐碱地基本情况

目前，全区共有盐碱化耕地 248.7 万亩，占耕地总面积的 13.8%。按盐渍化程度分，土壤含盐量 0.15%—0.3% 的轻度盐碱地有 139.8 万亩，约占 56%；含盐量 0.3%—0.6% 的中度盐碱地有 74.6 万亩，约占 30%；含盐量 0.6%—1.0% 的重度盐碱地有 34.3 万亩，约占 14%。按地域划分，银川市 83.3 万亩，约占 34%；石嘴山市 73.9 万亩，约占 30%；吴忠市 38.2 万亩，约占 15%；固原市 20 万亩，约占 8%；中卫市 33.3 万亩，约占 13%。

（二）宁夏盐碱地治理主要做法及成效

1. 坚持规划引领

自治区党委、政府高度重视盐碱治理，2013 年以来，先后启动实施了银北地区百万亩盐碱地改良工程、《宁夏银南地区盐碱地改良规划》、《银北地区百万亩盐碱地农艺改良实施方案》、《宁夏耕地质量保护与提升规划（2022—2035 年)》等重大工程和规划，创建了政府、科研院所、涉农企

业、专家团队、专业合作社、农民共同参与的"六位一体"盐碱地治理建设模式。

2. 综合施策改良盐碱地

依据国土空间规划和盐碱地空间分布，推进工程措施与农艺措施相结合、综合治理与合理利用相结合，在水资源充足的滨河洼地采取种稻改碱、以渔治碱和发展适水产业的模式，在地势平缓、受黄河水顶托、排水无出路的灌区下游，推广暗管排水与太阳能光伏抽水相结合的技术模式，在土壤 pH 值大于 8.5 的碱化土壤分布区，推广"磷石膏 + 有机肥 + 秸秆还田"的综合治理模式，在扬黄灌区发展以滴灌为主的节水农业。通过统一规划、分区施策、综合治理，农田生态环境明显改观，引黄灌区骨干沟道坍塌、阻塞排水的问题得以解决，排水效率大幅度提高，地下水位平均降低 50 厘米，土壤盐分含量平均下降 34%，土壤碱化度下降 20%—30%，土壤有机质含量提高 8%—15%，水稻亩均增产 27.7 公斤，玉米亩均增产 43.8 公斤。

3. 加大技术创新

积极争取到"十一五"至"十四五"国家科技支撑计划与国家重点研发计划等项目支持，联合清华大学、中国科学院、中国农业大学等高校和科研院所，开展水盐调控与灌排协同、脱硫石膏施用与改土培肥、耐盐植物筛选与生物改良、盐碱地特色产业与产品开发、微咸水灌溉等盐碱地改良技术研究，分类推广应用轻度、中度、重度盐碱地改良利用技术，将暗管排水技术应用于低洼盐碱地治理，改善农田排水不畅状况，降低了土壤盐渍化程度。

4. 发展盐碱地特色农业

大力开展耐盐碱作物品种选育和示范推广，筛选育成水稻、大豆、枸杞等耐盐作物品种 26 个。按盐碱地类型，分类推广草畜、稻渔、经作等特色产业种植模式。在水资源充足的滨河洼地盐碱地种稻改碱 44 万亩；在地势平缓、土壤含盐量在 0.3%—0.6% 的中度盐碱地种植枸杞 43 万亩，建设盐碱地富硒优质农产品生产基地 24 个，打造出昊帅大米、沙湖雪石磨面粉、惠杞红枸杞、宁羊一号羊肉等盐碱地富硒农产品。惠农区在盐碱地引种可作为优质饲草和菌棒原料的菌草，亩均产量达 10 吨。盐池县、红寺堡区在中度、轻度盐碱地上种植黄花菜 16.8 万亩，农户亩均纯收入 6000—8000 元。

（三）推进宁夏盐碱地综合改造利用面临的挑战

1. 土壤盐碱化问题依然突出

近年来，宁夏加快节水农业发展，节水灌溉技术被广泛应用，有效促进了节水节肥，但大范围、长期推广滴灌使得盐分沿土壤孔隙上升到地表，长期累积很容易造成土壤盐碱化。另外，耕地大水漫灌后如果排水不畅，促使地下水中的盐分沿土壤毛管孔隙上升并在地表积累，会导致土壤次生盐渍化。如宁夏扶贫扬黄灌溉工程建设初期未设计排水系统，经过多年持续灌溉，地下水位不断上升，土壤积盐程度逐年加重，红寺堡区产生耕地次生盐渍化面积达 9.6 万亩。

2. 盐碱地制约农业发展

盐碱地具有含盐量高、土壤板结、通气性不良、肥力水平低、保水保肥能力差的特点。一般而言，当土壤含盐量超过 0.1% 时，普通作物的生长开始受到影响；当土壤含盐量超过 0.3% 时，大部分作物品种产量明显下降。宁夏引黄灌区下游的平罗、惠农，中部干旱带的盐池、红寺堡等县（区）还存在 34.3 万亩的重度盐渍化耕地，土壤含盐量达 0.6%，种植小麦、玉米等粮食作物，亩产不足当地平均水平的 70%。同时，受水资源制约，自治区大力压缩高耗水作物种植，耐盐碱水稻种植面积从 2012 年的 126.5 万亩压减到 2023 年的 32 万亩。

3. 耕地盐碱化治理难度增大

宁夏是全国水资源最匮乏的地区之一，多年平均降水量仅 289 毫米，蒸发量高达 1250 毫米，人均水资源占有量 143 立方米，排全国倒数第 2 位。而大水"洗盐"是传统改良盐碱地方法，宁夏引黄灌区传统上采取大灌大排方式，深挖排水沟排水洗盐，但此方法改良一亩地需要约 2000 立方米的水，在水资源刚性约束背景下已不可持续。另外，水资源利用效率偏低。全区农业灌溉实际用水量 532 立方米，是全国平均水平的 1.5 倍，农田灌溉水利用系数 0.561，低于全国平均水平。灌排渠系、田间道路等农田配套水平不高，全区近 60% 的耕地仍采用渠道灌溉，高效节水农业面积只占 41.6%。这些都会导致土壤盐碱程度持续提高，随之治理利用成本也越来越高。

4. 技术支撑有待加强

符合新时期生态保护和高质量发展新需求的盐碱地生态治理技术缺乏，低耗水、低成本、高效率的现代工程农艺改良技术、产品装备和集成模式明显不足。耐盐碱作物种质资源收集、品种选育和推广还比较滞后，目前，对水稻、玉米、小麦等主要农作物耐盐性研究和品种选育还处于起步阶段，推广种植水稻、枸杞等耐盐碱作物品种 120 万亩，仅占盐碱耕地面积的 48%。

5. 长效机制尚不健全

当前，宁夏盐碱地治理还存在资金投入不足、投融资机制不健全、缺乏后期维护基金等问题。一般情况下，开展盐碱地治理需要对区域耕地的灌溉、排水设施进行统一整治，对农田土壤进行持续改造提升，一般亩均需投入 1500 元，经 3—5 年才能达到中产田水平。按照建设黄河流域生态保护和高质量发展先行区总体规划，宁夏于 2024—2029 年投资 27.2 亿元综合治理盐碱地，综合亩均投入 1094 元，尚不足平均水平，也远低于内蒙古、山东近年分别亩均投入 2033 元和 2000 元改良盐碱耕地的水平。

三、推进宁夏盐碱地综合改造利用对策建议

（一）强化顶层设计和统筹规划

1. 加强基础调查

结合第三次全国土壤普查，全面摸清宁夏盐碱地类型、分布、数量和盐碱化程度及相关水资源、水利工程等情况底数。

2. 加强规划引领

坚持"山水林田湖草沙生命共同体"系统理念，研究编制宁夏盐碱地综合改造利用规划和专项实施方案，强化水、技术、资金等要素保障，系统谋划盐碱地综合改造利用目标任务、开发布局、技术路径等。

3. 分类施策推进

明确轻、中、重度盐碱地和弃耕盐碱地的改良利用方向，完善与盐碱

地特性相适应的治理技术与种植模式，因地制宜分阶段、分区域、分类型、分程度推进盐碱地改良利用。

（二）加强耕地保护和质量提升

1. 挖掘潜力，增加耕地

严守生态底线，结合宁夏耕地后备资源类型和分布，因地制宜、先宜后难、梯次推进盐碱地等耕地后备资源适度有序开发，优先轻度盐碱地，逐步向中度、重度盐碱地拓展，切实把盐碱耕地治理好、开发好，有效增加高质量耕地数量。

2. 加大盐碱耕地提质改造力度

实施盐碱耕地治理工程，加强农田基础设施建设和管护，结合高标准农田建设、灌区续建配套、高效节水灌溉、水利骨干工程等项目，综合利用工程、农艺、化学、生物等措施，大力推广节水灌溉洗盐、地膜覆盖滴灌控盐、化学治碱淋盐、井灌井排、饲草种植改良、粮饲轮作等模式，有效提升耕地质量。

3. 加强耕地盐碱化防治

持续完善与盐碱地特性相适应的治理技术与种植模式，在红寺堡等扬黄灌区易发生盐碱化区域开展试点，优化灌溉、施肥、耕作等措施，推广滴灌、喷灌等节水灌溉技术和水肥一体化技术，控制地下水位和耕层盐分。推广保护性耕作技术，降低化肥农药使用量，提高有机肥使用比例，改善盐碱带来的土壤板结问题，防止发生次生盐碱地和遏制耕地盐碱化。

（三）破解水资源限制难题

1. 构建盐碱地治理水利支撑体系

盐碱地有效治理的关键在水，要协调好水和盐的关系，特别是对于水资源短缺的宁夏更是如此。严格贯彻落实"四水四定"原则，统一规划、综合平衡，合理配置水资源，持续提高农业灌溉用水集约节约水平，有效保障盐碱耕地改造提升的合理用水需求。

2. 协调好水和盐的关系

推广春灌"滴水出苗"和"干播湿出"节水控盐技术，减少驱盐用水量。在银川、银北传统种植水稻地区实行灌溉洗盐，开展种植一年水稻、再种植旱地作物 3—4 年的水旱作物轮作，减少土壤耕层盐渍化。

3. 健全灌排基础设施体系

加强农田水利基础设施建设和排水系统现代化改造，充分发挥渠系灌排水作用，保障灌排配套、合理灌溉，有效控制地下水位过高而引发新的次生盐碱地。

（四）发挥科技创新关键作用

1. 加强基础研究和关键核心技术攻关

推动在宁夏建立国家级盐碱地改良利用试验站，强化对盐碱地治理种质资源、土壤绿色调理、地力培育等基础性研究，加大耐盐碱作物品种培育、抗盐绿色栽培、节水灌溉、节水控盐、水盐智能精准调控、保护性耕作等研发攻关，加大新技术新产品示范推广，推动科研成果加快转化为现实生产力。

2. 加强耐盐碱作物良种繁育

加大耐盐碱作物品种选育联合攻关，加快对大豆、玉米、小麦、水稻等粮食作物以及苜蓿等饲草品种的培育和示范推广，构建以产业为主导、企业为主体、基地为依托、产学研相结合、"育繁推一体化"的现代耐盐碱种业体系。

3. 加强专业人才队伍建设

统筹国家和宁夏科技资源，加大省部协作、区域交流共建，邀请国内外盐碱地治理专家，引进国内外专业人才，在宁夏大学、宁夏农科院等设置土壤改良、生物育种、农机农艺等专业学科，加大紧缺人才培养，组建盐碱地综合改造利用科研团队，开展多学科交叉融合创新。

（五）发展盐碱地特色农业

1. 加速"以种适地"步伐

树立大食物观，推动"以种适地"和"改土利种"相向而行、双向发力，因地制宜多元化开发利用，向各类盐碱地资源要食物，推进盐碱地特色产业培育与资源价值提升。

2. 拓展产业链条

深入利用盐碱地生产的各种饲料植物、功能植物等特色资源，制定出台不同盐碱类型区不同盐渍化程度的盐碱地开发利用的作物和水产养殖等名录,发展盐碱地特色农产品深加工、品牌培育、物流营销,打造盐碱地全产业链条。

3. 分类发展特色产业

适当放宽盐碱地开发利用用途管制,在轻度盐碱地重点抓好粮食作物生产,加强耐盐高产品种、减肥增效、节水灌溉等技术模式的集成应用,力争多产粮;在中度盐碱地重点抓好油料和牧草作物的综合生产,加强优质耐盐新品种、盐分阻控、有机培肥、轮作和种养结合等技术模式的集成应用,力争产得好;在重度盐碱地可种植油葵、野大豆等适生特色植物生产,加强节水灌排脱盐、抗逆栽培等技术的集成应用,力争有特色;在不适宜耕种盐碱地适度发展设施农业、池塘养殖和渔业综合利用。

(六)建立盐碱地治理长效机制

1. 加大资金投入力度

积极争取国家盐碱地综合利用试点示范,结合土地复垦、退化耕地治理、高标准农田建设、灌区续建配套、高效节水、国家科技支撑计划、生态建设等规划和项目,争取国家资金支持。进一步加大地方财政资金投入,在地方政府债务风险可控的前提下,发行政府专项债券和引导基金支持盐碱地综合利用。通过投资补助、以奖代补、贷款贴息等多种方式,鼓励社会资本参与和金融机构支持,推动投融资、开发、管理、运营一体化。

2. 加强考核评价

推动将盐碱地综合改造利用情况纳入耕地保护和粮食安全责任制考核,压紧压实地方政府盐碱地综合改造利用责任,加大对盐碱地综合改造利用突出的市县区及团队和个人的奖励激励。

"双碳"目标下宁夏加快
绿色低碳转型发展研究

王　旭

实现"双碳"目标是我国应对全球气候变化、构建人类命运共同体作出的庄严承诺，也是党中央在统筹国际局势复杂多变、国内经济社会深度转型的大背景下作出的重大战略决策，为我国加快生态文明建设和经济社会高质量发展提供了有力抓手，为各地加快转变发展方式和调整经济结构提供了方向。宁夏经济结构偏煤偏重特征明显，如何聚焦"双碳"目标，加快推进绿色低碳转型发展，积极发挥黄河流域生态保护和高质量发展先行区示范引领作用，是当前和今后一个时期面临的重大任务。

一、宁夏碳排放基本情况

近年来，宁夏加大节能降碳工作力度，碳排放强度稳步下降，单位生产总值碳排放量由 2011 年 7.11 吨/万元下降到了 2020 年的 5.66 吨/万元，累计下降 20.4%。[①]但与实现"双碳"目标的要求比，与全国碳排放情况比，还有较大差距，面临诸多压力。

作者简介　王旭，宁夏发展改革委经济研究中心正高级经济师。
①由于近两年正处于碳达峰工作部署阶段，全国碳排放总量、碳排放没有公开发布的正式数据，从 2022 年开始进行试算，本研究用 2020 年数据进行对比分析。

（一）二氧化碳排放情况

2020 年，宁夏二氧化碳排放主要来源于能源活动、工业生产过程等，二氧化碳净排放总量为 23136 万吨，其中：能源活动产生的二氧化碳排放为 21501.06 万吨，占排放总量的 92.93%；工业生产过程产生的二氧化碳排放排放为 1739.61 万吨，占排放总量的 7.52%；废弃物处理产生二氧化碳排放为 23.75 万吨，占排放总量 0.01%（见表 1）。

表 1　2020 年宁夏温室气体清单各领域二氧化碳排放情况

排放源类型	二氧化碳/万吨	比重/%
能源活动	21501.06	92.93
工业生产过程	1739.61	7.52
废弃物处理	23.75	0.10
土地利用变化和林业	−128.42	−0.56
合计	23136	100

数据来源：2020 年宁夏温室气体清单。

宁夏二氧化碳排放总量由 2011 年的 1.37 亿吨增长到 2020 年的 2.31 亿吨，增幅达 68.6%，而同期全国碳排放量由 2011 年的 76.51 亿吨增长到了 2020 年的 98.99 亿吨，增幅为 29.4%，宁夏碳排放量增幅高于全国水平 39.2 个百分点。

（二）排放强度及构成情况

2020 年，宁夏碳排放强度为 5.23 吨/万元，比 2019 年下降 0.94%，首次实现同比下降。排放强度是全国平均水平的 5.8 倍。据业务部门初步核算，扣除原料用能，2021 年，单位地区生产总值二氧化碳排放降低 3.8%。从 2020 年碳排放区域分布情况看，宁东能源基地碳排放量为 9860 万吨，占全区碳排放量的 44%；石嘴山市为 4338 万吨，占全区碳排放量近 20%；银川、吴忠、中卫碳排放量差不多，年度排放均值为 2000 万吨；固原市为 609.4 万吨，占比为 2.74%。

（三）高碳原因分析

一是产业结构偏重。长期以来，第二产业一直是宁夏经济增长的支柱产业，产业结构倚能倚重明显。2020 年，全区规模以上工业能源消费量为

7137.6 万吨标准煤，其中六大高耗能行业能源消费量为 6638.7 万吨标准煤，占规上工业增加值比重为 64.1%，但能耗消费量占全区规模以上工业的 93%，工业偏重偏能格局没有得到根本改变。二是能源结构偏煤。近年来，随着新能源产业的加快发展，全区能源结构得到显著改善，电力装机中新能源装机占比由 2010 年的 9% 提高到 2020 年的 44%，其中煤炭占能源消费的比重下降约 7 个百分点，可再生能源电力占比提高约 8 个百分点。但煤炭占能源消费总量比重较大的局面没有根本改变，全区能源消费总量中，煤炭消费仍占 81%，高于全国平均水平 24.2 个百分点；非化石能源消费占比 10.4%，比全国平均水平低 5.6 个百分点。三是能耗水平偏高。2020年，全区万元 GDP 能耗 2.25 吨标准煤，是全国平均水平（0.49 吨标准煤/万元）的 4.6 倍，为全国最高，5 年累计上升 7.1%，能耗增量 2495 万吨标准煤，超出控制目标 995 万吨标准煤。

二、宁夏绿色低碳转型发展取得的成效

近年来，自治区党委、政府坚持把推动经济社会发展绿色化、低碳化作为实现高质量发展的关键环节，立足区域实际，构筑绿色低碳发展生态屏障，构建绿色低碳产业体系，构建清洁高效现代能源体系，积极稳妥推进碳达峰碳中和，走出了一条具有宁夏特色的绿色低碳发展之路。

（一）构筑起绿色低碳发展生态屏障

截至 2022 年底，全区水土保持率达到 76.6%，森林覆盖率达到10.95%，草原综合植被盖度达到 56.7%，湿地保护率达到 56%。黄河干流宁夏段水质稳定保持Ⅱ类进Ⅱ类出，地表水国考断面水质优良比例在 80%以上。近 3 年全区万元 GDP 用水量累计下降 15% 以上，银川市、石嘴山市、中卫市和盐池县分别入选全国区域再生水循环利用试点和典型地区再生水利用配置试点。

（二）绿色低碳产业体系加快形成

大力发展"六新六特六优"产业。落后、过剩及低端低效等产能加快退出，为未来腾出了更为广阔的发展空间。2022 年，全区退出冶金、焦化、建材、轻工等行业 344 万吨低端产能，腾退能耗 61 万吨标煤。在新能

源产业发展方面，截至 2023 年 5 月，风电、光伏装机规模分别达到 1457 万千瓦和 1856 万千瓦。新能源装机占全区电力总装机 52%，成为继青海、河北、甘肃后全国第四个新能源装机占比突破 50% 的省份。

（三）能源绿色低碳转型扎实推进

通过实施节能减排十大行动等措施，宁夏成功扭转能耗强度不降反升的不利局面。重点领域节能降碳成效显著，全区建筑节能标准设计执行率达 100%，2023 年预计全区新建绿色建筑面积占比达到 80%，装配式建筑占比达到 18%。石嘴山市、宁东能源化工基地、中宁工业园区列入国家大宗工业固废综合利用基地，银川市列为国家废旧物资循环利用体系示范城市试点。

三、宁夏绿色低碳转型发展面临的问题

总体看，宁夏能源结构偏煤、产业结构偏重、能耗强度偏高的问题短时期内难以扭转，二氧化碳排放总量、强度"双控"任务仍然艰巨。推进绿色低碳转型高质量发展，如期实现"双碳"目标，依然面临诸多困难和挑战。

（一）实现碳强度下降目标难度大

作为西部省区，宁夏承担着国家能源战略储备及生态安全屏障的重任，近年来重点布局了一批煤化工等高耗能产业，二氧化碳排放量逐年上升。从"十四五"以来的碳排放强度控制看，2021 年、2022 年单位 GDP 二氧化碳排放分别降低 3.8% 和 0.8%，两年累计降低 4.6%，完成了五年目标值降幅（18%）的 25.6%，较时间进度（40%）慢 14.4 个百分点，亦远低于规划纲要预期目标。

（二）产业绿色低碳转型压力较大

从产业结构看，到 2022 年底，三次产业结构比为 8.0:48.3:43.7，产业结构中第二产业尤其是重工业所占比重较高，产业倚能倚重特征明显，2022 年全区重工业比重为 89.8%，其中，煤炭、电力、原材料三大行业增加值占全区规上工业增加值的 63.7%；六大高耗能行业增加值占规上工业增加值的比重为 68.7%，比全国平均水平高 23.5 个百分点。主要工业产品

中，原煤、电力、电解铝、铁合金、焦炭等初级产品和原材料产品比重大，第三产业和高新技术产业比重较低。

（三）能源结构调整难度较大

作为国家重要的煤化工和火电基地，"十三五"期间宁夏建设、投产了一批高耗能产业，并承接了部分高耗能产业转移项目以及外送火电等项目，这些重大项目的投产，是单位地区生产总值能耗和碳排放控制目标出现不降反升的根本原因。以煤为主的能源结构短期内难以根本转变。

（四）资源环境约束不断加剧

长期以来，宁夏经济发展主要靠物质要素的大量投入来实现，能耗高、排放高、资源利用率低。2022年，煤炭消费量1.76亿吨，需要从区外购入7000多万吨，工业园区（开发区）亩均产出为150.44万元，低于全国平均水平。宁夏经济发展对能源需求不断增加，但主要资源的保障能力脆弱，煤炭、土地、水资源等供需矛盾日益突出。

四、加快推进宁夏绿色低碳转型发展的对策建议

党的二十大报告提出，加快发展方式绿色转型，推动经济社会发展绿色化、低碳化是实现高质量发展的关键环节。近年来，宁夏持续推动产业结构和能源结构调整，但从整体看，绿色低碳转型升级任务依然艰巨。为此，要坚定不移贯彻新发展理念，打好绿色低碳转型整体战，厚植高质量发展生态底色。

（一）加快产业绿色低碳转型，培育提升产业新优势

1. 强化工业领域节能改造升级

实施重点行业节能降碳工程，在钢铁、铁合金、电解铝、水泥、电石等重点领域开展新一轮节能降碳技术改造。选择一批基础较好、代表性较强的企业实施绿色改造，加强先进节能节水环保低碳技术、工艺、装备推广运用，建设绿色供应链，创建绿色工厂，开展绿色设计示范试点，促进传统产业绿色低碳转型。淘汰低端低效产能，综合运用法律、行政、市场等手段，推进高碳低效、低端落后产能逐步退出。实施园区节能降碳工程，打造一批达到国际先进水平的节能低碳园区。

2. 塑造农业绿色发展新优势

按照全产业链开发、全价值链提升的思路，大力发展"六特"产业，集成推广粮食作物绿色高质高效示范、蔬菜绿色高质高效生产、畜禽绿色养殖、立体生态水产养殖等绿色生产技术，打造全国重要的绿色食品生产基地。加快绿色高效、节能低碳农产品精深加工技术集成应用，发展绿色农产品加工基地。健全绿色农产品流通体系，支持产加销企业建设加工营销中心、冷链集配中心、品牌营销店，提升产品知晓度和市场竞争力。

3. 提升现代服务业绿色发展水平

聚力提升以"生态文旅、现代物流、现代商贸"为主的现代服务业体系。促进商贸企业绿色升级，大力发展枢纽经济、总部经济、楼宇经济，提升银川中心城市现代化、国际化商务服务功能，推进全区商贸、餐饮、住宿等行业规模化、品质化发展，培育一批绿色商贸流通主体，实现物流供应链绿色低碳发展。探索"互联网＋资源回收"新业态，发展线上线下结合、智能回收等服务新模式，提升资源回收处理体系的组织化、规范化水平。

4. 推进生态产业融合发展

积极发展"生态＋"模式，推进特色林果产业与旅游、教育、文化、康养等产业深度融合，拓展林业产业链。合理开发沙产业，发展沙漠旅游业。加快建设生态标识、绿道网络、环卫、安全等公共服务设施，打造精品生态旅游线路，集中建设一批公共营地、生态驿站。

（二）推进能源转型，构建绿色能源支撑体系

1. 多措并举发展清洁能源

国家能源局数据显示，截至 2023 年 6 月底，我国可再生能源装机达到 13.22 亿千瓦，同比增长 18.2%，历史性超过煤电，占我国总装机的 48.8%。大型风电光伏基地、重大水电项目和抽水蓄能项目建设持续推进，可再生能源发展不断取得新突破，对实现碳达峰碳中和发挥了重要作用。宁夏要在建设国家新能源综合示范区和多能互补能源基地，全面推进风电、太阳能发电大规模开发，推动风能、光能、水能和氢能等清洁能源产业一体化配套发展方面积极发挥作用。

2. 有力有效控制煤炭消费

坚持煤炭消费减量和煤炭能效提升并重，持续压减煤炭消费规模，促进化石能源清洁化、高效化利用。推进煤电统调机组节能改造、供热改造和灵活性改造，有序淘汰煤电落后产能。推动自备燃煤机组实施清洁能源替代，逐步取消零散燃煤消费。充分利用绿电优势，扩大可再生能源制氢，有序推进化工领域以氢换煤。

3. 科学合理布局储能产业

通过建设抽水蓄能电站、电化学储能电站等措施提高系统消纳新能源比例，利用好宁东至山东、浙江直流等外送输电通道和完善配电网建设，促进可再生能源外送。大力推动屋顶光伏、建筑一体化光伏、光储充一体化、分散式（社区）风电等分布式新能源的发展，积极探索风电、光伏与储能、氢能等新兴产业的互补开发和融合发展。

（三）坚持创新引领，不断提高技术支撑能力

1. 全面加强应用基础研究

将绿色低碳科技创新成果纳入高等院校、科研单位、国有企业绩效考核，支持企业承担国家绿色低碳重大科技项目。

2. 加大绿色适用技术攻关应用

实行"揭榜挂帅""赛马制"等制度，设立碳达峰碳中和关键技术研究与示范重点专项。围绕产业绿色转型，建立"定向研发、定向转化、定向服务"的订单式研发和成果转移转化机制，建设科技成果转移转化示范基地。加强绿色低碳技术和产品知识产权保护，完善绿色低碳技术和认证体系，推进绿色技术交易，培育一批创新型示范企业。

3. 持续加强人才队伍建设

鼓励高等院校加快新能源、储能、氢能、碳减排、碳汇、碳排放权交易等学科建设和人才培养，建设绿色低碳领域技术研究中心、现代产业研究基地和示范性能源研发重点实验室。鼓励校企联合开展产学合作协同育人项目，组建碳达峰碳中和产教融合发展联盟，建设国家储能技术产教融合创新平台，培育碳战略管理人才队伍和碳技术应用人才队伍。

（四）推进循环发展，拓展绿色发展空间

1. 推进产业园区循环化建设

加快推进园区循环化改造，推动园区内企业循环式生产、产业循环式组合。支持企业推行绿色设计、开发绿色产品、建设绿色工厂，打造绿色供应链。实施大宗固废综合利用工程，拓宽利用渠道，培育一批资源综合利用示范企业和基地。

2. 发展生态循环农业，推进绿色种养循环

推进农作物秸秆综合利用，大力推广秸秆还田和秸秆饲料化利用；支持养殖大县整县推进畜禽粪污资源化利用；加强农膜生产使用回收全环节管理，因地制宜压减地膜覆盖面积。

3. 推进其他资源循环利用

实施余热余压回收、中水回用、废渣资源化等绿色化改造工程，促进生产过程废弃物和资源循环利用。推进大宗固废综合利用，完善废旧资源回收网络，完善再生资源分类、收集处理系统等，提高资源综合利用效率。

（五）强化数字化赋能，助力绿色低碳转型

1. 加快推进大数据、云计算等新产业绿色化发展

抢抓国家布局建设"东数西算"算力中心的机遇，以（宁夏）全国一体化算力网络国家枢纽节点为依托，加大对智慧城市、数字金融、边缘计算等前沿领域的产业培育和引进，推进大数据、云计算等新兴产业绿色化发展。

2. 加快推进新能源数字化应用

推动建设数据中心"绿电园区"，加快建设风电、光伏及储能电站，提升园区用电保障能力，推动建设源网荷储一体化"绿电园区"。探索风、光、水等新能源领域数字化管理应用，加快构建智能化的电力调度交易和运行机制，创新消纳模式，增强调节能力，推动形成清洁能源消纳长效机制。

3. 加快推进产业数字化和数字产业化

强化数字经济产业生态培育，优化产业布局，打造从数据中心、云计算、大数据到 IT 设备制造的算力产业链。拓展算力产品应用场景，以算力赋能行业发展，推进产业数字化和数字产业化，加快工业互联网和智能工

厂、数字化车间建设，推动制造业和现代服务业融合发展，打造西部地区数字经济创新发展新高地。

（六）完善政策体系，不断健全激励约束机制

1. 强化能源消费双控制度

严格落实国家能耗双控各项政策措施和制度要求，科学确定能源消费总量目标和强度下降目标。对能耗强度达标且发展较快的地区，在能耗总量控制上给予适当弹性；对超额完成强度目标的地区，在总量目标上给予奖励性倾斜；对强度控制不力、目标完成不好的地区，要严格采取约谈、通报、问责等措施，并在下年度能耗总量安排上予以扣减，进一步增强各地、各部门推进节能增效的积极性。

2. 建立健全产能退出机制

建立完善法律手段、行政手段、市场手段相结合的落后产能退出机制，倒逼更多资源消耗大、环境污染重、产出效率低的行业或企业逐步退出市场，为新兴产业发展腾出资源空间和环境容量。

3. 强化绿色发展政策扶持

探索开展碳减排碳中和工作立法，促进"双碳"工作向法治化迈进。加大对生态环保、互联、创新发展和公共服务等领域的政策扶持力度。完善有利于低碳发展的财政税收政策体系，探索设立面向碳达峰碳中和的投资促进税，增加财政预算投入支付，建立绿色发展引导基金，加大对绿色发展的扶持力度。

4. 完善生态价值实现机制

探索开展生态产品市场化交易，持续提升生态产品附加值和生态溢价能力。通过生态产品购买、区域横向补偿、财政转移支付、开展对口协作等多种形式，加快形成区域间、流域间多元化的生态补偿机制。推进排放权、排污权、取水权、用能权等多种权属市场化交易，建立以企业为重点的碳汇账户，积极开展碳排放权市场化交易。

宁夏综合电力排放因子对实现
碳达峰、碳中和的影响研究

周 霞 程 志

2020年9月，习近平总书记在第七十五届联合国大会一般性辩论上提出了中国积极应对全球气候变化、"二氧化碳排放力争于2030年前达到碳达峰，努力争取2060年前实现碳中和"的目标。2021年3月，中央财经委员会第九次会议明确了"十四五"是碳达峰的关键期、窗口期，部署了"构建清洁低碳安全高效的能源体系""构建以新能源为主体的新型电力系统"的重点工作任务。目前，各省（区、市）已陆续出台2030年前碳排放达峰行动方案。推动碳排放尽早达峰、努力实现碳中和，实现经济社会绿色可持续发展，是党中央作出的重大部署，是我国履行国家自主贡献承诺、赢得全球气候治理主动权的重要手段，也是我国建设生态文明、践行绿色发展理念的核心内容和内在要求。

碳达峰、碳中和是一项复杂的系统性工程，从国外碳达峰、碳中和过程来看，我国不论是2030年前实现碳达峰、还是2060年前实现碳中和，都是时间短、任务重、难度大。碳达峰、碳中和目标下能源行业是主战场，

作者简介 周霞，宁夏清洁发展机制环保服务中心助理研究员；程志，宁夏清洁发展机制环保服务中心副研究员。

基金项目 中国工程院院地合作项目"宁夏碳达峰碳中和与可持续发展战略研究"（项目编号：2021NXZD3）和银川市科技项目"产品全生命周期绿色设计与评价技术体系研究及系统开发应用"（项目编号：2023GXHZC13）阶段性成果。

电力行业是主阵地，2020 年，全国能源消费产生的二氧化碳排放占全国二氧化碳排放总量的 85%，电力部门的碳排放在能源排放中约占 40%[1]，电力行业的碳达峰、碳中和进度将直接影响整个碳达峰、碳中和目标实现的进程。电力排放因子作为连接电力消费量与碳排放量的重要参数，在碳排放核算体系中具有核心枢纽作用。电力排放因子使用是否合理、取值是否恰当，极大程度影响着温室气体排放的核算质量，对制定科学的碳达峰、碳中和实施方案具有重要参考价值。

一、电力排放因子的基本概念

电力排放因子总体分为两大类，一是计算用电产生碳排放的排放因子，表示每生产一度电所产生的二氧化碳排放量；二是计算新能源发电产生减排量的排放因子，表示新能源电力设施每发一度电对应减少的碳排放量。[2]本文研究的是计算用电产生碳排放的排放因子，主要包括全国电网平均排放因子和区域电网平均排放因子。

（一）全国电网平均排放因子

2023 年 2 月 7 日，生态环境部《关于做好 2023—2025 年发电行业企业温室气体排放报告管理有关工作的通知》，发布了 2022 年度全国电网平均排放因子为 0.5703 t CO_2/MWh，相较于 2022 年 3 月《关于做好 2022 年企业温室气体排放报告管理相关重点工作的通知》中发布的电网排放因子（0.5810 t CO_2/MWh）下降了 0.0107 t CO_2/MWh，随着全国电力能源结构的更新，现在每使用 1000 度电可以减少二氧化碳 10.7 kg 的排放量。本文整理了继 2017 年国家公布全国电网排放因子以来的历次更新数据如表 1 所示。

全国电网排放因子的不断调整更新，体现出近几年我国风电、光伏等清洁能源的快速发展和火电厂平均供电标准煤耗的不断降低，更符合当前我国电力结构的实际情况，能够及时、准确、客观评估企业消耗电力的实

---

[1]国家能源局：《提质增效"数字能源"与"双碳"目标偕行，《科技日报》2021年 8 月 2 日。

[2]张森林：《"双碳"背景下优化调整电网碳排放因子的思考》，《中国电力企业管理》2022 年 22 期。

表 1   全国电网平均排放因子更新数据

单位：tCO_2/MWh

发布时间	2017 年	2021 年 12 月	2022 年 3 月	2023 年 2 月
排放因子	0.6101	0.5839	0.5810	0.5703
变化率	—	−4.29%	−0.50%	−1.84%

际碳排放水平，避免控排企业因各个区域电网平均排放因子的差异导致配额分配不均，为建设公平透明的全国碳交易体系提供了支撑。

（二）区域电网平均排放因子

区域电网平均排放因子指的是某区域范围内使用一度电产生的碳排放量，其计算原理与全国电网平均排放因子一样，是用区域电网的总碳排放除以总电量。区域电网平均排放因子主要用于计算用电产生的碳排放量，各地在制定碳达峰方案预测各部门排放数据时用的就是该排放因子，所以它是最常用的排放因子。区域电网平均排放因子由国家气候中心发布，目前公布了 2010 年、2011 年和 2012 年的数据，尚未公布最近年度的数据。

由于中国东西部地区资源禀赋、能源结构差异明显，特别是近几年跨省跨区电力不断调入调出，地区之间的发电装机、发电量变化十分明显，各地电网碳排放因子差异性也愈发显著。所以，对区域电网平均排放因子进行精细化核算，基于各地新能源发电装机容量的实际情况，研究不同调控措施对区域电网平均排放因子的影响，探索建立区域动态电网排放因子，并逐步精确到省、市、县，为各地实现碳达峰、碳中和目标提供更加清晰的方向指引。

二、综合电力排放因子的影响因素

综合电力排放因子是用发电企业总排放量除以总发电量计算得到，具体公式为：

$$EF_{grid} = \frac{Em_{grid}}{E_{grid}} = \frac{\sum (FC_i \times EF_i)}{E_{grid}}$$

式中：EF_{grid} 为区域电网综合电力排放因子，单位 tCO_2/MWh；Em_{grid} 为区域电网覆盖的地理范围内发电产生的 CO_2 直接排放量，单位 tCO_2；E_{grid} 为区域电网覆盖的地理范围内年度总发电量，单位 MWh；FC_i 为发电消耗的第 i 种化石燃料量，单位 t 或万 Nm^3；EF_i 为第 i 种化石燃料的排放因子，单位 tCO_2/t 或 $tCO_2/10^4Nm^3$；i 为化石燃料种类。

通过上述公式，分析综合电力排放因子的影响因素主要包括火力发电量、发电能耗、新能源发电量等。综合电力排放因子与新能源占比、火电机组单位发电标煤耗等密切相关，从理论上讲，新能源比例越高，火电机组单位发电标煤耗越低，综合电力排放因子越小，同时也可以实施 CCUS、掺烧氨等技术降低综合电力排放因子。

三、不同调控措施对宁夏综合电力排放因子的影响

（一）宁夏历史电力排放因子变化

近年来，宁夏风电、太阳能发电量快速提升，2021 年风光等新能源发电量达到 485.21 亿 kW·h，占总发电量的 23.30%，逐步向形成非化石能源发电为主体的电力系统转变。目前，宁夏新能源装机规模已达到 3040 万千瓦，装机占比突破 50%，新能源超越煤电，成为宁夏第一大电源。

表 2　宁夏 2010—2021 年电力发电量统计

单位：亿 kW·h

年份	火力发电量	水力发电量	风力发电量	太阳能发电量	新能源发电量占比
2010	550.09	16.68	3.72	0.94	3.64%
2011	908.33	16.68	6.90	5.12	3.06%
2012	954.7	19.01	26.51	5.69	5.09%
2013	1011.6	18.76	65.23	9.17	8.43%
2014	1041.6	17.46	70.87	26.64	9.94%
2015	1017.94	15.52	80.5	40.77	11.85%
2016	953.56	14.02	125.47	51.34	16.68%
2017	1144.39	15.45	149.32	71.79	17.13%
2018	1367.77	19.76	180.55	94.57	17.74%
2019	1443.87	21.87	185.5	114.7	18.24%
2020	1529.99	22.5	194.2	135.67	18.72%
2021	1597.68	20.72	281.16	183.33	23.30%

数据来源：《宁夏统计年鉴》。

根据地区能源平衡表，2020 年宁夏能源加工转换消耗标煤 4364.71 万 tce，发电平均煤耗较 2012 年降低 12%。2020 年全区二氧化碳排放总量约

21550 万吨，火力发电过程排放量 11927.71 万吨，占全区总排放量的 55% 左右。

表 3 宁夏 2010—2020 年电力排放量

年份	煤/万 tce	煤矸石/t	焦炉煤气/万 m³	高炉煤气/万 m³	油品/万 tce	天然气/万 tce	液化天然气/万 tce	热力/万 tce	发电标准煤耗/(gce/kW·h)	二氧化碳排放量/万 t
2010	1783.00	43.80			0.48	3.71		3.20	324.13	4876.21
2011	2985.40	45.4	0.32	0.17	1.10	9.30		5.10	328.67	8096.07
2012	2924.00	27.50	7.33	0.83	0.84	7.22		5.86	306.27	7904.28
2013	3084.90	31.60	10.01	2.59	0.56	3.35		7.99	304.95	8355.31
2014	3166.00	37.80	11.40	3.90	0.50			1.70	303.96	8569.15
2015	3070.10	25.80	11.10	11.00	0.40			9.30	301.60	8324.52
2016	2884.40	36.60	7.90	25.80	0.40	34.20		10.80	302.49	7948.32
2017	3392.80	40.60	6.00	28.30	0.50	23.80		15.30	296.47	9311.34
2018	3782.20	18.70	5.20	29.40	0.70	39.80		18.10	276.52	10324.01
2019	3957.50	16.90	4.40	51.70	0.50	43.50		20.80	274.09	10856.83
2020	4364.71	7.38	4.60	54.18	0.52	47.02	0.05	20.89	285.28	11927.71

结合表 2、表 3 火力发电投入的各种能源及发电量数据，核算得到宁夏 2010—2020 年综合电力排放因子。

表 4 宁夏 2010—2020 年综合电力排放因子

年份	总发电量/亿 kW·h	火电排放量/万 tCO₂	综合电力排放因子/(tCO₂/MWh)
2010	585.82	4876.21	0.8324
2011	937.03	8096.07	0.8640
2012	1005.91	7904.28	0.7858
2013	1104.76	8355.31	0.7563
2014	1156.57	8569.15	0.7409
2015	1154.74	8324.52	0.7209
2016	1144.38	7948.32	0.6946
2017	1380.94	9311.34	0.6743
2018	1662.64	10324.01	0.6209
2019	1765.93	10856.83	0.6148
2020	1882.36	11927.71	0.6337

（二）宁夏未来电力排放因子预测

随着风光等新能源发电快速发展，预计非化石能源发电在电力装机总量中的占比持续提高。《宁夏应对气候变化"十四五"规划》提出，宁夏"十四五"期间要建设 1400 万千瓦光伏，预估"十四五"末光伏发电装机将达到 2600 万千瓦。《宁夏回族自治区二氧化碳排放达峰行动方案》提出，2030 年光伏发电装机达到 5000 万千瓦，2035 年达到 7000 万千瓦，按照此增长速率，2060 年光伏发电装机达到 12500 万千瓦。《宁夏回族自治区二氧化碳排放达峰行动方案》中提到宁夏风电潜力为 5193 万千瓦，预估 2060 年风电装机达到 5200 万千瓦。"十五五"期间，宁夏将推动大柳树水电站 200 万千瓦项目建设；"十四五"期间，宁夏新建火电装机 464 万千瓦。综上，2060 年新能源发电装机预估达到 1.8 亿 kW，在电力装机总量中的占比达到 83%。

表 5　宁夏 2020 年至 2060 年部分年份不同发电装机规模预测

单位：万 kW

年份	水电	风电	光伏	生物质能	火电	新能源发电装机占比
2020 年	42.6	1376	1197	12.7	3326.4	44%
2025 年	42.6	1826	2600	12.7	3790.4	54%
2030 年	242.6	2150	5000	12.7	3790.4	66%
2035 年	242.6	3000	7000	12.7	3790.4	73%
2040 年	242.6	3500	8500	12.7	3790.4	76%
2050 年	242.6	4350	10500	12.7	3790.4	80%
2060 年	242.6	5200	12500	12.7	3790.4	83%

通过预测 2020—2060 年宁夏电力装机及发电结构，由此得到新能源发电量、火力发电量、新能源发电量占比等关键参数演化趋势。[1]

2030 年，风光等新能源发电量预计达到 1273 亿 kW·h，占总发电量的 42%；2035 年非化石能源发电量占比将达到 50%；2060 年风光等新能源发电量预计达到 2994 亿 kW·h，占总发电量的 63%，形成以非化石能源发电为主的电力系统。

---

[1]《电网碳排放因子计算模型和方法》，https://baijiahao.baidu.com/s?id=173767173623 7834080&wfr=spider&for=pc。

表6 宁夏2020年至2060年部分年份电力发电量预测

单位：亿 kW·h

年份	火力发电量	水力发电量	风力发电量	太阳能发电量	新能源发电量占比
2020	1529.99	22.5	194.2	135.67	19%
2025	1743.58	22.5	401.72	364.00	31%
2030	1743.58	99.87	473.00	700.00	42%
2035	1743.58	99.87	660.00	980.00	50%
2040	1743.58	99.87	770.00	1190.00	54%
2050	1743.58	99.87	957.00	1470.00	59%
2060	1743.58	99.87	1144.00	1750.00	63%

能源消费方面，2020—2030年，考虑经济社会发展水平的刚性需求，仍将保持增长趋势，2030年左右达到峰值，此后呈现下降趋势。2030—2060年，为火电深度脱碳情景，在大力发展新能源电力的基础上，"十六五"期间，考虑对火电实施掺烧氨技术，通过对现有燃煤锅炉进行低成本的混氨燃烧改造[①]，实现燃煤机组的大幅度二氧化碳减排。到2035年掺烧比例达到20%，到2050年掺烧比例达到50%，到2060年掺烧比例达到80%，由此预测宁夏未来综合电力排放因子。

表7 宁夏2021年至2060年部分年份综合电力排放因子预测

年份	总发电量/亿 kW·h	火电排放量/万 tCO_2	综合电力排放因子/(tCO_2/MWh)
2020	1882.36	11927.71	0.6337
2025	2531.80	13592.87	0.5369
2030	3016.45	13592.87	0.4506
2035	3483.45	10874.38	0.3122
2040	3803.45	8835.44	0.2323
2050	4270.45	6796.49	0.1592
2060	4737.45	2718.60	0.0574

四、结论和对策建议

综上预测分析，对比不同措施对宁夏经济贡献、实施难度、减排力度

---

① 《助力实现大幅度碳减排　我国燃煤锅炉混氨技术实现新突破》，https：//baijiahao. baidu.com/s?id=1722923331990350297&wfr=spider&for=pc。

等影响因素，提出宁夏未来降低综合电力排放因子的措施。第一阶段，2020—2030 年，大力发展新能源电力，到 2025 年新能源发电装机占比达到 54%，全区煤炭消费量实现达峰后稳中有降，到 2030 年非化石能源消费比重达到 20% 左右，碳达峰目标顺利实现。第二阶段，2030—2060 年，为火电深度脱碳情景，在发展新能源电力的基础上，充分发挥混氨燃烧带来的技术优势，推动该技术在火电领域的应用推广，实现燃煤机组的大幅度二氧化碳减排，同时加快推动 CCUS 等技术支撑碳中和目标的实现。

面对碳达峰、碳中和这场新时代大考，宁夏应加快实施能源绿色低碳转型，进一步提升风电、光伏等新能源发电比例，随着电力结构的变化及时优化调整宁夏综合电力排放因子，在构建动态碳排放因子基础上，未来可以通过利用电力大数据强化碳排放核算，充分发挥电力排放因子在碳达峰、碳中和目标实现过程中的价值，为宁夏碳达峰、碳中和目标的实现提供有力支撑。

宁夏农村"厕所革命"及污水处理的成效、问题与对策建议

张万静　杨宗鑫　朱庆武

厕所是衡量文明的重要标志，改善厕所卫生状况直接关系人民的健康和现代化建设。习近平总书记指出："厕所问题不是小事情，是城乡文明建设的重要方面，不但景区、城市要抓，农村也要抓，要把这项工作作为乡村振兴战略的一项具体工作来推进，努力补齐这块影响群众生活品质的短板。"2023 年，中央一号文件《中共中央 国务院关于做好 2023 年全面推进乡村振兴重点工作的意见》对于农村人居环境和农村"厕所革命"做了明确要求。农村"厕所革命"和农村生活污水处理关系民生福祉，关乎全面乡村振兴，是农村人居环境整治的重要基础性工作，是深入打好农业农村污染治理攻坚战的重要任务，是宁夏深入学习贯彻党的二十大精神和习近平总书记关于"厕所革命"重要指示批示精神的根本遵循。

一、宁夏推进农村"厕所革命"取得的成效

农村"厕所革命"开展以来，宁夏改厕数量高于全国平均水平，村民居住环境与生活质量得到明显提升。农村自来水普及率达 95%以上，为推进农村"厕所革命"奠定了坚实的基础。截至 2022 年底，国家下达的环境

作者简介　张万静，宁夏社会科学院副研究员；杨宗鑫，自治区乡村振兴局政策法规处处长；朱庆武，自治区社会经济调查队队长。

整治行政村数、农村生活污水治理率、农村黑臭水体整治数均超额完成，其中，全区 2219 个行政村中 701 个完成农村生活污水治理，农村生活污水治理率达到 31.59%，超过 31%的全国平均水平，在黄河九省（区）中排名第五，在西北地区排名第二，超额完成国家下达宁夏 28%的目标任务（见图 1）。

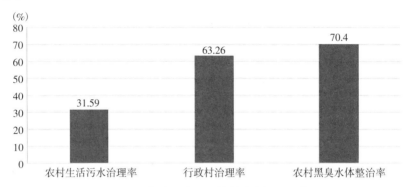

图 1　2022 年全区农村环境整治指标完成情况

2018 年以来，宁夏先后下达农村生活污水治理资金 10.12 亿元，实施污水治理项目 351 个，累计建成处理设施 377 座，建设污水管网 3632 公里，污水处理能力 95 吨/天，COD 削减量 1.21 万吨/年，受益农户 37 万余户，受益人口 122 万余人，有效改善了农村人居环境和基础设施条件。2023 年 10 月，自治区评选出批 20 个农村生活污水治理"最美污水处理站"（见表 1），发挥了示范引领作用，推动治理工作稳步向前。

表 1　宁夏农村生活污水治理"最美污水处理站"名单

地级市	县(区、市)	污水处理站名称
银川市	西夏区	南梁农场污水处理站
		平吉堡污水处理站
	永宁县	新华中心村一期污水处理站
	贺兰县	暖泉农场污水处理站
	灵武市	崇兴村污水处理站
石嘴山市	大武口区	星海镇枣香村四合院污水处理站
吴忠市	利通区	高闸怡和人家污水处理站
	青铜峡市	中庄村污水处理站
	同心县	下马关镇污水处理站

续表

地级市	县（区、市）	污水处理站名称
固原市	原州区	彭堡污水处理站
	西吉县	西滩乡污水处理站
	隆德县	观庄乡田川村污水处理站
		联财镇赵楼村污水处理站
	彭阳县	小岔沟污水处理站
	泾源县	六盘山镇污水处理厂
中卫市	沙坡头区	镇罗镇沈桥村生活污水处理站
	中宁县	大战场镇农村生活污水处理站
		恩和镇农村生活污水处理站
	海原县	贾塘乡污水处理站
		西安镇污水处理站

（一）问题厕所基本销号

在全区范围内，对 2013 年以来各级财政支持改造的农村户厕进行拉网式排查，共发现问题厕所 11.6 万座。自治区结合各地群众习惯、地理条件等因素，将全区 22 个县（市、区）划分为三个类别，因地制宜、分区分类、科学施策，研究制定出符合宁夏实际的 3 种改厕模式：一是对靠近城镇的村庄，按照城乡统筹发展要求，建设完成下水道卫生厕所，粪污直接接入城市污水管网；二是对居住集中的村庄，建设小型污水处理设施，主推室内水冲式卫生厕所；三是对地处偏远、居住分散的村庄，大力推广三格化粪池厕所。同时，宁夏在总结以往改厕经验教训的基础上，从节水上入手，在防冻上破题，探索创新了节水防冻型地下储水式电动高压冲水和钢筋混凝土三格化粪池改厕技术，不仅广泛应用于宁夏中部干旱带和南部山区，还被甘肃、内蒙古等省区学习推广。全区新改建农村户厕 32 万座，累计完成农村改厕 62.3 万座，农村卫生厕所普及率达到 64.9%。

（二）污水治理率不断提高

强化顶层设计，坚持分区分类治理农村生活污水，因地制宜选择合理的治理方式，坚持协同发力，有效衔接农村"厕所革命"，整村推进农村生活污水治理。中宁县、隆德县整县推进污水治理在全区试点，全区农村生活污水治理水平大幅提升。截至 2022 年底，五市污水治理率分别为银川市

72.59%、吴忠市 33.27%、中卫市 32.51%、石嘴山市 27.55%、固原市 17.21%（见图2）。22个县（市、区）中，川区治理率低于30%的县（区）有2个，分别为惠农区、平罗县；山区低于15%的县（区）有3个，分别为红寺堡区、原州区、西吉县。

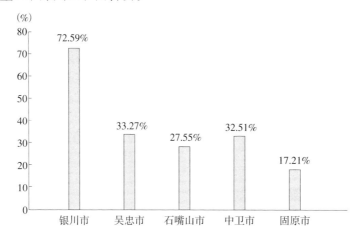

图2　至2022年底全区五市农村生活污水治理率

全区264个移民村中，167个完成农村生活污水治理，治理率63.26%。此外，按照"分级管理、分类治理、分期推进"的总体思路，将全区27条农村黑臭水体全部纳入国家监管，目前已整治完成19条，完成率达到70.4%。

（三）顶层设计不断优化

出台《宁夏回族自治区"十四五"土壤、地下水和农村生态环境保护规划》，22个县（市、区）编制农村生活污水治理专项规划，因地制宜、优化布局，科学确定设施规模和出水水质标准，合理选择治理模式和工艺，优先考虑资源化利用。印发《中宁县、隆德县整县推进农村生活污水治理工作方案（2023—2025年)》，积极开展整县推进试点工作。综合考虑建设和运营维护成本，科学合理确定污水处理工艺和出水水质标准，治理模式选择更加符合区情农情实际，彻底扭转了脱离农村实际、照抄照搬城市污水治理模式。靠近城镇、可纳入城镇污水处理厂的村庄，优先考虑纳入城镇污水处理系统；生态环境敏感地区，采用污水处理标准较为严格的工艺技术；人口规模较大、居住相对集中、对环境要求较高的地区，建设污水集中处理设施；分布分散、人口规模小、干旱缺水的非环境敏感区域，结合厕所粪污无害化处理和资源化利用，采用以分散处理为主的简单治理模式。

（四）政策项目互相支撑

1. 方案引领，优化治理模式

先后出台《宁夏农业农村污染治理攻坚战行动方案（2021—2025 年)》《关于进一步推进农村生活污水治理工作的实施意见》等系列文件，制定《宁夏农村生活污水处理设施运行维护管理办法（试行)》，修订《宁夏农村生活污水处理设施水污染物排放标准》。不搞统一模式，按照"因地制宜、经济适用、易于维护"的原则，在靠近城镇周边的村庄，尤其是建制村和规模较大的中心村，争取将污水纳入城镇集中污水处理厂集中处理；对离城镇较远、人口聚居的集镇或规模较大的独立村庄，建设集中式污水处理设施及配套工程，分区分类推进农村生活污水治理。

2. 项目支撑，提升治理能力

切实发挥好项目建设在推动农村污水治理中的重要作用，指导各县（市、区）将污水治理、农村"厕所革命"、美丽村庄建设有机结合起来，积极申报农村生活污水治理建设项目。2023 年，争取专项治理资金 2845 万元，实施农村生活污水治理项目 15 个，完工 4 个，剩余 11 个项目预计年底前全部完工。累计建成农村生活污水处理站 51 座，农村生活污水治理率达到 35%。

3. 资金保障，稳中有升

自治区财政设立农村生活污水治理专项资金，采取以奖代补的方式支持农村生活污水治理项目建设，4 年来自治区累计下达奖补资金 10.12 亿元，带动地方投资 21.8 亿元，奖补资金支持比例由 2019 年的 30% 进一步提高到 2023 年的 40%，为各地充分运用金融杠杆助力农村生活污水治理，提升农村生活污水治理率起到了重要作用。积极探索建立农村生活污水处理收费制度。永宁县出台收费管理办法和收费标准，将 8700 余户和 75 家企事业单位纳入收费范围，将污水处理费计入自来水费一并代收，直接进入县财政集中管理账户。近年来，农村生活污水治理奖补资金规模稳中有升，农村污水治理率稳步提升。

二、农村厕改面临的困境和问题

（一）法规可操作性不强

农村的厕改落实方案还停留在《农村人居环境整治三年行动方案》等政策层面，未上升至明确的法律层面，农村"厕所革命"缺乏明晰的法律依据和指导，在实施方面缺乏一定的操作性；同时，农村"厕所革命"的政策缺乏指导性，厕改的政策决议包括中央政府下发传达和地方政府制定的相关政策还有很大的完善空间。一是地方政府针对农村"厕所革命"所制定的政策和决议缺乏广泛参与性；二是农村"厕所革命"的政策和决议缺乏地区针对性，不同县、区、乡镇农村"厕所革命"的重点和难点不同，"一刀切"的农村厕改政策缺乏灵活性，不利于政策的有效落实。

（二）缺少专业技术支撑

目前，"厕所革命"方案已有，但缺少专业技术支撑。农村"厕所革命"如果没有专业技术辅助，厕所污秽在未进行无害化专业处理的情况下，会对环境造成很大影响，甚至会造成水体污染、大气污染等，产生连带效应。

（三）旧观念和落后意识的阻碍

农村"厕所革命"是件惠民生的好事，但是在实施过程中，农民的传统观念与意识也会左右厕改的推行。一是宣传不到位，农民接受程度偏低。在农村"厕所革命"实施过程中，由于时间紧、任务重，基层未及时进行有效宣传，导致农民对政策产生抵触心理，或因宣传不到位导致农民对政策比较漠视。二是部分农民认为厕所是私人领域的设施，对政府的干涉有抵触情绪，致使农村"厕所革命"推进缓慢。三是农民对农村"厕所革命"认识不全面，未意识到厕改是一项惠民工程，其在思想上、心理上没有深层次认同和接受农村"厕所革命"。

（四）基层治理能力欠缺

一是村民对民主决策缺乏积极性。厕改方案下发后，部分村"两委"未按照要求及时推进村务决策的相关议程，村民对政策的执行和落实也缺乏积极性，甚至被动执行。二是民主监督缺乏。由于相应监督机制的欠缺，使得农村"厕所革命"在推进过程中存在漏洞。

（五）农村污水处理与运维项目建设进展缓慢

2023年，全区除吴忠市、固原市农村污水处理与运维项目全部完工外，其他地区存在项目开工、完工率不高的问题。截至2023年9月底，全区2022年度下达的37个农村污水治理项目开工率为84%，其中，吴忠市、固原市开工率100%，石嘴山市75%，中卫市62%，银川市50%。全区项目完工率68%，其中，吴忠市、固原市完工率100%，石嘴山市50%，银川市只有25%，中卫市仅为12%（见图3）。项目建设总体进展缓慢，情况不理想。

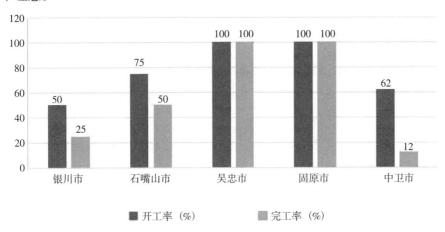

图3 2022年度全区五个地级市农村污水治理项目情况

三、宁夏农村"厕所革命"优化治理的对策建议

农村"厕所革命"是一项系统性工程，不仅需要村民、基层干部、企业、社会组织等多元主体的参与，同时与其相关的技术支撑、资金划拨、领导统筹、专业培训等也发挥着重要作用。

（一）健全法律法规，完善制度体系

农村"厕所革命"是基层治理的重点工作，有法可依才能保障厕改的正规有序和顺利实施。因此，需要进一步完善农村厕所革命相关的法律法规。一是建立健全农村"厕所革命"相关的专门法，由政策上升至法律，

对"厕所革命"的开展提供根本性指导。二是提升基层政府和党组织的依法执政能力。三是进一步落实农村"厕所革命"相应的配套法律和法规。

（二）完善预算融资机制，多渠道争取资金

配套资金是政策落实的"先行"因素。一是应进一步完善农村"厕所革命"的资金预算机制。二是要加强农村"厕所革命"地区配套资金管理。三是要进一步完善配套资金融资制度。四是积极拓宽资金来源渠道。通过以奖代补、以奖促治和环保专项资金等形式，加大对农村污水治理设施的投入，保障工程建设资金。要多渠道筹措运行维护资金，积极探索建立治污设施运行维护资金保障机制。对大、中型集中治污设施要设置维护专项经费，通过工程管理委员会或村民合作组织进行管理。以农户自用为主的分户治污设施，实行自用、自管，也可探索适当收费的物业化管理方式运行。

（三）强化科技支撑，提高人员专业技术水平

农村"厕所革命"进程中的短板之一就是专业技术和专业人员的缺乏，需要采取一系列措施来弥补短板。一是加强专业技术方面的教育和培训，二是引进相关的专业技术人员，三是建议地方政府向厕改效果较好的地区和国家学习经验。

（四）完善宣传机制，均衡区域发展

一是加强宣传引导。二是把持续深入农村"厕所革命"工作纳入县、乡、村三级乡村振兴指挥部调度。三是尽量整合相关项目资金，缩小各地开展农村"厕所革命"奖助标准的差距。四是努力缩小县（市、区）卫生厕所普及率之间的差距。

（五）完善监督考核，推进绩效管理

织密基层权力监督网，提升基层监督治理效能。一是建立健全监督制度。二是建立并深化"纪检监督＋舆论监督＋群众监督"一体化模式。三是建立绩效考核制度，农村"厕所革命"绩效考核要实行专人专岗专事制度，考核的结果可以直接向主管部门汇报，以此作为基层干部的业绩考核内容，形成"倒逼"机制，有效推进绩效管理。

(六) 做好运营维护管理，不断提升智慧化监管能力

要建立农村环保队伍和机构，不断提升智慧化监管能力。农村生活污水处理设施运维管理走信息化、智慧化之路是今后努力的方向。支持市、县（区）开展已建成农村生活污水处理设施智慧化改造，鼓励规模较大的处理设施安装水质自动监测设备，推广建设集平台监控数据中心、智慧监管平台、智能化终端于一体的"智慧管家"农村生活污水治理信息化管理服务平台，拓展设施数据收集、在线故障报修、巡检人员在线监管、巡检数据分析、设施远程控制等多项功能，实现物联网一站式集中监管、智慧化运营。

宁夏沙尘暴防控机制研究

韩建军　韩　雪

　　沙尘暴是指强风把地面大量的沙尘卷入空中，使空气变得混浊，水平能见度小于1000米的严重风沙天气现象。其中，水平能见度小于500米的称为强沙尘暴，小于50米的称为特强沙尘暴。沙尘暴是宁夏主要的灾害性天气之一，可导致环境污染、生态环境恶化，危害人民生命财产安全。对沙尘暴防控机制进行研究，对于最大限度地减少沙尘暴的发生和危害，推进全区荒漠化治理，提高大气环境质量，改善生态环境，构建人与自然和谐共生的生命共同体具有十分重要的意义。

一、沙尘暴危害分析

（一）加剧土地沙漠化

　　沙尘暴加剧宁夏土地沙漠化，造成生态环境恶化。一是自然灾害频发。沙尘暴、沙漠化、干旱、水土流失等灾害频繁发生，土壤侵蚀不断加剧，大风天气常常加剧土壤水分蒸发，助长旱情。夏季如果大风和暴雨、冰雹等天气同时发生，则往往出现洪水。二是人类进行大规模开发，从自然环境中掠夺物质财富，破坏了植被，超出了环境的承载力，生态失衡，发展

　　作者简介　韩建军，宁夏回族自治区自然资源信息中心；韩雪，宁夏大学马克思主义学院。

不具有可持续性。

（二）影响空气质量

宁夏地质构造复杂，绝大部分地区属干旱、半干旱地区，其西、北、东三面分别受腾格里沙漠、乌兰布和沙漠和毛乌素沙地包围，常年干旱少雨，是典型的农业生态脆弱区。2021年，受入境强冷空气等天气过程影响，春季风沙频发，1—5月宁夏出现多次沙尘天气，空气质量明显下降，空气中颗粒物浓度大幅上升，沙尘天气对全区环境空气质量影响较大。

（三）影响人类健康

沙尘暴混杂有大量颗粒物（$PM_{2.5}$、PM_{10}），可以沉积在人体的各个器官，诱发感染、慢性支气管炎、鼻塞、流涕、咽痛、咳嗽等；沙尘暴混杂有大量细菌、病毒及其他一些对人体有害物质，被认为是传播某些疾病的媒介，诱发呼吸道疾病等；沙尘暴还对人的心理健康造成很大影响，使人产生压抑感、恐惧感。

（四）危及生命财产

沙尘暴发生，狂风大作，飞沙走石，天昏地暗。1993年5月5日，宁夏大范围内出现特强沙尘天气，黑风从甘肃、内蒙古进入宁夏，横扫16个县市。中卫极大风速37.9 m/s，沙尘弥漫，伸手不见五指，伤亡人数过百人，造成直接经济损失2.7亿元，受灾人口达70多万。

二、宁夏沙尘暴的特点

（一）易发沙尘暴

宁夏地处西北内陆，三面环沙，植被稀疏，生态环境脆弱，是沙尘暴的高发区。春季，宁夏降水少，气温回升，多大风天气，不稳定的热力条件加大了风力和强对流发展，再加裸露的沙源地地表条件，容易出现沙尘天气。

（二）发生频次呈减少趋势

据统计，宁夏每10年减少17.9天沙尘天数。1988年前每年沙尘天数平均在40天，较多年平均值偏高；1989年之后平均每年沙尘天数较平均值偏低。2019年的沙尘天气9.9天，2020年是6.2天。而沙尘暴日数从

1985 年开始急速下降。从时间分布看，宁夏沙尘暴多发生在 4 月，平均为 1 天，其中盐池 3.5 天，中北部其他大部分地区在 0.7—2 天；其次是 3 月和 5 月，均为 0.7 天；9—10 月大部分地区无沙尘暴出现。从地域看，盐池是宁夏沙尘暴发生最频繁的地区，年平均发生 13.9 天；其次是同心和陶乐，两地年平均发生 8.2 天；泾源、隆德、西吉年平均发生均不到 1 天。宁夏沙尘暴发生频次呈减少趋势，与生态环境好转有关。宁夏气候中心首席服务专家王素艳认为，近年来沙尘天气越来越少，强度减弱，次数减少，这与退耕还林、防沙治沙、生态环境好转有很大关系。

（三）偶有突变

2002 年 3—5 月，银川地区出现 6 次沙尘暴、12 次大风扬沙天气，为 10 年来所罕见。2021 年 3 月 15 日，宁夏遭遇 2002 年以来强度最强、范围最广的一次沙尘暴，石嘴山、同心能见度普遍低于 500 米，银川能见度为 300 米。2023 年 4 月 19 日，中卫市、吴忠市、灵武市出现能见度小于 500 米的强沙尘暴，银川市区、永宁县、贺兰县、石嘴山市、固原市原州区出现能见度 500—1000 米的沙尘暴。

三、宁夏沙尘暴频发对我们的启示

宁夏沙尘暴频发，警示人们应建立健全抵御沙尘暴常态化防控机制，加快改善宁夏生态环境，建设绿色家园。

（一）牢固树立和践行"绿水青山就是金山银山"的理念

减少和预防沙尘暴，是深入贯彻习近平生态文明思想，牢固树立和践行"绿水青山就是金山银山理念"的重要内容。我们必须尊重自然、顺应自然、保护自然，加快改善宁夏生态环境。一是大力实施《贯彻落实习近平总书记重要讲话精神、推进全区荒漠化治理的实施意见》。深入学习贯彻习近平总书记重要讲话精神，胸怀"国之大者"，担当使命任务，全力推动荒漠化综合防治和"三北"等重点生态工程建设，为筑牢我国北方生态安全屏障、建设美丽中国作出宁夏贡献。二是认真履职尽责。坚持党政同责，压实责任，严格落实责任制，明确目标任务，协同发力，高质量抓好荒漠化综合防治，高标准推进重点生态工程建设。三是坚持问题导向。应正视宁夏沙尘暴时有发生、生态环境仍然脆弱、亟待建立和完善沙尘暴防控机制这一现实问题，荒漠化、风沙危害和水土流失导致的生态灾害，制约着宁夏经济社会发展，补齐短板的任务还十分繁重。四是实行最严格的生态环境保护制度。严格生态环境保护考核，协同推进降碳、节水、减污、扩绿、增长，全面提升资源生态系统稳定性和生态服务功能，努力建设天蓝、地绿、水美的美丽宁夏。

（二）增强防灾减灾救灾意识

党的二十大报告指出："提高防灾减灾救灾和重大突发公共事件处置保障能力，加强国家区域应急力量建设。"防灾减灾救灾是一项长期任务。要坚持以防为主、防抗救相结合的方针，坚持常态减灾和非常态救灾相统一，努力实现从注重灾后救助向注重灾前预防转变，从应对单一灾种向综合减灾转变，从减少灾害损失向减轻灾害风险转变，全面提高全社会抵御自然灾害的综合防范能力。要落实责任、完善体系、整合资源、统筹力量，从根本上提高防灾减灾救灾工作制度化、规范化、现代化水平。增强防灾减灾救灾意识，时刻绷紧防灾减灾救灾这根弦，努力把沙尘暴等自然灾害风险和损失降至最低，维护人民群众生命财产安全。

（三）全社会植绿、护绿，增加绿色植被

预防沙尘暴的根本出路在于改善生态环境，改善生态环境的战略措施在于增加绿色植被。一是科学开展大规模国土绿化行动。把大规模国土绿化行动作为预防沙尘暴的战略措施来抓。开展全民义务植树，持续实施天然林保护、三北防护林、退耕还林还草等重点工程。种植节水林草，落实自治区"四水四定"实施方案，用好黄河水，合理规划人口、城市和产业发展，充分考虑水资源的时空分布和承载能力，统筹推进水源涵养、国土绿化、防沙治沙、水土保持治理。年降水量400毫米以下的中北部地区严格限制大规模种树。具备供水保障条件的地区，在严格开展水资源论证的前提下适当种植以乡土树种为主的乔木。二是加强森林、草原、湿地等生态系统保护。以自治区第十三次党代会提出的实施生态优先战略为牵引，坚持系统观念，坚持山水林田湖草沙一体化保护和系统治理。推进森林生态系统质量稳步提升，推进草原生态系统扩面治退、系统保护，推进湿地

生态系统总量管理、优化布局、提升功能，推进流域生态系统水土保持、水源涵养、水系贯通、水量增加、水质改善，推进农田生态系统肥药减量、持续利用、稳定健康，推进城市生态系统畅通风道、完善水系、增加绿地，推进防沙之害、用沙之利、人沙和谐，加快形成绿量适宜、布局均衡、网络完备、结构合理、功能完善、稳定高效的整体生态系统。三是统筹推进生态环境保护、修复和建设，不断提升生态系统的平衡性、安全性、稳定性。加强生态保护修复，实施水源涵养工程，持续开展大规模国土绿化行动；实施水土保持工程，加强退化草原植被修复和荒漠化草原治理，开展水源地保护专项行动；实施贺兰山、六盘山、罗山"三山"生态保护和修复工程，推进贺兰山矿山地质环境恢复治理，开展六盘山人工生态修复，加强罗山天然林保护、荒漠植被自然演替修复和人工灌木林改造提升，维护生态系统平衡。

（四）依法依规治理生态环境

加快改善宁夏生态环境，走依法依规治理生态环境之路。一是建立和完善荒漠化保护制度。开展荒漠化治理，恢复和增加植被，将暂不具备治理条件的连片沙化土地划为沙化土地禁封保护区。加强封禁和管护基础设施建设，加强沙化土地管理，增加植被，合理发展沙产业。完善以购买服务为主的管护机制，探索开发与治理相结合的新机制。二是严格国土空间用途管控。科学划定生态空间、农业空间、城镇空间、生态保护红线、永久基本农田保护红线和城镇开发边界，建立协调一致的国土空间管控分区。

（五）做好沙尘暴防控

一是加强沙尘暴灾害防控机制研究、应急基础研究。在高等学校、科研院所、相关部门开展沙尘暴灾害防控机制研究、应急基础研究，提高沙尘暴预警预报、应急处置科技水平，增强防御能力。二是建立常态化宣传教育机制。在"全国防灾减灾日""世界防治荒漠化与干旱日"等重要节点，充分利用报纸、电视、广播等传统媒体和微信、微博、短视频等新媒体，推进安全宣传进企业、进农村、进社区、进学校、进家庭。三是做好风沙防护。及时关闭门窗，注意佩戴口罩、纱巾等防尘用品。由于能见度较低，驾驶人员应控制速度，确保安全。

宁夏生态环境与资源保护
协同治理实践研究

张宏彩

协同治理是生态环境和资源保护的重要模式之一。党的十八大以来，在以习近平同志为核心的党中央高度重视和深切关怀下，宁夏肩负起建设黄河流域生态保护和高质量发展先行区的历史责任，守好改善生态环境生命线，开展了黄河流域"共同抓好大保护、协同推进大治理"，宁夏的生态环境保护工作取得了显著成就，美丽宁夏面貌发生了深刻变化，空气质量优良天数比例连续 7 年保持在 83%以上，黄河流域生态保护和高质量发展先行区建设深入推进，黄河宁夏段干流水质连续 6 年保持Ⅱ类进Ⅱ类出，贺兰山修复治理得到中央生态环境保护督察充分肯定，群众身边的突出环境问题得到妥善解决，这些成就得益于全区上下以及周边省份齐心协力、协同共治的努力。

一、宁夏生态环境和资源保护协同治理的成效

（一）宁夏协同治理的制度支撑体系初步建成

基于生态系统的跨区域、跨流域等特性，宁夏回族自治区党委和政府立足宁夏"一河三山"生态坐标和"一带三区"总体布局，坚持"联抓联

作者简介　张宏彩，宁夏社会科学院社会学法学研究所助理研究员。

基金项目　宁夏法学学会课题"区域协同立法视域下宁夏先行区建设的立法挑战与对策研究"（项目编号：Z2023FXH02）阶段性研究成果。

管、联防联治、协同大治理"的原则，统筹城乡、山川、上下游、干支流，积极谋划，制定出台了一系列制度文件，为宁夏生态环境和资源保护协同治理提供了强有力的制度支撑体系。2016 年 7 月以来，制定了《宁夏回族自治区生态保护红线管理条例》《宁夏回族自治区建设黄河流域生态保护和高质量发展先行区促进条例》等多个地方性法规，这些地方性法规的出台为宁夏推进生态环境和资源保护协同治理奠定了坚实的法治基础。同时，自治区党委、政府还发布了《关于推进生态立区战略的实施意见》《宁夏建设黄河流域生态保护和高质量发展先行区实施方案》等一系列规范性文件，进一步明确了全区上下协同推动生态环境和资源保护中各地区、各部门、各单位的职责，确立了宁夏生态环境和资源保护协同治理大格局、大治理、大保护机制。2023 年 10 月，宁夏回族自治区党委办公厅和政府办公厅联合印发了《各级党委和政府及自治区有关部门（单位）生态环境保护责任办法》等 8 个生态文明建设领域组织保障类专项文件，进一步强化了"指标协同、部门协同、区域协同"的机制建设，提出了建立黄河宁夏段上下游跨省域生态保护补偿机制，明确了与甘肃省和内蒙古自治区共同设立省际流域横向生态保护补偿资金等协同治理内容。近年来，宁夏五个地级市及其县（市、区）党委、政府也积极生态环境保护和治理协同制度落实落地，制定了《关于协同推进泾水河流域水环境、水生态、水资源保护工作机制的意见》等生态环境和资源保护的地方性规范文件。截至 2023 年 10 月，宁夏基本实现了覆盖自治区、市、县、乡的协同联动机制，基本形成了地方性法规、规范性文件、政策制度的协同治理制度支撑体系，不仅破解了过去宁夏生态环境和资源保护的行政区划边界、行业管辖壁垒、部门职责隔阂，而且在压实各地区、各级党政机关、各部门生态环境和资源保护责任同时，为各地区党政部门协同推进大治理、大保护协同作战机制提供了明确的制度保障。

（二）全区上下跨部门协同治理格局初步形成

基于生态系统的跨区域、跨流域、跨时空等特性，宁夏区内各地区、各部门、各单位秉持"上下一盘棋、左右一条心"工作核心，针对左右岸、上下游、干支流建立了 5 个协同治理机制，推动黄河宁夏段 397 公里、275

条支流、25 条干渠、114 条排水沟协同治理格局形成。从生态环境部门主管协同层面看，截至 2023 年 10 月，宁夏区内 4 个沿黄地级市生态环境部门分别签署了区域水污染联防联控合作协议。同时，宁夏回族自治区生态环境厅分别与应急管理厅、宁夏消防救援总队签订了《危险废物污染环境防治与安全生产监管联动工作机制》《建立应急联动工作机制合作协议》，为宁夏生态环境和资源保护奠定了"预防为主、共保共治、上下游联动、权责明晰、合作共赢"的工作基础，建立健全了全区上下实现跨市、跨部门协同联动治理机制；从生态司法监管层面看，自治区人民检察院、高级人民法院、公安厅会签了《宁夏贺兰山国家级自然保护区生态环境监管及执法长效机制》，为各级生态环境和资源保护协同治理工作推进提供强有力的司法保障机制；从相关行业和领域层面看，自治区及各市的自然资源、生态环境、水务、农业农村、市场监督管理等单位会签《关于建立部门间联合打击破坏自然资源违法犯罪工作机制的意见（试行）》，自治区水土保持监测总站和自治区自然资源信息中心也签订了合作协议。上述各领域各行业的跨部门合作协议的签署，有效推动了宁夏生态环境和资源保护跨部门协同治理格局的形成。

（三）宁夏与外省跨区域协同治理模式成效初显

近年来，宁夏加强与沿黄省区共同建设生态环境和资源保护协同治理机制。从城际方面来看，宁夏探索与邻省建立跨域协作配合机制，推动上下游水污染联防联控机制建设，与沿黄各省区共同落实《黄河流域河湖管理流域统筹与区域协调合作备忘录》，宁夏与甘肃、内蒙古等兄弟省区建立跨省河流河长制工作和水污染治理协作联动长效机制，签订《宁夏回族自治区、甘肃省跨界流域突发水污染事件联防联控框架协议》《甘肃省人民政府 宁夏回族自治区人民政府黄河流域（甘肃—宁夏段）横向生态补偿协议》，宁夏还举办了黄河流域生态保护和高质量发展省际合作联席会议。此外，宁夏 5 个地级市及其各县（市、区）积极推动跨区域生态环境和资源保护协同机制落实，全区 5 个地级市及各县（市、区）一些部门与相邻省区的市或县相关部门签署了生态环境和资源保护跨区域协同治理协议，泾源县人民检察院与甘肃省庄浪县人民检察院签订了《关于建立六盘山脉跨区域生态环境和资源保护检察协作机制的意见》，吴忠市盐池县生态环境局与陕西省榆林市定边县生态环境局签署生态环境和资源保护协同治理协议。上述各级各类跨区域生态环境和资源保护协同治理备忘录、协议等文件的签署，对宁夏维护西北乃至全国生态安全的重要使命提供了有效的实践样本。宁夏地级以上城市空气优良天数比例连续 7 年保持在 83% 以上，黄河宁夏段连续 6 年保持 II 类进出，劣 V 类水体、城市黑臭水体实现动态清零，土壤环境保持总体安全。

二、宁夏生态环境和资源保护协同治理面临的挑战

宁夏生态环境在持续改善，但本底差、基础弱、欠账多的问题依然存在。2016 年以来，宁夏全区上下群策群力、联动发力。取得了许多瞩目成绩，但是 1+1>2 的协同治理效能的实现仍然存在很多挑战。

（一）多元协同治理的制度支撑体系有待进一步完善

随着宁夏生态环境和资源保护协同大治理、大保护工作的深入推进，需要不断健全和完善从中央到地方的协同治理制度体系，进而为实践发展提供明确、具体、有效的制度支撑。继 2019 年 9 月习近平总书记在黄河流域生态保护和高质量发展座谈会上的讲话明确提出"协同大治理"理念之后，2020 年 12 月 26 日，中央通过了《中华人民共和国长江保护法》，该法第六条明确规定，地方根据需要，可以通过立法等规范性文件建立流域协作机制，协同推进流域生态环境保护和修复。近 3 年，与宁夏更为贴近的法律法规和政策还有《国家发改委印发支持宁夏建设黄河流域生态保护和高质量发展先行区实施方案》《中华人民共和国地方各级人民代表大会和地方各级人民政府组织法》《中华人民共和国黄河保护法》《中华人民共和国立法法》等，均明确规定了地方根据区域协调发展的需要，一是省级和设区市间可以协同立法，二是可以通过地方性法规、规划等建立协同机制。截至 2023 年 10 月，黄河九省区间尚未就黄河流域生态环境保护建立省际跨区域协同立法机制。对宁夏而言，除了《宁夏回族自治区建设黄河流域生态和高质量发展先行区促进条例》《各级党委和政府及自治区有关部门（单位）生态环境保护责任办法》等 4 个专项文件等对跨跨部门、

跨区域协同治理机制建立和实践探索提出要求外，目前，较为多见是自治区、各地级市和县（市、区）以及相关部门通过框架协议搭建的跨省区域协同机制。在缺乏专门的地方性法规或规范性文件的前提下，现有的协议和非专门政策制度的执行刚性约束力不够，导致实践操作和执行效果大打折扣。此外，对于宁夏5个地级市而言，还存在区域协同立法的创新探索的能动性不足的问题，实践中，各部门区域协同立法呼声很高，享有立法权的机关缺乏推动协同立法机制建设积极性和主动性，致使全区在推动生态环境和资源保护过程中，尤其是区域协同治理方面的法制刚性约束不够，呈现出内外协同约束制约张力不足，生态环境和资源保护的整体性、系统性和持续性效果不够明显的问题。

（二）生态环境和资源保护协同治理机制功能发挥不充分

近年来，宁夏生态安全方面总体比较平稳，但依然存在很多问题，最突出的是在两轮中央生态环境保护督察反馈问题中都指出了部门责任落实不力、违建项目查处不及时等问题。导致这些问题，除前述制度短板影响外，还与同抓大保护和大治理机制功能发挥不充分有关。一是现有的生态环境和资源保护协同共治制度和机制依然很难抓实抓细，在相关任务分工方面，部门间存在很多交叉职能，主抓主责的部门与分抓配合的部门间联动协调存在管辖体制机制障碍，一些任务落实很容易出现不够彻底和全面；二是信息资源共享不够全面系统，不同部门、不同地区之间的存在政务系统和平台链接障碍，信息资源共享和开放安全审查程序不统一，实践中相关问题处理不及时的问题较为常见；三是相关指标很难实现统一，地区间、行业间和领域间在现有的行政和行业条块管理体制下，生态环境和资源保护的相关指标，尤其是在减污治污指标方面，存在省际间、行业间指标差异等现实问题，即使宁夏提出"四尘"同治、"五水"共治、"六废"联治等部门联动协同治理举措，但在同一片天空下打赢碧水、蓝天保卫战，需要上下游、左右岸各地区、各单位乃至广大人民群众齐心协同共治才能取得成效。

（三）区域间全面系统的生态补偿模式仍需持续探索

生态补偿是生态文明建设的产物，基于当前从中央到地方的生态补偿制度不够健全的现实，宁夏在推动省际、府际、部门间全面覆盖、权责对等、共建共享的区域间良性互动的生态补偿制度机制建设极具挑战。例如，上位法依据不足、相关补偿标准不够明确、区域间生态补偿机制搭建难等问题，给宁夏与相邻省份间生态补偿工作推进造成很多制度机制障碍。此外，即使相关省份间就某项目达成了生态补偿协议，但是实践中支付效率低、补偿资金使用不规范等问题也影响和制约了区域协同治理机制长效稳定运行。就宁夏而言，除与甘肃省签署了生态补偿协议外，与其他相邻省份间跨区域协同治理和生态补偿也是非常迫切的，宁夏境内"山水林草湖田沙"的保护不是局部的、片段式的，需整体系统地推进。因此，生态补偿模式的探索也需要实现全面系统治理。此外，就现有的与甘肃省之间的生态补偿协议的落实而言，在后续长效稳定机制搭建、补偿资金账户管理、监督评价机制建设等仍然存在很多困难，仍需要宁夏持续积极努力。

三、对宁夏生态环境和资源保护协同治理的建议

宁夏生态环境基础不牢，生态修复和治理难题依然很多，不是仅凝聚全区上下合力就能够得到彻底解决，而是需要区内外全面、系统、整体的协同力量来推进生态环境和资源大保护和大治理。

（一）持续推动生态环境和资源保护协同治理制度支撑体系建设

制度建设是生态环境和资源保护的核心要素，是推动跨部门协同、跨区域、多元协同机制建立和有效运行的内在动力。推动宁夏生态环境和资源保护协同治理制度支撑体系建设，是推进宁夏建设黄河流域生态保护和高质量发展先行区的重要抓手，也是贯彻落实法治宁夏建设战略的重要内容，更是贯彻落实党中央、国务院关于黄河流域生态保护和高质量发展"统筹谋划、协同推进、共同抓好大保护、协同推进大治理"、建立健全地方协同发展的法律法规和政策制度具体举措。因此，宁夏需要积极发挥先行区先行先试的制度建设能动性，在深入推进部门协同和区域协同的制度体系健全和完善的基础上，探索政府、企业、社会组织、群众多元主体协同治理制度体系建设，为宁夏建设黄河流域生态保护和高质量发展先行区建设蹚出一条生态协同治理制度体系建设的新路子。

（二）推动生态环境和资源保护协同治理机制效能落地落实

基于生态环境和资源保护的各项工作任务存在紧密的关联性、整体性、系统性特征，推进跨部门、跨区域、多元协同机制建设，不仅需要健全和完善部门间、府际、省际的协同发展机制，还需健全和完善群众、社会组织、企业和政府协同治理多元、多维互动互补协同治理机制。针对部门间职责交叉导致生态环境和资源保护协同治理责任落实不严问题，应当建立科学的地方政府黄河流域生态环境协同治理的政绩考核评价机制；针对生态环境和资源保护信息资源共享不顺畅，引发环境污染或治理不及时等问题，建议建立长效的地方政府黄河流域生态环境协同治理问责机制；针对地方政府在黄河流域生态环境协同治理中，对于其辖区流域生态环境信息不公开、信息通报不及时、故意隐瞒监测数据等地方保护主义行为，建议完善国家、黄河水利委员会和跨行政区监察部门层级问责程序的启动机制，遏制地方政府在黄河流域生态环境协同治理中的"不作为"和"乱作为"行为。就政府、社会、民众生态环境和资源保护协同机制建设而言，不仅要加强宣传教育，还要加大奖励机制建设，进而筑牢全民全社会生态环境和资源保护共同体。

（三）探索建立全面系统的生态环境补偿模式

地方实施和推进生态环境和资源严格保护理念，在一定程度上会影响当地财政收支。就宁夏而言，2007 年至今，累计已投入 1000 多亿元，水质才由劣 V 类提升到 Ⅲ 类。在贺兰山清理整治攻坚和保护修复持久战中，累计投入了 58 亿多元。因此，就宁夏生态环境和资源保护跨区域协同治理体制机制建设而言，不仅需要探索宁夏与周边省区全面系统的生态环境补偿模式，而且需要探索区内各市之间、各县之间全面系统的生态补偿模式，探索公共资源与群众之间的生态补偿模式。不能将某一区域的生态环境修复和治理归于当地政府的职责，也需要流域内省份、市、县等积极参与生态治理和补偿修复中来。因此，就跨区域生态补偿模式的健全和完善而言，需要建立包括省际乃至更广层面的生态补偿模式，不仅需要明确各主体补偿标准和补偿渠道，还需要建立具体相应资金使用规范程序和制度，健全相关监督监察和评估评价机制。

"双碳"背景下宁东氢能一体化应用模式思考与建议

李　进　张佃平　夏明许　白　楠

　　2030 年实现碳达峰，2060 年达到碳中和，是我国向世界作出的承诺，"双碳"目标能否实现，能源生产消费体系绿色低碳化是必由之路。氢能作为一种绿色、高效、应用范围广泛的二次能源，因兼具原料的属性，在能源转型中的地位愈发凸显。宁东作为以宁夏宁东、内蒙古鄂尔多斯、陕西榆林为核心的能源化工"金三角"地区，是全国罕见的能源富集区，煤炭、天然气和石油等主要化石能源储量达到 2×10^{12} 吨标准煤，占全国的 47.2%，同时蕴含丰富的光能、风能资源。经过 10 多年的发展，宁东现在已经成为国家重要的大型煤炭生产基地、西电东送火电基地、煤化工产业基地和循环经济示范区，也是国家产业转型升级示范区、现代煤化工产业示范区、新型工业化产业示范基地和外贸转型升级基地。逐步建立起了煤制油、煤基烯烃、煤制乙二醇、精细化工、高性能纤维、锂电材料、电子材料及专用化学品、绿色环保八大细分产业链和高端产业集群，以及清洁能源、装

　　作者简介　李进，宁夏大学材料与新能源学院教授；张佃平，宁夏大学机械学院副教授；夏明许，宁夏大学材料与新能源学院院长、教授；白楠，宁夏大学在读博士研究生。

　　资助项目　中国工程院咨询项目"'双碳'目标下宁夏氢能与燃料电池发展战略研究"（项目编号：2023-116-03）阶段性研究成果。

备制造、生产性服务业三大新兴产业。作为国家重要的能源化工基地，绿色低碳化转型和发展成为宁东未来规划必须要考虑的问题，氢能产业的发展必将成为宁东产业转型的首选。

一、氢能产业规划和政策分析

氢能被看作是未来最理想的清洁能源，世界各国都在争相发展氢能产业，制定了诸多规划和实施了大量扶持政策，积极推动突破氢能制—储（运）—加—用产业链中关键技术瓶颈。我国氢能产业发展起步较晚，但是近几年进入了加速期，从国家到地方出台了一系列的规划和扶持政策。

（一）国家氢能产业规划分析

国家发布的《氢能产业发展中长期规划（2021—2035 年）》（以下简称《规划》），从 8 个方面出了发展氢能的必要性和迫切性，发展的要求、路径，以及发展氢能产业需要完善政策和制度保障体系、组织实施办法。

1. 氢能发展的必要性和迫切性

《规划》明确指出，当今世界正经历百年未有之大变局，新一轮科技革命和产业变革同我国经济高质量发展要求形成历史性交汇。发展氢能是保障我国能源安全，为国家经济高质量发展提供保证的必由选择。我国虽然是世界上最大的制氢国，但氢能产业发展水平总体不高，特别在产业创新能力、技术装备水平、支撑产业发展的基础性制度，以及产业态和应用、发展路径等多方面存在诸多问题和挑战。同时，国家顶层设计稍显滞后，所以，通过国家出台产业规划，加强氢能产业发展的顶层设计和统筹规划，以创新为引领，加快构建涵盖新产品、新业态、新模式的氢能产业发展范式，为重构国家能源体系、构建绿色低碳产业体系、推动经济高质量发展提供强大动力。

2. 发展氢能产业的要求

《规划》明确了氢能产业的发展目标和时间表，即 2025 年前形成较为完善的氢能产业发展制度政策环境，产业创新能力显著提高，基本掌握核心技术和制造工艺，初步建立较为完整的供应链和产业体系。到 2030 年，形成较为完备的氢能产业技术创新体系、清洁能源制氢及供应体系，产业布局合理有序，可再生能源制氢广泛应用，有力支撑碳达峰目标实现。到2035年，形成氢能产业体系，构建涵盖交通、储能、工业等领域的多元氢能应用生态。可以说，任务重、时间紧。要求涵盖了制度政策、技术创新、产业布局、产业体系等多方面的要求，这就需要国家各相关部门联动配合、步调一致才能实现预期目标。

3. 主要发展路径

《规划》从三大方面给出了氢能产业发展的路径：系统构建支撑氢能产业高质量发展创新体系、统筹推进氢能基础设施建设、稳步推进氢能多元化示范应用。

一是系统构建支撑氢能产业高质量发展创新体系。《规划》强调，把握氢能产业创新发展方向，聚焦短板弱项，适度超前部署一批氢能项目，持续加强基础研究、关键技术和颠覆性技术创新，建立完善更加协同高效的创新体系；在创新平台建设、人才培养和专业化人才队伍建设、国际合作以及关键核心技术等多个方向给出了较为具体的发展路径。同时强调平台建设的多元化和多层次性，并鼓励企业，特别是中小企业积极参与氢能产业关键共性技术研发。

二是统筹推进氢能基础设施建设。《规划》指出，应该准确把握产业发展规律，避免无序的基础设施建设，特别是要杜绝重复建设。要结合资源禀赋和产业布局，因地制宜布局氢燃料电池分布式热电联供设施。

三是稳步推进氢能多元化示范应用。《规划》指出，推动在社区、园区、矿区、港口等区域内开展氢能源综合利用示范，拓展清洁低碳氢能在化工行业替代的应用空间，以及探索氢能在工业生产中作为高品质热源的应用。

4. 氢能产业制度政策保障体系和组织实施办法

制度政策保障和良好的组织实施是氢能产业健康有序、快速和高质量发展的基础。《规划》明确指出，制定完善氢能管理有关政策，规范氢能制备、储运和加注等环节建设管理程序等的政策体系。围绕氢能制—储—输—用各环节完善相应标准体系，建立健全氢能质量、安全等基础标准。建立健全氢能全产业安全标准规范，加强应急能力建设，研究制定氢能突发事件处置预案、处置技术和作业规程，及时有效应对各类氢能安全风险。

（二）宁夏回族自治区氢能产业发展规划

自治区十分重视氢能产业发展。2022 年 11 月 10 日，宁夏回族自治区发展改革委印发《宁夏回族自治区氢能产业发展规划》（以下简称《发展规划》），紧扣国家规划相关要求，结合宁夏本地氢能产业现状，为宁夏未来氢能发展提供了有效的指导。

《发展规划》分析了目前国内外氢能发展现状，指出氢能发展全面提速，特别是国内氢能产业发展加快布局，时刻提醒宁夏应加快氢能发展。氢能产业的发展可以改变宁夏长期以来存在着产业结构偏重、能源结构偏煤、利用效率偏低等问题，因此，以氢能产业前瞻性布局，提高氢能在能源消费结构中的占比，可以完成以"绿能开发、绿氢生产、绿色发展"为主的能源转型。

《发展规划》对宁夏发展氢能的基础也进行了客观实际的分析。从资源基础来看，宁夏可再生资源发展基础良好，并且近几年规模在持续扩大，特别是风能和光伏发电装机规模呈现出高速发展态势，这为绿氢生产提供了很好的能源基础。在产业基础方面，宁夏氢能的应用场景相对丰富，比如煤化工、氢燃料电池汽车、天然气掺氢、氢储能、氢能热电联供等重点应用场景都可以在宁夏实现与绿氢的耦合应用，特别是宁东煤化工基地有重卡物流市场规模大和短倒运输场景多等优势，为氢能重卡的应用提供了基础。所以，宁夏依据本地产业基础，提出了到 2025 年，形成较为完善的氢能产业发展制度政策环境，产业创新能力显著提高，氢能示范应用取得明显成效，市场竞争力大幅提升，初步建立以可再生能源制氢为主的氢能供应体系。预计到 2030 年，可再生能源制氢能力将达到 30 万吨，形成较为完备的氢能产业技术创新体系、可再生能源制氢及供应体系。为了实现这一目标，重点加强氢能标准研究、检测试验等公共服务平台、重点实验室、工程研究中心和企业技术中心等创新载体建设，并通过特色产业示范区建设推动产业集聚发展。以宁东基地、银川、石嘴山、吴忠、中卫等地区为重点进行空间布局，建设宁夏"沿黄氢走廊"，着力构建"一核示范引领、多点互补支撑"的氢能产业新发展格局。明确了系统构建氢能产业发展创新体系与绿色低碳氢能生产体系、有序推进氢能基础设施建设、打造氢能多元应用生态和建立健全氢能产业支撑体系等 5 个方面的重点任务。

二、宁东氢能产业发展状况

宁东作为国家重要的大型煤炭生产基地，煤化工产业最近几年发展迅速，2022 年位列中国化工园区第 5 名。但目前宁东氢气主要来源为工业副产氢和煤制氢，对环境不友好且能耗大，因此，宁东煤化工产业发展对氢能需求比较旺盛。宁东同时具有较为丰富的风光发电资源，这为宁东发展"以绿能开发、绿氢生产、绿色发展"为主的能源转型提供了条件。

宁夏宝丰能源集团是高效煤基新材料公司。目前，公司投资 673 亿元建设规划 500 万吨烯烃项目，一期投资 478 亿元，建设年产 300 万吨烯烃，其中 40 万吨绿色烯烃是依托配套建设的风光制氢一体化示范项目，采用风光互补发"绿电"、制绿氢，用绿氢生产绿色甲醇，再用绿色甲醇生产绿色烯烃。另外，宝丰能源集团着手构建集制氢、补氢、储氢、运氢、加氢、用氢于一体的绿氢全产业链，已经建成单体规模较大的太阳能电解水制氢厂。

目前，宝丰能源已形成全球最大的 3 亿立方米绿氢、1.5 亿立方米绿氧产能，并以每年新增 3 亿标方绿氢的速度不断扩大产能，未来将形成年产百亿标方、百万吨绿氢产业的规模。该项目集成全球顶尖工艺装备，未来绿氢综合成本可降至每标方 0.7 元，在行业内最低。其中，宝丰能源所生产的绿氢，一部分直供化工生产系统，替代化石能源生产化工材料，带动化工产业链实现零碳变革；另一部分将向制氢储能、氢气储运、加氢站建设方向综合发展，实现氢能全产业链一体联动发展，有效保障国家能源安全，为"碳中和"助力。

宁夏宝廷能源依托宁东能源化工基地丰富的煤气资源和产业政策优势，建成了煤焦油及低碳烷烃循环利用项目。此外，引进国际先进的 UOP 生产工艺技术，实现装置能量互补、内部平衡，不仅能循环利用、变废为宝，提高产品的附加值，而且实现了循环经济和产业链的延伸。其中，一期总投资 23 亿元，已建成全国首套低碳烷烃循环利用联合装置，即 40 万吨/年煤焦油加氢装置、60 万吨/年精制煤焦油改质装置，5000 吨/年硫黄回收装置及其他辅助装置。值得一提的是，该公司在生产高清洁环保芳烃类产品的同时，产生纯度高达99.999%的高品质氢气，建立起氢能发展的新产业链条，探索出一条转型发展的新路子。2021年3月，宁夏宝廷新能源建成西北首座加氢站，率先拥有宁夏第一辆氢能大巴、重卡、轻卡等氢能车辆，并成为宁夏首家向周边精细化工企业供应氢气的单位，实现了集氢气的生产、储存、充装、运输于一体的运行模式，迈出了宁夏探索利用氢能的重要一步。

宁夏煤业和地方政府、团所属国华投资、宁夏电力着手在宁东布局氢能产业。国家能源集团宁东可再生氢碳减排示范区62万千瓦光伏项目2022年开工建设。该项目将新建装机容量620兆瓦、年均发电量9.83亿千瓦时的光伏场站，2座制氢规模达每小时2万标立方的制氢站，2座加氢站及配套输氢管线等设施，预计年产4509吨高纯氢，每年可减少二氧化碳排放74.6万吨。项目位于宁夏宁东能源化工基地，包括光伏发电、电解水制氢、加氢站及氢能重卡等子系统，建成后所制绿氢一部分供给宁夏煤业煤制油项目，实现部分绿氢替代，一部分供给加氢站，完成周边火电厂与煤矿之间运输煤炭的氢能重卡氢气加注工作。

宁东在发展氢能方面有其独特的优势和良好的产业基础，但是也存在一些问题和短板。一是没有形成氢能发展的产业链，上下游相关企业较少；二是氢能产业整体创新能力不强、技术水平不高，氢能装备自主研发能力较弱；三是缺乏氢能产业发展的专业技术和技能人才；四是氢能产业发展的政策措施、体制机制等尚未建立健全，特别是在吸引投资、项目落地、人才引进和应用推广等方面没有形成体系化的政策支持。

三、宁东发展氢能方向选择和政策建议

（一）方向选择

1. 整体布局与一体化发展

"双碳"背景下，将宁东的氢能发展融入国家氢能发展规划，实现"能源偏煤"向"绿色、低碳"转型，宁东可以开辟一条利用丰富的风光发电资源开展绿氢生产的路径。宁东在发展过程中应结合自身能源禀赋，充分

考虑氢能产业制、储、运、用一体化，并以宁东为支点，带动宁夏氢能产业发展。整体考虑思路如图1所示。

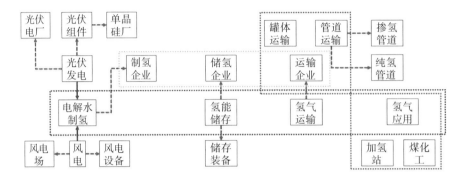

图1 宁东氢能一体化应用模式思考框架图

宁东光伏发电和风力发电产业经过10多年的发展，光伏电站和风力发电场已有较大规模，为电解水制氢提供了绿色和低价的电能，并为氢能产业的发展提供了保障。在宁夏本地产业中，宝丰能源2×10^7kW光伏和每小时15万标方太阳能电解制氢储能及应用示范项目的成功投产，为太阳能光伏发电、电解水制氢提供了产业示范。从而带动国能宁煤、国能（宁夏宁东）绿氢公司、中石化新星新源公司、鲲鹏清洁能源公司、宁东新能源发展公司、百中绿电、中广核、国电投铝电、京能宁东发电和宁夏电投太阳山能源公司等一大批可再生能源制氢项目。使宁东电解水制氢在未来具有了较大的发展空间，这必将带动企业对光伏发电和风力发电产业的进一步投资，为后续风力发电设备产业提供有利条件，并进一步加强宁夏硅材料产业发展。同时，电解水制氢规模的逐步扩大，将催生一批电解水制氢企业。随着电解水制氢规模的扩大，同样会有氢能储存企业的出现，并对储能装备有了更大的需求，可以对储能装备进行前期的产业布局。罐体运输在氢气运输过程中已经比较成熟，后期可以重点进行氢气管道运输技术和装备的研发和产业布局。对于管道输氢，可以考虑掺氢管道输氢和纯氢管道输氢两种技术路线分步实施。掺氢管道输氢可充分考虑中卫作为西气东输重要节点，通过天然气掺氢，使宁东绿氢进入全国能源供应体系。

2. 分步实施和单点突破

充分挖掘宁东的资源和能源禀赋，与周边地区形成联动，围绕氢能制—储—运—用产业链条，契合宁东产业基础和发展特点，锚定单点进行突破，以点布线，连线成面，逐步布局宁东氢能产业。宁东具有丰富的煤炭资源，煤化工产业基础雄厚，对氢能具有较大的需求，这为氢能发展提供了较好的消纳平台；与此同时，宁东具有丰富的太阳能和风能资源，光伏发电和风力发电装机容量具有较大规模，这为电解水制氢提供了绿色和低价的电能。以电解水制氢为切入点，进一步拉动宁东地区光伏发电和风力发电发展，从而与银川光伏组件和风力发电装备产业形成联动。通过绿氢生产规模的扩大，减少煤化工过程中对黑氢/灰氢的依赖，降低碳排量。

以电解水制氢为支点，扩大绿氢规模，加大对光伏发电和风力发电的利用，延伸和加强光伏和风力发电产业链条，搭建储能与电池材料产业链条。建议采取光伏发电与风力发电直接制氢模式，多余绿电通过储能装置实现临时储能和调峰。

（二）氢能发展对策建议

1. 完善政策和制度法规

根据国家和地方相关法规政策，依据国家氢能和自治区氢能产业发展规划，结合宁东产业特点，制定符合宁东能源化工基地产业发展和建设的氢能相关政策和制度法规，最重要的是能够突破氢能产业发展瓶颈，强调绿色发展，着眼未来产业发展，立足实际，以产业扶持和政策引导相结合的方式助推氢能产业发展。

2. 加强顶层设计

以政策和制度法规为根本，加快出台针对宁东并且与宁夏 5 个地级市联动的氢能政策支撑体系，制定详细的宁东氢能产业发展实施路线图。充分考量宁东产业特色，突出氢能产业发展特色，从绿电制氢切入，减少黑氢/灰氢使用量。引导宁东煤化工重点企业进行能源消费结构调整，做到绿氢的制备及消纳能力的提升，制定企业的氢能发展技术路线、时间点和重点任务。积极扩展氢能产业对外合作交流的范围，融入国家氢能发展大局，参与国家氢能产业链布局，成为国家氢能供应链中重要的一环。

3. 合理布局产业

结合宁东产业基础，重点发展再生资源制氢，培育绿氢生产企业。发展宁东地区大宗物料氢能重卡倒运和运输，培育以氢能重卡为主要业务的龙头物流运输企业。针对氢能运输，积极探索和借鉴国内外天然气掺氢管道运输经验，在宁东开展天然气掺氢管道运输试点，培育氢能输运企业，并为后续积极接入西气东输管道做一定的技术储备。在宁东结合企业布局和物流运输路径，进行加氢站建设。以绿氢带动对绿电的需求，推动宁东光伏电站和风力发电场建设，并与宁夏五地市，特别是银川市光伏和风力发电装备厂家形成产业互动，构筑互助、共赢、安全、可控的"装备+应用"产业体系。

4. 推动氢能产业重点行业的试点示范与推广

充分认识到宁东氢能产业发展基础薄弱、产业链条不全、缺乏龙头骨干氢能企业的现状，选定宁东主要煤化工企业进行先期试点示范，逐步扩大应用规模。从政策、法规、税收、土地和人员等多方面对重点试点企业进行大力支持，并加强对氢能产业的市场环境监管，控制煤炭、石油等化石能源的消耗占比。围绕氢能工业、交通、储能多元化应用，通过合理布局，加快探索形成具有较强盈利能力的氢能商业化发展路径。重点支持具有规模化可再生能源制氢企业，降低制氢成本。鼓励"风光氢储融"一体化、"油氢气电"综合能源站等创新发展模式。

5. 加大科技投入，进行关键技术研发和人才培养

以市场需求为导向，采取企业主导的方式，建立健全氢能基础研发体系，培养氢能产业专业技术和技能人才。以龙头企业为主，联合宁夏高等院校和氢能产业链上下游企业，积极引入区外专业优势特色科研院所，建设以绿电制氢为主的协同创新平台，并逐步开展氢能领域关键核心技术研发，进行一定的设备、材料、零部件等共性技术开发和中试。采取企业内部培养与外部引进相结合的方式，以本地人才培养为主的模式，加大对氢能相关产业急需的专业技术人才和技能人才的培养力度。

改革篇
GAIGE PIAN

宁夏推进用水权改革研究报告

郜　贤

近年来，自治区党委、政府坚决贯彻落实习近平总书记"以水定城、以水定地、以水定人、以水定产"的重要指示精神，加快推进黄河流域生态保护和高质量发展先行区建设，统筹水资源、水环境、水生态、水灾害，以水资源供给侧结构性改革为主线，以强化水资源刚性约束为重点，以节水增效、集约高效为目标，全面深化用水权改革，优化用水结构，转变用水方式，提高用水效益，建立市场主导、政府调控的节水用水治水兴水体制机制，推动水资源利用由粗放低效向节约高效根本转变，实现人水和谐、地水相宜、产水适配、城水协调，用水权改革取得突破性进展。

一、宁夏用水权改革总体进展情况及取得成效

2021年，自治区党委、政府出台了《关于落实水资源"四定"原则，深入推进用水权改革的实施意见》，全面启动用水权改革，省级领导包抓，区直部门协同，成立改革专班，相继制定出台配套政策34份，各部门建立改革台账，加强政策协同，组织开展调研督察，有力推动改革举措落实落地。

作者简介　郜贤，自治区党委政研室改革督察处处长。

（一）全面完成用水权确权

按照"总量管控、定额分配、适宜单元、管理到户"的原则，各县已如期全面完成用水权确权工作。截至 8 月底，全区完成农业用水权确权 1051 万亩、41.43 亿立方米，涉及 11756 个确权单元；工业用水权确权 1495 家企业、4.58 亿立方米；养殖业涉及 2167 户养殖大户、6161 万立方米。其中，银川市 6 个县（区）核定农业灌溉面积 266.35 万亩，实际确权面积 241.9 万亩，确权水量 11.506 亿立方米；工业确权企业 213 家，确权水量 6115.37 万立方米；养殖业确权企业 785 家，确权水量 1963.594 万立方米，做到了权属到企、到户。石嘴山市 3 个县（区）农业用水权确权应确尽确，确权面积 168.33 万亩，确权水量 8.27 亿立方米；年用水量 1 万立方米以上工业企业确权 357 家，确权水量 8187.47 万立方米。吴忠市 5 个县（市、区）核定农业灌溉面积 323.11 万亩，实际确权面积 307.14 万亩，确权单元 709 个，确权水量 11.6068 亿立方米；工业确权企业 681 家，确权水量 6403.99 万立方米；养殖业确权企业 798 家，确权水量 3124.71 万立方米。固原市 5 个县（区）实际确权面积 112.29 万亩，确权水量 1.7962 亿立方米；工业确权企业 272 家，确权水量 1332 万立方米；养殖业确权企业 514 家，确权水量 230 万立方米。中卫市 3 个县（区）实际确权面积 217.48 万亩，确权单元 755 个，确权水量 8.076 亿立方米；工业确权企业 263 家，确权水量 5026.86 万立方米；养殖业确权企业 406 家，确权水量 1544.59 万立方米，做到了权属到企、到户。宁东基地完成 161 家工业企业用水权确权工作，确权黄河水量 1.91 亿立方米。

（二）全面复核用水权确权成果

2023 年 6 月，自治区用水权专班会同水科院制定用水权确权成果复核问题"一县一单"，校正提升确权成果准确性、合理性。部分县区成立成果复核小组，通过查看全套资料，查验资料的完整性，对用水权确权计算表、成果报告进行查验复核，对比现状年用水情况，复核确权面积、确权单元灌溉水利用系数、净灌溉定额等核心参数的准确性、科学性、合理性，对已确权面积、水量等信息不符的用水户及时组织进行变更。如西吉县累计变更取水许可 10 份，注销 11 份，补办 48 份。同时，将确权成果数据从宁夏用水权确权交易平台导出，对数据录入的准确性进行核对。石嘴山市、贺兰县、西夏区等市、县（区）委托第三方开展用水权确权成果复核，保证该项工作的有力推进和落实。部分县区结合最新遥感数据和实际灌溉面积进行复核，建立村级申报、乡镇初审、县区复审、市级终审确权成果复核机制，核实新增灌溉面积、确权计量设施及新增确权单元。

（三）用水权确权成果全面推广应用

各县区将用水权确权成果作为年度计划水量制定的总依据，以确权水量为基准，按自治区分配水量进行丰增枯减，将确权成果应用于水资源日常管理、调配工作中。部分县区将用水权确权成果作为年度计划水量制定的总依据，以确权水量为基准，按自治区分配水量进行丰增枯减。如贺兰县按用水权确权成果×20%+实际种植作物需水预测水量×80%作为年度计划分配水量。工业企业有偿使用费收缴基准即为其确权水量，这在一定程度上促使工业企业按需核定其确权水量，且对于年度内未使用的确权指标，主动寻求交易，保证了水资源的有效流通和高效利用。

（四）用水权金融赋能成效显著

各市县按照《金融支持用水权改革的指导意见》《"四权"抵押贷款贴息资金管理办法》要求，主动与金融部门对接，帮助经营主体和企业开展融资抵押贷款业务。截至8月底，12个县区及宁东基地共开展用水权质押、授信、贷款实际案例17笔，15家银行共发放贷款4.64亿元，推动水资源向"水资产"转换。灵武市农村商业银行与宁夏永澳源农牧有限公司签订用水权质押合同，为企业授信贷款100万元；永宁县成功发放用水权融资抵押贷款30万元；西夏区中国建设银行股份有限公司银川西夏支行与银川宝实葡萄酒庄有限公司正式签约用水权融资质押贷款协议，完成1笔2万元质押贷款，初步实现用水权资源金融赋能。宁夏银行和石嘴山银行以工业用水权作为标的向石嘴山2家企业分别发放用水权抵押贷款150万元、100万元，这是全区第一例成功落地的工业用水权抵押贷款。建设银行吴忠分行在利通区完成1笔3万元质押贷款。建设银行青铜峡支行以用水权为质押，向青铜峡市恒源林牧有限公司发放授信贷款110万元，向养殖业个体户发放授信贷款20万元。同心县惠同融资担保有限责任公司积极探索盘活用水权，以捆绑资产方式开展质押贷款，向宁夏荣华牧业控股有限公司、宁夏同心祥福绒毛制品有限公司分别质押贷款 500 万元、495 万元。西吉县与中国农业银行西吉支行达成协作意向，向用水企业发放用水权质押贷款 300 万元。沙坡头区完成 1 笔 4.389 万元质押贷款。

（五）有偿使用费收缴取得新进展

坚持资源有价、使用有偿，推动用水权商品化，实行用水单位有偿取得用水权。银川市制定印发《银川市工业企业用水权有偿使用费征收使用管理办法》，全市共征收 2022 年度工业用水权有偿使用费 3030 余万元。石嘴山市水务局积极与市财政局和非税中心对接，开通了专门的账户，向市辖两区的自备井用户和公共管网工业企业下发了《关于征收水资源使用权费的通知》，按照地表水 0.798 元/m³、地下水 1.791 元/m³ 的标准，从 2021 年 1 月 1 日起开始征收，市辖两区共计征收用水权使用费 1.1 亿元，收缴比例为 60%。吴忠市已完成工业企业 2021—2022 用水权有偿使用费涉及的水量、费用统计等工作，目前累计收缴 6777 万元。中卫市共计收取工业用水权有偿使用费 3997.74 万元。

（六）全面启动用水权收储

各市、县严格落实《用水权收储交易管理办法》，目前已有 17 个市、县制定出台符合地方实际情况的县级层面用水权收储交易或交易收益分配管理办法，从而提升用水权收储交易的系统性、规范性，确保改革工作有章可循、有制可依。部分市、县（区）按照《用水权收储交易管理办法》规定，加强闲置用水权指标的核查认定，例如，平罗县已委托第三方开展农垦前进农场 2023 年度 1.38 万亩高效节水项目节水评估，《盐池县可收储用水权指标分析报告》已组织审查。闲置用水权指标的核查认定为收储工作有的放矢提供了基础，促进了后期用水权收储工作的精准推进。各市、县（区）根据辖域内水资源总量、保障发展需求、市场供需形势等，推行多种形式的用水权收储机制，分别探索了政府出资收储、企业出资收储以及合同收储等模式，在用水权市场适量回购、出售、储备部分用水权。部分县、市探索设立"水银行"用于用水权收储，例如，彭阳县水务局与宁夏彭阳农业商业银行股份有限公司签订协议，设立彭阳"水银行"，收储富余水量。利通区与建设银行吴忠分行签订协议，由建设银行吴忠分行提供用水权收储资金支持，合作社收储散户用水权，创新设立"水银行"开展市场化交易，保障散户出让用水权后及时受益。沙坡头区 2023 年收储工业用水指标 110 万立方米，对宁夏协鑫晶体、宁夏振岭化工等企业有偿配置。

（七）积极推进用水权交易

据调研，从全区交易的频次、数量和交易双方来看，用水权市场的参与度和活跃度明显提升。2021 年成交 94 笔，交易水量 3414 万立方米、金额 2.94 亿元，8 个县区参与交易，1 个县区跨区域转让用水权。2022 年成交 86 笔，交易水量 6288 万立方米、金额 6314 万元，16 个县区参与交易，8 个县区跨区域转让用水权。2023 年一、二季度成交 34 笔，交易水量 3486 万立方米、金额 4922 万元，8 个县区参与交易，2 个县区跨区域转让用水权。大力推进用水权收储交易，带动了全区用水权交易单数与交易量明显增加，尤其是促进了县域内用水户之间的短期水权交易，通过宁夏公共资源交易平台、吴忠市农村产权交易中心、贺兰县农村产权流转服务中心、红寺堡区水量交易中心用水权交易平台完成交易，转变各用水户"找政府要水"为"到市场买水"的思路。交易笔数和交易水量的双增长标志着全区用水权交易市场进一步扩大，活力进一步激发，为全区深化用水权改革奠定了基础。宁东基地 2022—2023 年连续两年指导宁夏泰和氨纶公司和宁夏金维制药公司开展短期交易水指标 57.35 万立方米，激活园区企业间点对点交易水权。中宁县已收储 68.83 万立方米，规模化养殖业用水收储 114.42 万立方米，再配置用水权 144.73 万立方米。

二、宁夏用水权改革中存在的主要问题

（一）用水权确权成果推广应用不够

用水权确权是用水权改革的基础工作，是水资源精细化管理的重要举措，其成果应用决定了用水权改革系列举措的成败，决定了用水权管控的精准程度，但大部分县区未将成果应用于水资源日常管理、水指标分配等工作中，仅仅在用水权交易时将其作为参考指标。目前部分县（市、区）在制订用水计划时，仍依托多年灌溉水量及当年种植结构。有的市、县用

水权确权成果与超定额累进加价、超计划加价等存在不衔接的问题。如用水权确权为综合定额，但超定额累进加价主要依据不同作物的灌溉定额，标准不统一。

（二）金融产品有待创新

各银行机构反映，虽然自治区层面已出台了金融支持用水权改革的政策措施，用水权改革牵头部门已经在大力推进用水权确权定价，加快推进用水权收储，也建立了确权交易监管平台，但市场主体对用水权改革相关政策措施了解掌握还不够全面、精准，对一些政策措施、金融支持工具还存在不了解、不会用的情况。比如，一些企业和农户水量用水权量较少，抵押贷款额度小，企业抵押的积极性不高。另外，金融部门专业人才较短缺，目前国开行、农发行和建设银行发挥自身业务优势，积极主动推进用水权抵押融资业务积极性和主动性较高，也安排了专门团队与相关厅局对接，研究推动相关业务开展。但其他金融机构因缺少用水权抵押融资方面专业人才，业务开展积极性、主动性不高。

（三）工业企业用水权有偿使用费征收困难

自治区用水权改革《实施意见》明确提出，对工业企业无偿取得用水权从 2021 年开始按照基准价，分年度缴纳用水权使用费。2022 年应收 2.48 亿元，实收 1.62 亿元，征缴比例为 65%。永宁县、利通区、中宁县、同心县、原州区、西吉县、隆德县、泾源县等 8 个县区征缴比例不足 30%。银川市所辖县区反映，依据《银川市工业用水权有偿使用费征收管理办法（实行）》执行征收有难度，没法完成收取任务。石嘴山市尚未开始征收小微工业企业用水权有偿使用费，主要原因是小微工业企业有偿使用费量少、总价低，且年际变化大，有可能当年开着第二年就倒闭了，需派专人进行征收。

（四）高效节水灌溉比例偏低

县区因财政压力大，对高效节水灌溉农业投入力度不大，加上新增加的高标准基本农田没有用水指标，导致高效节水灌溉面积占比较小、覆盖率不高，较 2025 年规划目标差距较大。比如，红寺堡、同心县等扬水灌区高效节水灌溉率不足 40%，较规划 100% 的目标差距较大；西夏区、灵武市高效节灌率现状年分别为 12%、23%，较规划 40% 的目标差距较大。高效节水灌溉工程需新建调蓄水池，受土地利用现状和建设面积难落实等因素的影响，制约了高效节水灌溉项目的实施，存在"地地矛盾"。

（五）要素市场交易不活跃

调研发现，现有的用水权收储案例中的收储主体均为县级以上人民政府，技术工作由相应的水行政主管部门组织实施，缺乏市场化的收储主体和收储机制。由于各地散户用水权量少且不集中，单纯依靠行政管理部门开展收储，行政成本高、效率低。同时，现行的收储资金多以财政资金为主导，但当前市、县地方政府财力严重不足，难以投入大量资金开展用水权收储调控，这也使得用水权收储工作难以大规模开展。富余的用水权通常量少、分散，可收储的用水权可能分散在很多散户手中，而用水权的需求方通常是新（扩）建的工业企业、规模化的养殖户等，也是用水需求大户。因此，从用水权收储交易的供需双方来看，也存在着散户与大户的矛盾。

（六）部门协同联动不够

近几年，农业部门给各县区下达增加粮食种植面积指标、自然资源部门下达国土整治新增耕地任务，农业部门要求种植葡萄、枸杞等特色农作物。比如，同心县 2023 年下达新增枸杞种植 3 万亩，还要深翻耕地 50 厘米，也要求实行玉米与大豆套种。玉米和大豆灌溉期不同，实际上每亩地增加了 200 多立方米水量（单种玉米每亩 280 立方米，套种需要 500 立方米），但水指标逐年减少（同心县总用水指标 2.388 亿立方米，2023 年比上年减少水指标 3000 万立方米；海原县总用水指标 1.416 亿立方米，2023 年比上年减少水指标 1510 万立方米）。青铜峡市反映，自治区水利厅 2022 年按照 2.5 万亩水稻下达用水指标 5.03 亿立方米，但农业农村厅为保障粮食种植面积，下达了 5 万亩水稻种植任务，多出来的任务没有用水指标，这需要两个部门进行协调，合理分配用水指标，同时，近年来林业部门下达的造林任务较多，生态指标严重不足。

三、推进宁夏用水权改革的对策建议

当前，用水权改革已进入深化巩固、重点攻坚的关键阶段，必须着眼推动改革系统集成、协调高效，坚决贯彻落实自治区《深化"六权"改革的意见》，坚持问题导向，突出上下联动，注重左右协同，做好前后衔接，持续推进用水权改革实现从点到面的转变。

（一）完善协同联动机制

各地各部门充分发挥用水权改革领导小组职能，统筹推进改革任务，对于多部门联合开展的工作任务，加强协同联动，合力推进。建议水利部门联合地方金融监管、财政、发改等相关部门研究用水权质押金融产品开发过程的难点和堵点，细化现有金融支持用水权改革指导意见，完善金融支持配套制度。加强对用水权有偿使用费政策文件的宣传贯彻，引导企业按照《实施意见》缴纳用水权有偿使用费。指导各地建立完善节约用水奖励机制。深化水资源税改革，加快落实自治区水资源税改革试点实施办法，指导地级市与市辖区做好水资源税、用水权有偿使用费收入划分工作。

（二）在精准确权上持续发力

建立县区复审、市级终审确权成果复核机制，紧盯确权面积、用水定额、利用系数等关键数据，结合最新遥感数据和实际灌溉面积，督导未完成确权成果复核的县（市、区）尽快开展确权成果复核。对确权信息变动、水量核定不准等问题及时组织进行修订变更，确保确权成果的准确性、合理性，有效维护用水户权益。加快确权单元监测计量体系建设，坚持统一谋划、分步实施，提高用水权确权单元用水量的有效计量，到2024年底用水权确权单元计量率达到100%。督导各县（区）做好用水权确权成果与计划用水管理、用水权交易、实际用水核算等方面衔接，将确权成果更好地运用到实际用水管理中，进一步加强用水计划管理，提高水资源管理的精细程度。

（三）规范用水权收储路径

对于工业和规模化养殖业，重点对未达到确权产量或规模的工业和规模化养殖业企业富余的用水权进一步核实，摸排其富余用水权量，同时，联合各级发改、工信、农业农村部门，梳理关停、倒闭企业名录，核定和统计该类企业的用水权，纳入可收储的用水权范畴。对于农业用水权，结合高效节水灌溉项目进行节水评估，测算各高效节水灌溉项目可节约的用水权量。建立辖区新增用水权、可收储用水权、可交易用水权数据库，为精准收储提供信息支撑

（四）建立市场化收储机制

用水权收储交易属政府行为，技术工作由相应的水行政主管部门组织实施，可以委托第三方服务机构开展具体工作。自治区层面可由宁夏水利厅授权委托专业化的收储交易平台进行。为提高用水权市场化收储效率，建议自治区层面成立用水权市场化收储交易平台，交易收益坚持"谁出资谁受益"的原则，积极引导鼓励国有企业和金融机构参与用水权收储交易。原则上由区属具有水利行业背景的国有企业主导，社会资本参与。规范用水权收储交易行为，强化用水权收储交易的行业监管，在此基础上，充分优化和尽量简化用水权收储交易流程，提高用水权市场化收储和交易的便捷性与效率，激发用水户节水积极性，促进水资源集约节约高效利用。

（五）激发市场交易活力

探索打破行政区域的界限和限制收储用水权，促进用水权短期收储交易常态化、标准化，使用水权收储的总盘子和总体量达到足够大的规模，这样既能够从根本上打消用水权富余方的担忧和顾虑，使得他们更愿意参与到用水权收储交易工作中，也能够通过用水权的市场化交易，有足够多的用水权相互调剂，从而为用水权需求方提供稳定、可靠的长期供给。建立用水权收储交易风险防范机制，提升收储交易活力。为打消用水权持有人不敢、不愿被收储的顾虑制定灵活的兜底政策，承诺为被收储的用水户进行兜底保障。当被收储的用水户出现生产用水不足情况时，由政府出资回购并出让同等额度用水权，按原收储价格交易给被收储用水户，保障其生产用水需求，同时不增加其回购资金投入，打消被收储方的忧虑。

（六）健全完善相关配套法律政策

用水权费征收后，工业企业将富余的用水权留在自己手中，需要缴纳用水权有偿使用费，从而承担额外的成本。相反，如果这些富余的用水权

被市场化收储平台收储，在市场化价格形成机制的作用下，这部分富余的用水权将视市场供需状况，可能处于较高的价格水平上，此消彼长的用水权价格"剪刀差"将诱使和激励工业企业将富余的用水权交易给收储平台。因此，自治区水利厅要全力争取自治区人大批准，与人大法工委、司法厅联合推动用水权有偿使用费征收地方立法工作，并严格落实用水权有偿使用费征收，倒逼"闲置"用水权被纳入收储中来，从根本上解决用水权市场化收储交易市场中的"惜售"问题。

（七）开展工农业用水权市场化收储交易试点

用水权是改革中的事物，而用水权大规模、体系化的市场化收储交易更是无先例可循，试点是不断检验、修正改革举措的有效手段。鉴于农业用水权和工业用水权在收储交易中存在不同特点，建议自治区水利厅分别围绕农业用水权和工业用水权市场化收储交易，各选择一个典型地区进行试点，并根据试点中发现的问题，不断调整和修正收储流程、收储政策，进而在全区范围内推广，依靠规范、高效的用水权市场化收储交易，打通用水权改革中的难点堵点问题，进一步活跃繁荣水权市场，推动宁夏用水权改革继续走在全国前列，为兄弟省（区、市）用水权收储交易提供宁夏经验。

（八）加快开展用水权改革总结评估

按照《关于做好用水权改革工作总结的通知》，部分市、县（区）水务局已上报工作总结和典型案例。建议水利部门全面总结在确权、定价、赋能、入市和监管等方面的具体措施和创新经验，分析查找推进改革中存在的问题，及时纠偏，完善政策，梳理汇编用水权改革亮点工作案例集，大力推广改革先行县区探索的经验做法，发挥先行先试、示范带动作用，确保改革工作持续深入推进。

宁夏深化土地权改革问题研究

赵　颖

"地者，政之本也。"土地问题是国家治理体系中的重要议题，也是深化中国农村改革的命脉。自治区党委、政府高度重视"六权"改革，围绕7个方面20项土地权改革任务，聚焦土地权改革"盘活增值"主题，紧扣确权、定价、赋能、交易、监管关键环节，制定改革配套政策文件42个，指导市、县（区）细化实化政策65个，统筹谋划推进了一批创新性、集成性、攻坚性改革，试点县（区）探索形成了一批有创新、可复制、能推广的改革经验做法，全区土地权改革呈现点面结合、全面铺开、纵深推进的良好态势。

一、宁夏土地权改革取得的成效

（一）国土空间规划体系初步构建

1. 国土空间开发保护新格局基本形成

紧密衔接《全国国土空间规划纲要（2021—2035 年)》，宁夏围绕构建"一带三区"总体布局，细化主体功能定位，优化重大生产力布局，主体功能明显、优势互补、高质量发展的国土空间开发保护新格局基本形成。宁

作者简介　赵颖，宁夏社会科学院农村经济研究所（生态文明研究所）副所长、副研究员。

夏科学划定"三区三线"，优先划定耕地保护面积 1753.83 万亩、永久基本农田 1424.19 万亩，调整划定生态保护红线面积 1802.21 万亩，统筹划定城镇开发边界 222.96 万亩。全区共开展村庄规划编制 1711 个，已批准村庄规划 650 个、待批准 366 个，261 个包抓移民重点村全部完成规划编制。

2. 完善相关政策条例

修订《宁夏回族自治区生态保护红线管理条例》，启动《宁夏回族自治区国土空间规划条例》修订工作，规划管制规则管活动、保自然、促修复的机制逐步建立。

3. 创新规划"留白"机制

印发《宁夏回族自治区关于做好国土空间规划留白管理的通知》，为保障国家重大战略项目的顺利实施，加快现代产业建设，各地在编制国土空间规划时，充分考虑预留重点产业发展、重大工程项目和生态保护修复所需的空间。乡、村级规划建设用地指标分别不少于 10% 和 5% 机动指标。

4. 开展全域全类型的国土空间用途管制探索

以银川市、吴忠市、中卫市、盐池县、红寺堡区为试点，开展全域全类型的国土空间用途管制探索，为其他市、县提供可借鉴的经验，推动国土空间管理的创新与进步。

（二）历史遗留问题得到有效解决

一是自治区出台《农用地确权登记办法》《关于化解农村宅基地确权登记历史遗留问题若干措施》，农村宅基地确权登记中"一户多宅"、超面积占用、无权属来源等 8 类历史遗留问题得到有效解决。全区农村承包地确权登记 1556.7 万亩，占应确面积的 96.4%，62 万宗宅基地实现应登尽登。二是印发《关于推进集体建设用地使用权确权登记的通知》，持续化解集体建设用地使用权历史遗留问题。指导各市、县（区）稳慎化解集体建设用地使用权历史遗留问题，1.2 万宗集体建设用地实现应调尽调，依法合规确权登记 2175 宗。三是出台《关于完善葡萄酒产业用地确权登记的政策措施》，在全国率先创新开展国有农用地确权登记。为青铜峡、贺兰、永宁等县（市）的 25 个酒庄成功颁发了葡萄酒企业土地经营权证 71 本，这一举措为酒庄带来了近 5 亿元的抵押融资，有效解决了承包经营的国有农用地长期以来无法确定权益、难以融资的难题，创造了更加有利的经营环境，有助于激发产业发展活力，推动葡萄酒产业持续健康发展。

（三）有效提高土地供给效率

1. 精准高效批地

完善"土地跟着项目走、优质土地跟着好项目走"机制，健全指标点供、绿色通道、先行用地等 17 项用地报批政策，全区新增 70% 以上的建设用地计划指标用于保障重点项目用地。"六新六特六优"产业和重大项目、"六大提升行动"用地快审快批、应保尽保。"六权"改革以来，全区累计批准项目建设用地 458 宗、11.08 万亩。

2. 灵活多样供地

推行差别化土地供应制度，推广弹性年期、先租后让、租让结合供地政策，健全标准地指标体系，完成标准地出让 32 宗、4923.3 亩，完成弹性年期出让工业用地 134 宗、7321.6 亩，实现了产业用地效益提高、企业拿地时间成本降低"双赢"。

3. 盘活利用闲地

盘活增值土地资源。盘活是方法，增值是目的。制定《关于推动城镇低效用地再开发的若干措施》，持续开展专项行动，盘活批而未供和闲置土地。通过预告登记、分割转让、作价入股（出资）等措施，共处置批而未供土地 14.91 万亩、闲置土地 3.61 万亩。银川市出台《银川市关于推进闲置低效用地盘活利用促进园区高质量发展的实施意见（试行）》，在推进产业用地标准地出让改革方面，采用标准地出让与带规划设计方案相结合的方式供地 2 宗。这一举措不仅大幅提高了土地资源配置效率，还为园区高质量发展奠定了基础。率先在全区开展土地流转经营权抵押，土地改革实现新突破。贺兰县获得银行贷款 100 万元，有效解决了农业规模经营主体缺少抵押物、融资难问题。量化"以亩均论英雄"，探索农村宅基地"三权分置"。在平罗县、贺兰县试点开展宅基地资源有偿退出、有偿使用机制，姚伏镇灯塔村，宝丰镇兴胜村、立岗镇星光村、通义村等探索出了盘活利用空置宅基地和农村闲地、废地、荒地新路径，唤醒了乡村沉睡资源。贺兰县星光村将土地资源重新整合，引入宁夏新阿里生态农业发展有限公司，以农民土地和"宅基地+院落"入股模式，发展立体种养产业和特色民宿，"保底分红+效益分红"使原本闲置的土地、宅基地、院落重新焕发生机。累计接待游客 5 万余人次，创造营业收入 270 万元，为当地解决了 130 余人的就业问题，使农民户均增收 2 万余元。积极推动建设用地节余指标跨省域交易，4000 亩建设用地节余指标为西吉、红寺堡等 5 个乡村振兴重点县（区）财政直接增收 18.9 亿元。

（四）建设用地市场逐步完善

1. 完善土地市场管理和服务制度

完善了城乡基准地价、网上交易、监管发布等土地一级市场管理制度，制定国有建设用地使用权转让、出租、抵押等二级市场交易管理实施细则。完成自治区土地二级市场统计监测监管服务平台和 5 个地级市电子竞价系统建设，初步形成"1+5"交易平台。"六权"改革以来，2.95 万亩闲置工业建设用地重新进入市场。

2. 建成全区集体经营性建设用地交易系统

有序推进集体经营性建设用地入市试点工作，在全区选取平罗、永宁、中宁、利通区等 10 个县（区）开展集体建设用地基准地价制定试点工作，累计入市 163 宗、1669.22 亩，土地出让价款 1.14 亿元，村集体分享土地增值收益 4355.82 万元。

（五）数治化治理打开新思路

坚持底线思维，严守耕地红线，以信息化建设全面优化土地管理方式，提升土地监管治理效能。一是严守耕地保护红线。建立自治区、市、县（区）、乡、村、村民小组六级耕地保护责任体系，融合"一地一码"技术，将全区 1802 万亩耕地划分为 13449 个区域，在乡镇、行政村设置耕地保护碑，以图文形式明确责任范围、保护责任人。建立耕地和永久基本农田不同强度管制机制，建立"1+N"耕地保护综合监管平台，有效防止耕地"非农化""非粮化"。二是用地审批优化提速。推进土地资源要素审批事项优化、流程重构、效能提升，优化农用地转用，规划许可办理流程，探索分段组卷、分期报批和跨县域单独选址线性工程，自治区级审批用地时限较法定时限平均压缩 50%。规范承接和行使用地审批权，简化农民建房用地审批流程，进一步促进用地审批提速增效。三是执法监管刚性加强。健全源头严防、过程严管、后果严惩的土地全生命周期管理机制，完善自然资源、农业农村、公检法等部门联合打击违法占用耕地工作制度，运用信息化手段构建"天上看、地上查、合力管"全方位、全天候土地执法监管体系，早发现、早制止、严查处能力全面提升。

（六）多元力量参与格局初步形成

制定《关于鼓励和支持社会资本参与生态保护修复实施意见》，明确 3 种参与模式、5 个支持领域、19 项支持政策。探索"生态修复＋产业导入"模式，在矿坑生态修复、生态移民迁出区、二三产业融合等领域形成一批经验成果，在生态修复的同时盘活闲置土地，创造经济价值。石嘴山市探索"山上退出修复生态、山下复垦置换空间、节余指标跨域交易"路径，10 万亩工矿废弃地得到盘活利用。固原市引进 2 家民营企业，投资 19.4 亿元打造泾源县燕家山生态移民迁出区、青龙山流域生态保护项目。打造集生态治理、酿酒葡萄、旅游观光于一体的现代化葡萄酒产业生态修复示范区——张骞葡萄郡生态修复示范区——国土综合整治项目，为生态修复与产业融合蹚出路子。

二、宁夏土地权改革中存在的问题

宁夏土地权改革坚持问题导向和目标导向相统一，以点扩面、多点开花、全面推进，取得了阶段性成效，但在改革过程中难点堵点仍然存在。

（一）国土空间开发区域不平衡，管制制度有待完善

"十四五"时期，中心城市和城市群对产业和人口的集聚效应将显著增强，沿黄城镇群将成为经济发展的重要动力源。城乡融合将进一步深化，国土空间开发的不平衡不充分压力将持续增大，生产、生活和生态空间的功能布局与经济社会发展布局之间的匹配变得更为迫切，而现行的空间用途管制主要集中在农业和城镇空间，缺乏针对生态空间、立体空间和全域空间的管理制度。并且，当前的用途管制过于注重方式和数量，忽视对强度和结构的关注。加快建立健全国土空间开发保护新格局和用途管控体系亟待解决。"标准地"出让、工业用地弹性供地政策落地困难。永宁县入

园工业企业较少、用地需求少，企业对工业用地弹性供应政策认可度不高。

（二）土地资源开发利用程度不高

宁夏区域面积小，却拥有丰富的土地类型，人均土地面积和耕地面积均高于全国平均水平。但是宁夏北部土地盐渍化、中部沙化的问题突出，国土空间开发强度不高，与西部其他省区相比，发展空间更广、潜力更大、韧性更强。

（三）土地权改革进入深水区

土地资源的分配、利用、保护工作更加复杂，涉及的协调发展、经济转型、社会民生、环境保护等问题更加突出，在追求土地资源的高效利用的同时，也要关注社会公平和农民权益的保护。《关于化解农村宅基地确权登记历史遗留问题若干措施》的实施，解决了确权过程中的大部分矛盾纠纷，剩下的历史遗留问题是难啃的"硬骨头"。由于历史原因，土地承包经营权、宅基地和集体建设用地使用权分别由多个部门交叉管理，这就造成了信息不共享、标准不统一、权属交叉重叠等问题，导致土地、房屋确权存在较大争议和矛盾。

（四）队伍力量不足

基层干部是推进改革的主要力量，他们的综合素质直接关系改革的效果和质量，但干部队伍力量不足。一是基层干部各项工作任务繁重，一名工作人员至少身兼3—4项不同业务工作，时间和精力难以保证工作质量。二是基层工作人员流动性较强，乡镇、村组工作人员多为西部志愿者和"三支一扶"人员，服务周期短。在高强度工作压力下，离职率非常高，不利于工作的继承性和连续性。三是土地权改革涉及事项多，需要具备大量专业知识和丰富的工作经验，个别干部对相关政策理解不深入，把握不够到位，影响改革工作的推进。

三、深化宁夏土地权改革的建议

（一）完善政策体系，强化用地规划管控

一是完善国土空间规划法规相关政策文件和技术标准体系，加强配套政策衔接。形成以规划纲要为统领，专项规划、年度计划为支撑的规划体

系，高质量编制重点专项规划，细化落实纲要提出的主要目标任务，做好专项规划与各级规划纲要的衔接，发挥政策叠加效应，提升政策精准性、协同性和落地性。二是聚焦《宁夏回族自治区国土空间规划（2021—2025)》，强化用地规划管控，筑牢安全发展空间基础。各市制定科学合理的国土空间规划，明确各类用地的布局、规模和时序，确保各级规划之间的衔接和协调，形成统一的空间规划体系。在用地规划中，要划定生态保护红线，对具有重要生态功能的区域进行严格保护，防止生态用地被占用和破坏。三是加强规划管控监管。建立完善的规划实施监管机制，对用地规划的执行情况进行定期评估和监督检查，对违反规划的行为进行及时制止和严肃处理。在用地规划编制和实施过程中，要加强公众参与和社会监督，广泛听取各方面意见和建议，提高规划的透明度和公信力。

（二）全面提高土地资源利用效率

全面提高资源利用效率已被纳入国民经济和社会发展第十四个五年规划和2035年远景目标。土地资源不仅是经济活动的关键平台，还是经济发展中不可或缺的要素。为了解决发展与保护之间的矛盾，并促进人与自然和谐共生，必须全面提高土地资源的利用效率，这是必然选择，也是必须要走的道路。一是结合"空心村"整治，深化农村宅基地制度改革。按照"群众能接受、工作能推动"的原则，依法、自愿、公开、有序开展闲置宅基地和农房盘活利用。二是坚持管住总量、控制增量、盘活存量、提高质量，提升土地节约集约利用水平。严格落实"增存挂钩"制度，加快形成"盘活多少存量、奖励多少增量，闲置多少指标、扣减多少指标"的土地供应动态管理机制，探索盘活批而未供、供而未用、用而未尽、建而未投等类型土地，使闲置土地处置率逐年下降，为高质量发展腾出更多优质用地空间。三是完善"以亩均论英雄"激励机制，构建科学考核评价指标体系。以市、县（区）为主体，构建含投资强度、产出效益、亩均税收、土地开发率、工业用地率、土地闲置率等指标的考核体系，探索差别化政策管理机制，提高土地产出效益。四是鼓励社会力量参与生态保护修复方法路径，完善生态产品价值实现机制，继续推进城乡建设用地增减挂钩节余指标和新增耕地指标跨省交易，充分彰显腾出地、增加绿、换来钱的综合改革效应。五是加快构建城乡统一用地市场。加快构建城乡统一建设用地市场体系是实现城乡一体化发展的重要基础，也是推动土地资源高效配置和经济社会可持续发展的关键举措。

（三）坚持和发展新时代"枫桥经验"

"枫桥经验"的核心是"小事不出村，大事不出镇，矛盾不上交，就地化解"。这一经验强调的是在基层解决矛盾和问题，将纠纷化解在萌芽状态，避免小问题拖成大问题，防止矛盾激化或升级。乡镇、村组是农村社会的基层组织，对农村土地情况有较为全面和深入的了解，充分发挥乡镇、村组的主体作用，可以有效化解土地权改革中的矛盾，有助于增强基层的稳定性和和谐度。坚持底线思维，全面排查土地改革中的社会矛盾，加强分析研判，把握各种潜在风险因素，主动进行防范化解。积极探索完善化解农村土地确权难点堵点的措施办法，全力攻坚宅基地确权遗留问题，扩大集体建设用地确权覆盖面，持续破解国有农用地经营权确权难题，稳妥推进林地确权应确尽确、应登尽登。

（四）壮大基层队伍力量

一分部署，九分落实。基层是抓好落实的"最后一公里"。深化土地权改革工作的顺利进行，基层队伍力量格外重要。一是完善基层队伍组织架构。根据土地改革工作任务要求，合理配置队员数量，确保队伍规模适中，避免人力不足或冗余。安排专岗专职人员负责，在工作高峰期可以选择"专职＋兼职"的人员组成方式，兼职人员协助专职人员开展工作，解决短期人员不足问题。二是明确职责分工，强化责任落实，确保各项工作有序开展，提高工作效率。建立健全沟通协作机制，确保政策指令畅通无阻，提高工作执行力。三是提升基层队伍人员素质。定期组织基层人员参加业务培训和学习，提高其政策素养和业务能力，使其熟练掌握土地改革相关政策法规。选拔具有一定政策水平、业务能力、责任心和群众基础的优秀人才加入工作队伍，确保队伍的基本素质。四是建立奖励机制，激发基层人员工作热情和创造力，为改革提供源源不断的动力。

宁夏推进排污权改革研究报告

张东祥

开展排污权改革是自治区党委和政府贯彻落实习近平总书记视察宁夏重要讲话指示批示精神，推进先行区建设、建设社会主义现代化美丽新宁夏的战略举措，也是自治区第十三次党代会确定的"六权"改革任务之一。近年来，全区各地各部门认真落实自治区党委决策部署，建立"谁排污谁付费、谁减排谁受益"的市场机制，完善政策制度体系，调动排污单位降污减排内生动力，实现排污减量化、生产清洁化、发展绿色化，加快建设环境污染防治率先区，坚决守好改善生态环境生命线，助力建设天蓝、地绿、水美的美丽宁夏。

一、宁夏开展排污权改革的主要做法及成效

自 2021 年 4 月启动排污权改革以来，全区各地各部门深入学习贯彻习近平生态文明思想和习近平总书记视察宁夏重要讲话指示批示精神，按照自治区第十三次党代会确定的任务要求，坚持生态优先、绿色发展，聚焦先行区建设，突出高质量发展，以持续改善生态环境质量为目标，以建立环境成本合理负担机制和污染减排约束激励机制为核心，全面开展排污权有偿使用和交易改革，建立"谁排污谁付费、谁减排谁受益"的市场机制，

作者简介　张东祥，宁夏社会科学院《宁夏社会科学》编辑部副编审。

调动排污单位降污减排内生动力，实现排污减量化、生产清洁化、发展绿色化，奋力建设环境污染防治率先区，坚决守好改善生态环境生命线，为建设美丽宁夏提供重要保障。

（一）加快完善配套政策

自治区党委政府严格按照中央相关政策要求，加强顶层设计，相继制定《关于开展排污权有偿使用和交易改革 加快建设环境污染防治率先区的实施意见》《自治区排污权有偿使用和交易管理暂行办法》《小排放量新（改、扩）建项目排污权交易工作简易流程》等政策文件，修订《自治区排污权有偿使用和交易管理暂行办法》《自治区排污权交易规则（试行）》《自治区排污权储备和调控管理办法（试行）》《自治区排污权抵押贷款管理办法（试行）》等4项政策制度，配套排污权交易规则、价格管理、储备调控、收入管理、电子交易、抵押贷款等制度，形成"1+6+N"政策制度体系，涵盖确权、储备、定价、交易、赋能等领域。各市、县（区）按照自治区党委政府的政策安排，结合本地实际制定印发地方性政策文件，形成上下贯通、左右衔接的制度体系，为全区一盘棋推进排污权改革奠定了坚实基础。银川市严格落实排污许可制度和排污权交易政策，指导企业开展排污权交易，确保新（改、扩）建项目落地投产前依法取得排污许可证，共核发排污许可证442张。中宁县制定出台《中宁县排污权有偿使用和交易管理办法》等政策文件，对排污权指标核定、分配和有偿使用及有偿使用费管理、排污权交易监督管理、违法违规处罚等进行规范，完成65家排污单位初始排污权确权，力促企业主动降污增益，控能增产、减碳增汇。制定《中宁县储备排污权出让管理实施细则》，开展排污权市场交易，建立排污权储备机制。

（二）全面完成确权工作

各改革主责部门按照国家要求和相关程序，依据《自治区主要污染物排污权指标核算指南（试行）》，将初始排污权、可交易排污权等与排污许可、环境影响评价等管理制度有效衔接，积极开展排污权确权工作。截至2023年8月底，全区累计完成初始排污权企业确权1873家，其中729家重点企业实现应确尽确，指导申报可交易排污权企业31家，新增排污权企业 54 家，支持 140 多个项目建设；完成自治区、五市和宁东管委会两级储备排污权核算，其中氮氧化物 14977 吨、二氧化硫 26882 吨、化学需氧量 8977 吨、氨氮 653 吨。银川市已完成初始排污权核算 532 家、可交易排污权核算 15 家、政府储备排污权核算 466 家、新增排污权核算 56 家。吴忠市及时更新四笔账，今年新增排污项目 45 个，筛查新增排污权 551.26 吨、可交易排污权 142.84 吨、政府储备排污权剩余 4147.22 吨。中卫市今年核定政府储备权 122 家，将二氧化硫 2343.53 吨、氮氧化物 810.16 吨、化学需氧量 242.4 吨、氨氮 63.69 吨纳入政府储备权，认定氮氧化物 1.99 吨可交易排污权。宁东基地持续动态更新初始排污权、可交易排污权、新增排污权和政府储备排污权 4 本台账。累计完成 90 家企业排污权的精准确权。

（三）积极开展入市交易

建成覆盖自治区、市、县（区）三级排污权交易平台和全流程电子交易系统，指导工业、农业、服务业中实行排污许可证管理的排污单位，分行业依法平等对氮氧化物、二氧化硫、化学需氧量、氨氮 4 项指标实行网上公开交易。制定印发《小排放量新（改、扩）建项目排污权交易工作简易流程》，优化小排放量项目线上交易流程，有效降低对生态环境影响小、风险低的新（改、扩）建项目成本，支持民营经济和中小企业稳定健康发展，活跃排污权交易市场。截至 2023 年上半年，全区参与排污权交易企业 130 多家，累计实现排污权交易 293 笔，成交总额 1645.50 万元，其中一级市场交易 277 笔、交易总额 1580.66 万元，二级市场 16 笔、交易总额 64.83 万元；交易量为氮氧化物 519.61 吨、二氧化硫 232.45 吨、化学需氧量 169.26 吨、氨氮 19.68 吨。其中，银川市共开展排污权交易 112 笔，溢价 420 余万元，排污权价值逐步凸显。石嘴山市累计交易 23 笔，交易资金约 240 万元，为全市 13 家企业完成排污权要素保障工作。针对二级市场交易不活跃、个别企业项目落地急需排污权指标等问题，生态环境厅积极协调地市生态环境局和相关企业，鼓励企业可交易排污权跨区域交易，指导宁夏启元药业有限公司将富余的排污权交易至宁夏日盛高新产业股份有限公司，既盘活出让企业闲置资源，提升二级市场活跃度，又保障受让企业项目落地，充分发挥市场化资源配置作用。灵武市 7 家企业累计交易氮氧化物指标 12.375 吨、氨氮指标 2.681 吨、二氧化硫指标 13.87 吨，成交额总计 93.01 万元。永宁县完成首笔跨地市排污权交易，2023 年度共完成排污权交易 15 笔。吴忠市坚持新改扩建项目排污权全部从市场购买，调动企业治污减排内生动力，2023 年以来实施减排项目 24 个，完成排污权交易 38 笔 113.20 吨（累计 71 笔 337.68 吨）。中卫市完成 1 笔二级市场交易，交易氮氧化物 1.27 吨 1.1 万元，全年共组织开展排污权交易 43 笔，交易总金额 144.7 万元。宁东基地通过自治区公共资源交易中心平台公开竞价出让政府储备排污权，共开展 17 期排污权一级市场公开竞价，完成交易 46 笔，出让政府储备二氧化硫 140 吨、氮氧化物 257 吨，收缴政府非税收入 409 万元。

（四）创新开展金融赋能

制定出台《宁夏回族自治区排污权抵押贷款管理办法（试行）》，赋予排污权资源、商品和金融属性，将企业减排降污责任转化为减排增益红利，激发企业降污减排内生动力。截至 2023 年上半年，全区完成排污权抵押贷款 7 笔，授信金额 1.13 亿元，排污权资产金融属性得到释放。银川市与宁夏银行合作，出台《宁夏银行排污权抵押贷款业务管理办法（试行）》，宁夏银行北京路支行以包含排污权在内的组合贷方式，向宁夏恒康科技有限公司授信贷款 2600 万元；光大银行以排污权作为单独抵押物，向宁夏鑫晶新材料有限公司授信贷款 8000 万元，助力企业绿色发展。石嘴山市铂唯新材料科技有限公司以二氧化硫排污权抵押贷款，获得石嘴山银行 200 万元组合贷。吴忠市探索"排污权＋抵押融资"模式，共完成 8 笔排污权抵押融资，贷款金额 4235 万元。中卫市完成两笔排污权抵押贷款，融资金额 280 万元；完成全区首单排污权租赁，盘活 14 吨二氧化碳闲置排污权。

（五）持续完善排放监管

建立企业环境信用档案，开展排污许可"一证式"执法检查，加大对排污单位污染物总量排放及达标排放等情况检查力度，依法查处监测数据弄虚作假、超许可量排污、无证排污等行为。2021—2023 年上半年，全区氮氧化物、挥发性有机物、化学需氧量、氨氮四项主要污染物累计减排量分别为 1.40 万、0.62 万、0.54 万、0.05 万吨，地级城市优良天数比例持续保持 83% 以上，PM$_{2.5}$ 平均浓度优于国家下达指标，黄河干流宁夏段水质连续保持"Ⅱ类进Ⅱ类出"，生态环境质量持续改善。石嘴山市加强政府储备量收储和出让，对 6 家排放量需求 1 吨以内的企业采取政府储备量定向协议交易的方式，支持排放量小、资源利用率高的企业发展，鼓励企业实施污染深度治理，降低污染排放量，腾退排污权指标，形成一批可交易排污权。

（六）扩大排污权交易范围

2023 年，对挥发性有机物（VOCs）纳入排污权交易，选取化学原料和化学制品制造业作为 VOCs 排污权有偿使用初始价格试点行业，结合行业生产工艺、VOCs 种类、VOCs 治理技术，在 31 家企业中选取了 11 家企业，进行排污权有偿使用初始价格预测，拟定为 7000 元/吨。该课题研究，为探索挥发性有机物（VOCs）纳入排污权交易奠定了工作基础。推动银川市开展排污权纳入有偿使用和交易试点工作，指导银川市组建工作专班，编制工作方案，对市辖区涉 VOCs 排放企业进行摸底，其他相关工作正在有序开展。

二、宁夏排污权改革存在的问题

（一）政策宣传不到位，降污减排主动性不强

排污权改革是新生事物，政府推动力很大，特别是各级环保部门经常深入企业宣传政策、指导业务、推进改革，可是目前社会、企业对排污指标通过购买取得、排污权改革认知程度仍然不高。从全区排污权交易具体情况看，排污权交易指标多以取缔关闭污染企业取得的污染物削减量为主，真正由企业通过技术改造、污染治理腾出的可交易排污指标较少，企业对排污权改革的重要意义认识不清，通过排污权交易激发治污减排的积极性不高。

（二）确权方式不科学，排污权动态管理滞后

各地在确定排污权初始权中，按照将国家下达给宁夏的"十四五"时期主要污染物排放总量指标，确定各排污单位排污许可量进行分配，存在着按照原有企业排污许可证数量确权，没有考虑人口、环境容量、发展水平等因素，不能更好地体现改革的公平性；另外各地基本按照环评量核定，

缺乏系统性核查，导致一些投产年代较久的老企业排污权无法核定，指标分配很难做到合理精准。随着排污权改革深入推进，各地在富余排污权的核定方面还缺乏核算实际减排量的统一标准、技术路线和统计办法，新建、改建、扩建项目动态管理跟不上，精准性不高，对深入推进改革有影响。

（三）交易主体数量少，市场交易不活跃

全区排污权确权企业仅为 1873 家，交易主体数量少，加之排污权政府储备、企业可交易排污权结余等信息公开不够，交易积极性不高，交易市场活跃度较低。通过长期实施总量减排，排污单位不断提升污染治理设施水平，污染物排放量大幅度下降，减排空间明显收窄，拓展可交易排污权的潜力不足，特别是各地级市火电行业储备量不足，支持火电行业项目建设存在一定困难

（四）排污权价值较低，金融属性发挥不够

在排污权市场化交易实践中，金融机构实施排污权抵押融资的积极性不高，它们在设计排污权融资制度时，按照排污权交易价格 50% 的权重核定抵押贷款数额，而目前排污权价值不高，真正以排污权交易价格赋能贷款数量极少，从目前实际完成的融资情况来看，金融机构重点依据的仍然是企业生产经营的综合实力，排污权抵押仅为"添头"。

（五）政策修订不及时，改革保障跟不上

改革推进过程中，有些政策已经不适应当前发展需求，有些政策制度试行期将满，亟须修订。比如《排污权有偿使用和交易管理暂行办法》《排污权交易规则（试行）》等制度，都需要进一步修订完善，优化 1+6+N 政策制度体系，才能确保改革有序推进。比如全国其他省份都启动了排污权有偿使用费征收，目前我区尚未启动，也没有出台相关政策文件，存在政策空白。

三、加快推进宁夏排污权改革的对策建议

（一）持续完善配套政策保障

加快研究制定排污权确权技术规范，建立方法统一、标准一致、结果准确的排污权确权核算体系，构建排污权交易监督管理体系，为排污权交

易突破制度瓶颈提供必要保障。认真总结近两年排污权改革过程中取得的经验，全面评估现有政策制度，并用具体事例和数据作依据，对交易价款支付、违约责任等现有政策制度未明确的地方进行修改完善，持续深入推进改革。

（二）加大政策宣传力度

各改革主责部门组成专班，深入全区各地宣传解读排污权改革政策，发挥新闻媒体、网络平台作用，使环境资源有价、有限、有偿的理念逐步深入人心，提高排污单位、重点行业对于排污权改革的认识，增强改革动能。各级政府要针对排污权改革涉及部门和企业负责人、技术人员等主体，广泛开展专题培训，提高社会各界对排污权改革的认识，营造深入推进改革的社会环境。

（三）做好排污权动态确权

针对目前已完成的排污权确权情况，深入研究和综合探索排污权初始分配理论，按照"给予各地平等发展机会"的原则，综合参考人口分布、经济布局、生态布局等要素，进一步健全科学合理的排污权初始分配制度，并根据全区主要污染物减排目标以及环境质量改善需求，每5年对排污单位的排污权确权一次，确保排污权分配更加合理精准。完善排污权储备调控机制，建立排污权政府储备台账，加大对老旧企业和破产、关停、倒闭企业等淘汰落后产能总量指标的收储，并在此基础上，一方面要通过投入一定比例的资金，支持和鼓励排污单位开展技术改造，腾出富余排污指标优先收储；另一方面要通过投资建设湿地等减排项目，减少污染物排放量，并据此核算增加的排污指标，将其纳入政府排污权储备总量之中。

（四）建立完善市场交易制度

研究制定激发排污权二级市场活力的鼓励政策，修订《自治区排污权有偿使用和交易管理》等政策制度，进一步优化排污权交易服务管理。完善交易规则，打破地区间壁垒，推动跨区域排污权交易，持续提升企业减排内生动力。动态调节排污交易基价，更好体现排污权价值，推动排污单位主动进行降污减排和排污权交易。建立集确权申报与审核、交易申请与审核、排污权抵押登记与审核、排污权租赁登记与审核、确权信息库管理、交易数据统计等功能于一体的排污权综合管理平台，提升排污权交易质效。

（五）创新研发金融产品

引导金融机构创新金融产品，提供绿色信贷服务，大力推进排污权抵押贷款。开展排污权租赁试点，盘活排污单位富余排污权。完善金融支持排污权政策，赋予排污权更大的金融属性和融资功能，支持具有排污权的企业通过排污权抵押开展绿色信贷，盘活排污权融资交易市场。

（六）健全排污监管体系

搭建覆盖宁夏全域的排污监测综合监管平台，提高智慧监测水平，排污单位完成排污权交易后，向排污许可证核发部门申请排污许可证变更，载明交易信息，推动环评审批、排污权交易、排污许可变更的有效衔接。排污权政府储备出让或回购后，生态环境部门及时变更政府储备排污权台账，依法查处污染物实际排放量超过确权量的违法行为。

宁夏山林权改革研究报告

李　亮

　　山林权改革是宁夏回族自治区党委深入学习贯彻习近平总书记视察宁夏重要讲话指示批示精神，推进山林资源市场化配置，加快建设黄河流域生态保护和高质量发展先行区，构建人与自然和谐共生现代化新格局的重大战略任务。近年来，自治区深入贯彻习近平生态文明思想，全面贯彻党的二十大和习近平总书记视察宁夏重要讲话指示批示精神，认真落实自治区第十三次党代会部署要求，坚持解放思想、创新突破，坚持问题导向、靶向施策，聚焦植绿增绿，深化山林权改革，不断为全面建设社会主义现代化美丽新宁夏注入活力、激发动力。

一、山林权改革取得丰硕成果

　　全区山林资源总量为 1361.56 万亩，其中国有林地 601.34 万亩，占总面积的 44.1%，非国有林地 760.22 万亩，占总面积的 55.8%。山林资源中，经济林有 23.71 万亩，公益林有 1337.85 万亩。目前，基本完成全区山林资源地类划界和权属摸底工作，加快集体林地所有权、承包权、经营权"三权分置"改革，全面厘清全区 1400 万亩林地所有权属，权属无争议林地确权 583.2 万亩，确权率达 76.6%，依申请登记颁发不动产权证书 540 本。全

　　作者简介　李亮，自治区党委政策研究室改革督察处四级调研员。

区交易山林权 1.14 万亩，291.08 万元。

（一）推动了国土增绿

以国土"三调"数据为基础，基本完成全区山林资源地类划界和权属摸底工作。按照最新林地保护利用规划调整，明确到 2025 年全区森林面积达到 910.11 万亩，森林蓄积量达到 849 万立方米，森林覆盖率达到 11.68%。2022 年，全区营造林 150 万亩，森林覆盖率达到 18%。西夏区引入社会资本修复云山、同元等矿坑 3300 余亩，志辉采砂场等 6 家矿山被认定为自治区级绿色矿山；盐池县探索"以地换林"新路径，以划拨方式供应油气井场用地，油气企业按井场用地 5 倍面积异地造林 2600 亩；惠农区统筹国土绿化、林业经济发展与工矿废弃地整治、裸露空地治理，去年完成工矿废弃地绿化造林 1300 亩，种植枸杞 500 亩；泾源县对 3900 亩生态脆弱区域实施生态修复，燕家山生态修复项目入选全区生态产品价值实现典型案例。

（二）实现了林业增效

加快集体林地所有权、承包权、经营权"三权分置"改革，活化经营机制、放活微观主体、激发市场活力、增强内生动力，强化流转、融资、合作等权能，打造了市场化、多元化、社会化的林业发展新格局。盐池县将林地量化为股权，分股不分山、分利不分林，走出了资源变资产、农民变股民的新路子。隆德县创新发展"以林养林"新业态，建成林药间作示范点 4000 亩，野生中药材资源修复与保护 5 万亩，被评为全国"两山"实践创新基地。

（三）促进了农民增收

坚持农村林地集体所有，突出保护农户和经营主体经营权、处置权、收益权，不断完善财税、融资、用地、项目建设等扶持政策，大力培育发展新型绿化和经营主体，全区培育涉林经营主体 3040 家，经营利用林地面积 168 万亩，创建国家林下经济示范基地 10 家，自治区林下经济示范基地 21 家。彭阳县创新推进"山林+"模式，大力发展以红梅杏为主的特色庭院经济林，栽种经果林 3.2 万亩，产值 4600 多万元，带动户均增收 3800 元。沙坡头区探索推行"公司+合作社+农户+基地"经营模式和林下种养发展模式，发展林下养蜂、种植菌菇 2000 多亩，林业综合产值近 1400 万元。

（四）创新了融资模式

制定出台金融支持山林权改革工作指导意见，构建"政府＋银行＋担保＋保险"的林业金融服务机制，全区山林权抵押贷款余额 21 亿元，抵押面积达 18.3 万亩。惠农区建立林票换能票、能票换钞票、钞票换林票的"三票"联动机制，推动企业积极开展造林、认林、护林，目前，已签订 5600 万元的《林票认购协议》。参照粮食收购保护价格制度，建立政府回购兜底机制，2022 年，灵武市设立 3000 万元回购基金，以 99.5 万元兜底价格回购银湖公司 361 亩林地，更好调动经营主体植绿增绿的积极性。

（五）提高了交易收益

构建了区、市、县三级建立互联互通、信息共享、服务高效的"1+5+22"山林权市场交易体系，使农户、企业、经营主体就近、便捷、高效开展交易，引导市场主体在公共资源交易平台交易林地面积 4274.1 亩、交易金额 194.1 万元，带动全区流转 20.69 万亩集体林地。通过积极推进集体林地流转，流转价格从 2021 年的每亩 13—20 元增长到 2022 年的每亩 37—260 元。截至目前，全区共完成山林权交易 7 宗，从林地权属来看，成交的 7 宗林地均为非国有林地，国有林地没有成交数。从林木属性来看，经济林发布 4 宗，成交 3 宗；公益林发布 7 宗，成交 4 宗。从交易价格来看，最高价为每年 250 元/亩，林种为经济林（红梅杏）；最低价为每年 13.4 元/亩，林种为公益林（山桃、山杏、刺槐、柠条、云杉）。从转让年限来看，30 年的 2 宗，15 年的 2 宗，10 年的 1 宗，5 年的 1 宗，2 年的 1 宗。从转让方来看，村经济合作组织 6 宗，村民委员会 1 宗。从受让方来看，企业 6 宗，个人 1 宗。

二、宁夏山林权改革存在的主要问题

（一）确权堵点有待破解

历史累积的难题还没有得到实质性化解，不敢确、不能确、不愿确矛盾突出。林地普遍存在一地多证、证地不符、地类重叠、四至不清、面积不准等遗留问题，仅有 16.2 万亩办理了不动产登记证，占总面积 1.19%。当前，国土"三调"与自治区地类属性认定还处于融合、调整、变化的窗口期，部分退耕还林地被划为耕地、草地，国有林场中部分林地被划为耕地甚至划入基本农田，导致无法确权登记。全区集体林地总体规模小，公益林占比大，造林成本高，产出效益低，加之推进确权需要大量经费支出，部分县区无足够财力保障。大部分农民原持有林权证仍具有法律效力，不愿意换发不动产证。

（二）金融产品有待创新

在金融赋能方面，存在"量少价低"的情况，主要原因是缺乏科学、系统的林木价值评估体系和园林草地地价评价标准，造成评估价值偏低，风险管控难度较大，金融机构放贷积极性和意愿不强烈。有的金融机构认为，山林资源抵押的法律法规、体制机制还不健全，市场交易不活跃，政府也没有完善的兜底政策，担心抵押担保后会变成呆账死账，不愿、不敢参与，银行对山林资源抵押缺少有效监管手段，导致金融产品创新方面难度较大。

（三）市场潜力有待挖潜

从自治区山林权交易平台监测数据看，存在交易数量少、交易主体参与度不高、市场交易活跃度不足等问题。林权类不动产登记颁证率低，成为制约山林权入市交易的最大障碍。2021 年 4 月山林权改革启动以来，全区累计办理林权类不动产证 549 本，登记面积为 14.5 万亩，占林地总面积的 1.06%。山林资源的低赋权导致低赋能，影响了经营主体参与山林权市场交易的积极性，已交易的 7 宗林地均未开展抵押融资业务。山林资源经营投入成本高，适宜发展林下经济的林区供水、供电、道路、通信、圈舍、贮藏等基础设施薄弱，制约了林业资源开发利用。

（四）制度配套有待完善

《关于深入推进山林权改革加快植绿增绿护绿步伐的实施意见》提出了具体改革任务、措施，相继配套出台了一批制度，但基层反映还有一些制度不完善，改革起来"无章可循"。发展林下经济补助、林业资源价值评估、园林草地基准地价评估、以地换林、政府回购、国有林地、生态保护修复等配套政策措施还有待进一步完善，政策效应尚未释放，影响了市场主体流转经营山林资源的积极性。

三、外省区推动林权改革的成功经验及启示

全国林权改革走在前列的福建省南平市、三明市，江西省抚州市，安徽省宣城市"三省四市"，围绕创新林权流转机制、创新绿色金融产品、大力发展林下经济、吸引社会资本进山、推动林地集约化经营、促进"两山"转化等方面开展了一系列的改革实践，其成功经验为我们提供了学习借鉴的样板。

（一）创新林权流转机制

林地产权明晰、精准落界、不动产登记是开展林权流转交易的基础。三明市推行林权类不动产登记"共享联办、全程免费"服务，建立林权权籍调查质量联合监督机制，精准分类指导历史遗留问题化解。抚州市把清理规范林权确权登记历史遗留问题试点工作，采取集中清理和逐宗化解相结合的办法，纳入不动产登记一窗受理。宣城市建立了林权存量数据整合数据库和林权登记历史遗留问题台账。不断加大权益保障力度，给林地流出方、流入方颁发受益权证、经营权证，允许继承、转让、交易，实现林权证、经营权证、受益权证的"三证保障"。同时，探索发放地役权证，有效保障需役方权益。

（二）创新绿色金融产品

三明市制定《关于金融支持林改再出发的若干措施》，针对不良贷款林权处置难的问题，探索开展赋予林权抵押借款合同具有强制执行效力的公证服务。开发国有林场林业碳汇指数保险，成立"村级林业碳汇基金"，创新开发出"福林贷"2.0版和"富林贷""青竹贷""林票贷"等产品。南平市"森林生态银行"与金融部门合作，创新推出"林下经营权贷""林下贷""竹林认证贷"等期限长、利率低、手续简便的林业绿色金融产品，以林下经济经营主体流转来的林下经营空间权及林下经济作物、产品、品牌为抵押，获得信贷支持。抚州市创新开展林业碳汇收益权质押贷款，首期贷款规模1亿元，已完成远期林业碳汇收益权质押贷款910万元。市人

保财险抚州公司推出"碳汇保"业务，在黎川、乐安开展碳汇林经济价值保险试点，为岩泉林场和绿源生态林场 12 万亩碳汇林提供风险保障 229 万元。资溪县探索开展公益林收益权质押贷款，目前已发放公益林收益权质押贷款 6100 万元，实现湿地权益资产抵押贷款 1 亿元。宣城市各县区均成立国有性质林权收储担保中心，落实 1.5% 风险补偿金，建立"一评二押三兜底"机制，为经营主体量身定制林业金融产品，推出"五绿兴林·劝耕贷""公益林补偿收益权质押贷款""绿水青山贷"，发放贷款 302 笔 2.11亿元。开发"山核桃气象指数险""毛竹收购价格指数险""野生动物致害险""护林员人身意外险"等特色险种，不断降低经营风险。

（三）大力发展林下经济

三明市深化沪明疗养合作，拓展"森林康养 + 文旅、体育、研学"模式，培育大田翰霖泉糖尿病疗养、清流天芳悦潭抗癌调理、明溪紫云山生态观鸟等特色产品，培育森林康养新业态。以林药、林菌及沙县小吃配料为重点，围绕"明八味"药食同源"食"字号产品发展林下经济。南平市鼓励林业大户、村集体利用农村闲置房、山地林缘等土地资源植绿增绿，发展森林康养产业。大力推广"前端有科技特派员技术团队研究、中端有金融产品支撑服务、后端有专业公司经营加工收购"的林下经济发展模式，全力强链补链延链，推动林下经济产业集约集聚发展。宣城市探索点状供地和 3% 林业设施用地政策，指导文旅企业建多少用多少，剩余部分只征不转，支持发展林下经济。对国有林场"老厂房、老办公楼、老宿舍、老护林房"进行清理、登记，通过"双招双引"，引进市场主体，盘活国有林场"四老"存量资产，发展森林康养产业。

（四）吸引社会资本进山

三明市在国有林场与村集体、林农合作经营制发林票的基础上，加强与央企省企合作，以国家储备林为载体，扩大林票制发规模。南平市依托"森林生态银行"、各级产权资源流转交易平台及抖音、微信等渠道，广泛发布林下空间流转信息，全力招商引资。全面推广"森林生态银行 + 四个一"林业股份合作经营模式，即"一村一平台、一户一股权、一年一分红、一县一数库"，实施多重服务、开展多式联营、促进多方得利。抚州市以市政府办名义印发了《抚州市国有林场资产整合实施方案》，成立了市林业集团和县（区）林业公司，围绕"实体化、市场化、效益化"总要求，激活了162万亩沉睡的林业资源。申请国家开发银行贷款80亿元，实施国家储备林项目，解决了发展大林业做大项目、好项目的资金难题，提高了林场干职薪酬，激发了国有林场内生发展动力。宣城市制定优惠政策，设立林业产业引导资金3000万元。通过大项目，吸引工商资本进山入林。目前，规划国储林建设项目286万亩，总投资409亿元。

（五）推动林地集约化经营

三明市鼓励龙头企业和国有林场与村集体、合作社、林业大户合作经营，着力培育新型林业经营主体，带动零星分散、小面积经营向抱团发展、规模经营转变。创新产业融合发展机制，推动产业转型发展。建立国有林场差异化绩效薪酬制度，拓展场村合作经营模式，开展"百场带千村"活动，促进林地高效集约化经营。南平市依托林下空间流转机制，使分散、零碎的林业资源实现了规模化管理、专业化经营，林下空间承租人、出租人和农户三方有效获益。抚州市11个县区全部建立了林权收储平台，对低产低效的、经营不善的、到期无力还款的林地进行收储并统一经营，形成优质"资产包"，再融资再收储，形成"收储公司＋储备林＋场外造林＋碳汇林＋林下经济＋森林康养＋乡村振兴"循环林业经济模式，让林农月月有收入。宣城市在山核桃、毛竹主产区，采用成片托管、交互托管、零星赎买、等价交换、差价交换等形式开展山场置换，达到减少地块、整合连片的目的。在全国首创"净林地经营"，即将林农零星分散山场流转到村集体经济组织名下，投入一定基础设施建设后，再引进市场主体实施开发。在村一级成立"两山"合作社，规模化收储碎片化林地，实行股份合作经营，通过推进"小山变大山"，微调了承包权，激活了经营权，提高了生产效率。

（六）促进"两山"转化

三明市推进林业碳汇提质增量，探索开发林业碳票项目，出台《三明市大型活动和公务会议碳中和实施方案（试行）》，建立"碳汇＋生态司法"机制，办理认购林业碳汇替代性生态修复案件21件，认购碳减排量8253

吨。将乐县常口村村民获得碳票首次分红 14 万元。南平市不断研究开发森林碳汇，制定《南平市森林固碳量计量方法学》《南平市森林碳汇交易平台设计》《"一元碳汇"项目开发及交易管理办法》等措施，大力推广"一元碳汇"项目，有序开发林业碳汇。抚州市制定《抚州市远期林业碳汇权益资产备案登记暂行办法》，全市建立碳汇林示范林基地 169 万亩，新增林业碳汇 194 万吨。

四、深入推进宁夏山林权改革的对策建议

（一）在创新机制推进确权登记上实现新突破

各市、县（区）自然资源部门统筹管理林权改革、林业发展和不动产登记工作，建立林权调查成果联审机制，不动产登记机构和林草管理部门共同组成质量监督小组，共同制定成果评定标准和勘验流程，对外业调查成果和内业材料进行检查。成立联合工作组，整合培养专业人才，共同开展地类认定和纠纷调处工作，加快林权登记进度。同时，加强林权合同管理及流转交易监管，实现林地审批、交易监管和登记信息实时互通共享。确定试点县区，探索林下空间流转机制，创新颁发"林下空间经营权证""林下经济收益权证""地役权证"等，让林业经营者吃下"定心丸"，为引导林权流转交易增值赋能奠定基础。

（二）在推行多种林权贷款融资模式上实现新突破

适时总结金融机构支持山林权改革的创新产品、主要做法、典型经验及成效，保险机构政策性森林保险、经济林保险等承保情况。研究探索林权收储担保机制，安排部署在重点县区开发公益林生态效益补偿收益权、林下经济经营权、收益权质押贷款试点产品。指导试点县制定相关政策，依法赋予林地经营权、收益权等各项权能，明确登记颁证机构和业务办理流程。鼓励试点县政府建立财政、金融、林业等多部门协作机制，积极培育多种形式的担保机构，探索开展林权信用贷款、担保贷款、公益林补偿收益权质押贷款、林下经济预期收益权质押贷款等业务。

（三）在引导林权股份合作经营上实现新突破

适应现代林业适度规模经营的发展趋势，把引导林权股份合作经营作

为宁夏集体林业经营模式改革的主攻方向，总结盐池县、隆德县引导村集体中农户林地经营权入股合作社，农户与合作社建立利益联结机制，走林权变股权—农民变股民—收益有分红的改革致富路的做法，形成可宣传、可复制、可推广的经验，争取在全区推广以集体林地经营权股份化流转为主要方式的合作经营。同时，可以试点探索联合经营、委托经营、林木股份合作制和股份制家庭林场等经营模式，多种途径保障农民林地收益权，提高林地组织化和集约化经营。

（四）在提升林权流转管理服务水平上实现新突破

各市县要推进以股份合作、经营权确权为主的集体林权流转，推广应用全国林权综合监管系统，加强林权登记、林权流转、林地管理、平台交易等业务协同，加快推进林权挂牌交易、抵押登记、抵押贷款业务。规范引导集体林权流转交易，着力将生态资源转化为富民资本。加强自治区林权服务与产业发展中心人员力量，指导各市县区做好集体林权流转合同备案和交易鉴证工作，加强集体林权流转合同规范化、标准化管理。指导各市县区建立集体林地承包经营纠纷调处台账制度和统计制度，依托矛盾纠纷多元化解机制和自然资源部门行政调解委员会及土地纠纷调解工作小组，加大法律法规和政策解读培训力度，高效督办、处理集体林权信访案件。

（五）在吸引社会资本投资林业上实现新突破

各市县要认真落实自治区"以地换林"配套政策，推进科学绿化试点示范区建设，吸引鼓励社会资本投资国土绿化、荒山造林、荒沙治理、生态修复等。尽快编制《林下经济发展规划（2023—2030年)》等产业发展引导性文件，组织申报一批国家林下经济示范基地，培育创建一批自治区林下经济示范基地，积极开展林下经济经营权、收益权、品牌培育建设试点，推进林下经济高质量发展。鼓励国有林场探索多种复合经营模式，开展国有林场森林经营试点。通过建立完善财政贴息、补助扶持、质押贷款、结对帮扶、技术培训、服务下沉等政策措施，吸引工商资本投入，推行股份合作经营，同时，健全社会投资服务体系、简化社会投资项目审批、保障社会资本合法权益，形成多主体多模式多渠道的经济林和林下经济产业高质量发展新格局。

宁夏推进用能权改革研究报告

宋春玲

用能权是指企业年度直接或间接使用各类能源（包括电力、煤炭、焦炭、蒸汽、天然气等能源）总量限额的权利，也就是一年内按规定可以消费的能源总量。用能权改革是政府以市场为基础的激励性政策改革，既能增加政府收入，提高社会经济效率，又能推动企业自主革新、降低污染。实施用能权交易制度改革，对于提高能源利用效率、实现能耗总量和强度"双控"目标具有重要意义。自用能权改革工作启动以来，宁夏坚持高位推动，成立宁夏用能权改革专项小组和工作专班，聚焦"控能增产"，坚持"先增量、后存量，先有偿、后交易"的思路，加快构建用能权改革"1+5"政策制度体系，通过建立确权、定价、履约、监管机制，倒逼企业实施节能减排增效改造，引导能源资源要素向高质量项目、企业、产业汇聚，持续提升能源资源利用效率，培育和发展用能权交易市场。

一、宁夏用能权改革现状及取得的成效

宁夏开展用能权改革是自治区第十三次党代会部署的"六权"改革任务之一，是宁夏深入学习贯彻党的二十大精神、认真学习贯彻习近平总书

作者简介　宋春玲，宁夏社会科学院农村经济研究所（生态文明研究所）助理研究员。

记视察宁夏重要讲话指示批示精神，认真落实自治区第十三次党代会部署的重要抓手，是全面推进新征程生态文明建设，推动绿色发展，促进人与自然和谐共生的重要举措，是控制能源消费总量、控制能源消费强度的重要手段。

（一）宁夏用能权改革现状

中国是全世界能源生产和消费第一大国，能源生产总量占全世界比重为 19.75%，能源消费总量占全世界比重为 22.79%，可见中国虽然是全世界能源生产第一大国，却没能做到能源自给自足，能源自给率仅为 79.9%。在十大能源主要生产国中，只有中国与印度能源自给率低于 1，其中能源自给率较高的国家有澳大利亚、沙特阿拉伯、印度尼西亚、俄罗斯等（见表 1）。从 1980—2021 年中国人均能源生产与消费变化图可以看到，从1992 年开始我国人均能源消费量开始大于人均能源生产量，且这一变化趋势在逐年增大（见图 1）。

表 1　世界主要国家能源生产与消费情况

主要国家	能源生产总量占比/%	能源自给率/%	能源消费总量占比/%
中国	19.75	79.9	22.79
美国	15.26	10.6	15.26
俄罗斯	10.1	188.7	5.29
沙特阿拉伯	4.3	264.7	1.59
印度	4.01	65.1	6.23
加拿大	3.66	182.6	1.99
澳大利亚	3.2	345.5	0.84
印度尼西亚	3.16	191.4	1.58
伊朗	2.33	125.2	2.03
巴西	2.27	112.4	2.33

数据来源：《中国能源统计年鉴 2022》。

宁夏第十三次党代会指出，要发展"六特六新六优"产业。本着低碳循环的生态农业发展理念大力发展"六特"产业，做大做强优势特色农业，打造生态农业基地，扩大绿色特色农产品产业化规模。围绕"六新"产业发展需求，搭载绿色创新技术，通过重大项目，实现工业绿色发展。通过

（千克标准煤）

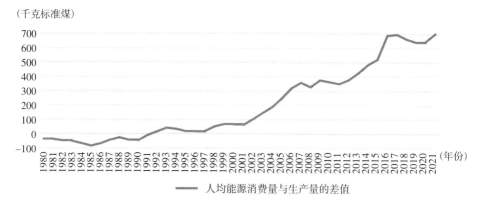

图1 1980—2021 年中国人均能源生产与消费变化图

"六优"产业深挖第三产业发展优势，提高第三产业比重，调整和优化产业结构，宁夏产业布局更加合理。宁夏通过推进用水权、土地权、排污权、山林权、用能权、碳排放权改革，着力构建资源有价、使用有偿、交易有市、节约有效的制度体系。值得一提的是，宁夏能源结构仍然以煤炭等化石能源为主，这也是宁夏乃至全国目前及今后很长一段时间不可改变的事实。当前，宁夏工业行业能耗最高的前十种行业是电力、热力的生产和供应业，石油、煤炭及其他燃料加工业，化学原料和化学制品制造业等行业。与全国工业能耗前十的行业对比后发现，有八种行业与全国形势一致，食品制造业、医药制造业的能源消耗量在宁夏工业企业能源消耗中占比较大（见表2）。

表2 全国与宁夏工业行业能源消耗量前十名对比

单位：万吨标准煤

全国工业能耗排行		宁夏工业能耗排行	
行业名称	能源消费量	行业名称	能源消费量
黑色金属冶炼和压延加工业	66263	电力、热力的生产和供应业	8144.63
化学原料和化学制品制造业	60405	石油、煤炭及其他燃料加工业	5029.89
电力、热力、燃气及水生产和供应业	37188	化学原料和化学制品制造业	3286.92
石油、煤炭及其他燃料加工业	36720	黑色金属冶炼和压延加工业	748.56
非金属矿物制品业	36039	煤炭开采和洗选业	642.88

续表

全国工业能耗排行		宁夏工业能耗排行	
行业名称	能源消费量	行业名称	能源消费量
电力、热力生产和供应业	33487	非金属矿物制品业	331.78
有色金属冶炼和压延加工业	26413	食品制造业	97.80
煤炭开采和洗选业	9035	医药制造业	59.43
纺织业	7932	有色金属冶炼和压延加工业	52.95
金属制品业	6879	非金属矿采选业	37.69

数据来源：《中国能源统计年鉴（2022）》《宁夏统计年鉴（2022）》。

（二）宁夏用能权改革取得的成效

1. 宁夏用能权改革政策制度体系已构建完成

当前，全球范围内二氧化碳自净空间缩减，生态系统碳平衡失控，人类生存和发展面临严峻挑战，绿色低碳发展已成为人类经济社会发展最根本、最现实的选择。2015 年党的十八届五中全会提出了要实行能源消耗总量和强度"双控"行动；2016 年国家发改委发布《用能权有偿使用和交易制度试点方案》，确定了福建省、浙江省、河南省以及四川省四个省份作为用能权交易试点，先行先试，总结和积累可学习可复制的先进经验和做法。2021 年国务院发布的《关于"十四五"节能减排综合工作方案》指出，要加强"用能权交易"与碳排放权交易的统筹衔接。2022 年 9 月宁夏发布《宁夏回族自治区"十四五"节能减排综合工作实施方案》，旨在推动煤炭清洁高效利用。宁夏为扎实开展用能权改革工作，专门成立了用能权改革工作专班，2023 年 5 月宁夏率先出台《关于开展用能权有偿使用和交易改革 提高能源要素配置效率的实施意见》（以下简称《实施意见》），启动用能权有偿使用和交易改革。8 月出台《自治区用能权有偿使用和交易管理暂行办法》和《自治区用能权有偿使用和交易第三方审核机构管理暂行办法》，确定用能权交易原则、交易主体、交易程序以及第三方审核机构征选条件及工作流程。9 月出台《自治区用能权市场交易规则》，确定用能权交易品种与交易方式。10 月出台《自治区用能权交易资金管理办法》与《自治区用能权抵押融资操作指引》，10 月 16 日起宁夏正式启动用能权交易。

届时，以《实施意见》为主，以其他五大政策为支撑的"1+5"政策制度体系已经构建完成，为宁夏开展用能权交易提供制度和机制保障。

2. 能源清洁高效利用取得显著成效

宁夏通过建立"六权"的初始分配与交易制度，实现节水增效、盘活增值、降污增益、植绿增绿、节能降碳。2021年至2022年，按照国家考核要求，宁夏全区能耗强度累计下降8.2%；2022年，六大高耗能行业能耗占规上工业能耗的比重比2020年下降0.8个百分点；规模以上清洁能源、新型材料、轻工纺织、现代化工、装备制造、数字信息等"六新"产业工业产值分别增长47%、37%、15%、30%、48%、49%；对61家重点企业实施强制性清洁生产审核，淘汰退出低端产能564万吨。从2013—2022年宁夏主要能源发电量统计表（见表3）中可以看出，宁夏发电总量逐年增加，到2022年增长到2234.27亿千瓦时，是10年前的1倍。火力发电与可再生能源发电均呈逐年递增状态，尤其是可再生能源发电量显著提升，2022年可再生能源发电量是513.9亿千瓦时，是10年前的5.5倍。从2013—2022年宁夏主要能源发电数量与比重变化图（见图2）中可以直观地看出，宁夏10年来火力发电与可再生能源发电均呈上升状态，但火力发电占总发电量的比重是逐年递减且呈下降趋势的。由数据分析可见，经过多年的不懈努力，宁夏能源清洁高效利用取得了显著成效，宁夏新能源利用率达到97.5%，居西北第一。

表3　2013—2022年宁夏主要能源发电量统计

年份	2013	2014	2015	2016	2017	2018	2019	2020	2021	2022
发电总量（亿千瓦时）	1104.76	1156.57	1154.74	1144.38	1380.94	1662.64	1765.93	1882.36	2082.89	2234.27
火力发电（亿千瓦时）	1011.6	1041.6	1017.94	953.56	1144.39	1367.77	1443.87	1529.99	1597.68	1720.37
火力发电占比(%)	91.57	90.06	88.15	83.33	82.87	82.26	81.76	81.28	76.70	77.00
可再生能源发电(亿千瓦时)	93.16	114.97	136.79	190.83	236.56	294.88	322.07	352.37	485.21	513.9
可再生能源发电占比(%)	8.43	9.94	11.85	16.68	17.13	17.74	18.24	18.72	23.30	23.00

数据来源：《宁夏统计年鉴（2022）》；宁夏回族自治区统计局发布《2022年全区能源生产情况》。

数据来源：《宁夏统计年鉴（2022）》；宁夏回族自治区统计局发布的《2022年全区能源生产情况》。

图2　2013—2022年宁夏主要能源发电数量与比重变化图

二、宁夏用能权改革中存在的主要问题

宁夏工业产业高耗能、高排放的短板还没有彻底改变，绿色转型途径少、难度大，基础薄弱，抗风险能力差。已完成用水权、排污权具体市场交易，山林权、土地权的市场流转，用能权、碳排放权也在积极入市，但均为政府行为的一级市场，二级市场活力不佳。

（一）用能权交易市场体系还不完备

宁夏用能权交易市场体系目前已经初步完成了顶层设计和基础支撑，基本具备了用能权交易条件，但用能权交易市场体系还不完备。第一，宁夏用能权交易已经正式启动，交易主体以企业与政府为主，企业与企业之间的交易还没有实现，在搭建平台、培育市场、强化监管等方面仍属于政府行为的一级市场，二级市场活力不佳。第二，目前，统一的用能权确权工作还不到位，新增能耗指标以及用能权定价还不够合理，用能权交易只在当地开展，还不能实现跨市域交易。第三，用能权与碳排放权、排污权同属环境权，从广义上讲有相同的背景与本质，是对环境容量的有偿使用，用能权交易市场与碳排放权、排污权交易市场有重叠和交叉的地方，由于

用能权管理部门是发改部门，碳排放权与排污权的管理部门是生态部门，这样容易形成多头管理，增加企业成本。

（二）用能权交易制度体系尚不完善

目前，宁夏已经构建了以《实施意见》为主，以《自治区用能权有偿使用和交易管理暂行办法》等其他五大政策为支撑的"1＋5"政策制度体系，顶层设计已经完成，但还不够完善。第一，缺少具体实施制度。各地市还没有明确"1＋5"政策制度体系的具体实施细则，没有如出让电子竞价程序规定等"1＋5"政策制度体系的配套政策以及用能权核算、报送等具体时间表与路线图。第二，缺少用能权交易的辅助制度。用能权交易可以促进企业的创新与转型，节能降碳，实现绿色发展，目前还缺少用能权交易的激励制度体系。同时，用能权交易市场受价格变动、信息不匹配等影响会产生风险，目前还缺少风险管控制度体系。第三，缺少法律法规保障制度体系。为提高用能权交易的透明度和公平性，用能权有偿使用和交易必须受到专门的法律保护。

（三）安全高效的能源体系尚未建成

构建安全高效的能源体系以能源绿色低碳发展为关键，目前宁夏安全高效、清洁低碳的能源结构正在形成，但也存在一些不足与挑战。第一，产业结构性污染矛盾依然突出，以电力、化工等为主的产业结构，以煤和天然气为主的能源结构，以公路货运为主运输结构尚未根本改变。[1]第二，工业企业的延链补链能力有待提高，绿色项目布局与其上下游产业配套耦合度不足，产业精细化、高端化水平不高，"含绿量"不够。第三，产业绿色转型后劲不足，科技创新扩大清洁生产能力有待提高。第四，能源电力低碳转型面临巨大压力。用能权交易必然会改变用电类主体的用电行为，当前电源装机增量以非化石能源发电装机为主，呈现清洁低碳发展态势，但存在"大装机，小电量"的问题。

---

[1]鲁贺玉、吴宗法：《用能权政策与能源消费结构低碳化转型的关系》，《资源科学》2023年第6期。

（四）社会参与度不高

对于用能权改革宣传教育活动力度还不够；公众关注度不高，还没有自觉形成简约适度、绿色低碳健康的生活方式，公众对用能权改革参与方式、途径、程序较为单一，没有形成生态情感认同。

三、推进宁夏用能权改革的对策建议

宁夏在绿色产业布局上做好加减法，建立国家首个新能源综合示范区，推动宁夏建设黄河几字弯千万千瓦级新能源基地，加快构建以新能源为主的新型电力系统。应加大力度发展绿色金融，扩大绿色项目的支持范围，支持用能权抵押贷款。同时加大对专业人才队伍的投入，加大对用能权改革确权、宣传、培训等的投入。

（一）构建有序的用能权交易市场体系

宁夏要认真学习其他省市用能权改革的先进经验，根据自身情况尽快构建确权到位、权能有效、定价合理、入市有序的市场体系，推动能源要素高效配置。第一，尽快完成用能权确权工作，摸清家底，完善用能权交易市场改革机制，深入推进用能权交易的范围和比重，拓宽用能权交易信息平台，提高二级市场活跃度。第二，明确用能权交易中数据报送、注册登记、交易系统平台等具体事宜，确定试点地区，在宁夏工业行业能源消耗量前十名中选取重点企业进行试点交易，一段时间后总结经验，扩大范围在全区范围内实现跨区域用能权交易，为进入全国市场做好准备。第三，打通用能权与碳排放权、排污权交易市场壁垒，综合考虑建立统一协调的市场体系。建议环境权交易协同发展，比如用能权与碳排放权、排污权之间通过认证后可以互换互认，企业可以自由选择交易市场，提高用能权市场的灵活度和交易量。

（二）构建完善的用能权交易制度体系

用能权改革给政府、企业、市场带来一系列新的影响与挑战，建立完善的用能权有偿使用和交易制度体系是应对风险的有力保障。第一，各地市政府及宁东管委会根据自治区出台的用能权"1＋5"政策制度体系尽快制定具体实施方案与细则，确保用能权交易过程顺利进行。第二，完善用

能权保障制度体系。发展绿色金融，以环境约束为保障的金融资源可以有效缓解生态企业的融资压力，扩大绿色项目的支持范围，支持用能权抵押贷款。完善推动能源企业节能减排的激励制度，完善确保用能权交易顺利的风险管理制度等。第三，尽快出台用能权有偿使用与交易的专项法律法规制度，通过法律的约束提高市场公平性与透明度。同时做好用能权交易中企业与政府以及第三方的培训工作，充分利用新闻媒体、网络平台、组织培训等方式，加强对用能权改革政策制度的宣传解读，提高用能权改革的知晓度和参与度。

（三）构建安全高效的新型能源体系

要构建清洁低碳安全高效的能源体系，必须要控制化石能源总量，提高能源利用效能，实施可再生能源替代行动，深化电力体制改革。第一，加快淘汰落后产能，促进产业绿色转型。对于能耗较高的产业，应以低碳化改造为重点，实现煤炭消费替代。[①]主要途径是通过压减过剩产能以及企业关停、转产来减少煤炭消费，或者实施集中供热、耗煤设备节能技改或拆除淘汰燃煤锅炉等设备来减少煤炭消费。同时集中优势做大特色产业，督促能源、交通、建筑、化工等耗能产业转型升级，从源头开始生态化发展。同时大力发展大数据、人工智能、新能源汽车、绿色建筑、生态旅游等行业附加值高、能耗低的产业。第二，增加绿色项目布局，提高企业"含绿量"。由于企业自产自用的可再生能源消费是不用计入年度能源消费额度中的，取得绿色证书的可再生能源可以进入市场交易，因而用能权改革必然会增加企业可再生能源的生产和使用，持续加大可再生能源发电量占比，进一步调整企业经济结构，提升整个社会经济增长的质量和数量。[②]第三，以科技创新扩大清洁生产。利用能源综合利用技术、清洁生产技术、废物回收和再循环技术、资源重复利用和替代技术、污染治理技术、

---

① 冯常洁：《用能权交易制度对区域能源消费强度的影响研究》，《西部经济管理论坛》2023 年第 5 期。

② 孟子清：《"用能权交易"试点政策能否推动地区产业转型升级——来自 282 个地级市的证据》，《科技和产业》2023 年第 18 期。

环境监测技术以及预防污染的工艺技术等绿色技术扩大清洁生产，这些绿色技术是构筑生态经济的物质基础，是生态经济的技术依托。第四，用能权交易必然会改变用电类主体的用电行为。通过市场调节，各类火力发电用电主体或会减少用电数量，或会提高用电效率，或会压缩用电空间，增加绿电的生产与消费，促进整个社会的供给侧结构性改革，使要素实现最优配置。从表3可以看出，宁夏可再生能源发电量占比逐年增加，位于全国前列。从全国的能源电力低碳转型趋势可以判断，煤电退出与新能源替代是大势所趋，要经历一段长期的发展过程，考虑到电力供应的安全与稳定，煤电不会彻底消失，煤电与新能源发电将会角色互换，最终煤电将会作为调峰维稳的备用电源。

（四）践行绿色生活方式

绿色生活方式的培养有利于形成绿色思维，真正做到内化于心，外化于行。协调和引导社会力量积极参与，加大绿色出行、绿色消费、节约资源等生活方式的公众引导，推动人们在衣食住行游等领域加快向勤俭节约、绿色低碳、文明健康的方式转变，培育生态新人、绿色公民。加强生态文化宣传教育。增开自然学校、科普基地，增加自然教育活动。利用世界环境日、世界地球日、森林日、水日、湿地日、低碳日等节日，集中组织开展环保主题宣传活动，大力传播绿色发展理念，切实增强公民的生态文明意识。结合自身的地方历史文化，打造具有特色的生态文化。

宁夏碳排放权改革面临的难点与路径选择

鲁忠慧

    碳排放权是根据全球共同应对气候变化达成的温室气体排放控制目标或相关法律要求，一个国家、地区或单位在限定时期内可以合法排放一定额度的温室气体权利，通常称为"配额"。碳排放权改革是自治区"六权"改革的一项重要内容，是推动宁夏经济社会绿色低碳发展，实现减污降碳协同增效，确保"双控""双碳"目标落地的重要举措。自治区党委政府高度重视碳排放权改革，出台了《关于开展碳排放权改革全面融入全国碳市场的实施意见》（以下简称《实施意见》），明确宁夏将以碳达峰碳中和目标愿景为引领，以推动绿色低碳产业高质量发展为导向，建立健全碳排放权交易管理法规、政策制度体系和运行保障机制，推动全面融入全国碳排放权交易市场。2023 年以来，宁夏 26 家单位参与全国碳排放交易，成交额 7.44 亿元。

一、国家开展碳排放权改革情况

    自 2021 年 7 月全国碳市场正式启动上线交易以来，经过两年多的建设和运行，总体来看，全国碳市场基本框架初步建立，价格发现机制作用初步显现，企业减排意识和能力水平得到有效提高，促进企业减排二氧化碳

作者简介　鲁忠慧，宁夏社会科学院文化研究所研究员。

和加快绿色低碳转型的作用初步显现，我国已成为继欧盟之后的全球第二大碳交易市场。

（一）全国碳市场整体运行平稳

截至 2022 年 10 月 28 日，累计成交量 1.96 亿吨，其中，第一个履约期成交量 1.79 亿吨。成交均价 43.93 元/吨，其中第一个履约期的成交均价为 42.85 元/吨。累计成交金额 86.0 亿元，其中第一个履约期成交额 76.6 亿元。全国碳市场以大宗协议交易为主，占 80% 以上。第一个履约期履约完成率 99.5%，其中，央企履约完成率 100%。

（二）碳减排和碳交易认识显著增强

从开立账户、核算核查、配额测算、配额分配到上线交易和清缴履约的全过程，发电企业对碳市场、碳交易的全链条管理有了更加全面的认识，并切身感受到碳市场对企业经营、管理的意义和影响。

（三）煤电清洁高效利用持续推进

推动存量煤电节能改造、供热改造、灵活性改造，淘汰低效率落后煤电机组，促进能效水平进一步提升。2021 年，单位火电发电量平均二氧化碳排放量 862 克/千瓦时，同比下降 1.3%，降幅比行业高 0.8 个百分点。

（四）碳排放管理效能进一步提升

制度体系建设逐渐完善。制定碳交易管理制度，明确各级单位碳交易工作职责，加强统筹管理，理顺工作流程。数据管理日趋规范。企业认真执行数据质量控制计划，加强碳排放数据体系化、标准化、信息化管理，进一步提升了碳排放数据的精细化、准确化、规范化。五大发电集团和九家地方电力集团企业碳元素实测率从 2018 年的 50% 左右提高到 2021 年的 100%。

（五）减排成本降低渠道进一步拓展

首个履约期，允许企业使用国家核证自愿减排量（CCER）抵销 5% 的应清缴配额量，有利于降低单位发电量碳排放强度和控排企业履约成本，对新能源快速发展、增加新能源企业效益发挥了一定作用。另外，碳资产管理为企业低碳转型带来机遇，对未来吸引资金技术投入到节能减碳、新能源方面起到重要作用。

（六）低碳技术创新步伐进一步加快

探索开展低碳技术研发与实践，坚持技术引领，加大大规模低成本碳捕集、封存与利用技术研发、示范与应用，实现可持续减污降碳。

二、宁夏碳排放权改革情况

按照全国碳市场建设统一部署，宁夏先期在电力行业开展碳排放权市场交易，分步有序推进钢铁、建材、石化、化工等重点行业企业纳入全国碳排放权交易市场。2023年，宁夏发布了2022年度纳入全国碳市场配额管理的41家电力行业重点排放单位名单，开展了电力、石化、化工、钢铁、建材、有色、造纸等7个行业134家重点排放单位2022年度温室气体排放报告核查复查工作。谋划"十四五"重大工程项目77个，北方地区冬季清洁取暖、生态环境导向开发模式试点等项目取得历史性突破。

（一）构建了宁夏碳排放权改革政策体系

为推动宁夏碳排放权改革重点任务落地见效，自治区出台了《实施意见》，明确宁夏将以碳达峰碳中和目标愿景为引领，以推动绿色低碳产业高质量发展为导向，建立健全碳排放权交易管理法规、政策制度体系和运行保障机制，全面融入全国碳排放权交易市场。同时，为规范和加强宁夏重点行业企业温室气体排放报告核查、全国碳排放权交易市场配额交易工作的管理，提升碳排放数据质量和保障配额清缴履约，出台了《宁夏回族自治区碳排放权交易管理实施细则（试行）》《自治区重点企业碳排放报告核查规范》《自治区碳排放报告核查第三方技术服务机构管理办法（试行）》《关于做好宁夏碳资产质押融资有关工作的通知》，聚焦碳排放权交易及相关活动，细化碳排放权交易管理工作各个环节，为自治区范围内参与全国碳排放权交易及相关活动的管理提供了依据。

（二）聚焦控能增产，推动产业绿色发展

1. 开展超低排放改造

国家能源集团宁夏电力公司累计环保技改投入近10亿元，4台发电机组全部满足并优于超低排放要求（烟尘、二氧化硫、氮氧化物排放浓度分别为 3 mg/m³、13 mg/m³、39 mg/m³），成为宁夏首家完成超低排放改造的火

电企业。2022 年，二氧化硫、氮氧化物实际排放量分别为 1312 吨、2912 吨，节余二氧化硫 1418 吨、氮氧化物 988 吨。节能减碳项目获得"银川卫士"生态环境保护基金奖励 40 万元。

2. 积极开发新能源

实施国内首个全容量"飞轮储能—火电联合调频"工程，建设由 36 台 630kW 的飞轮储能单体并联组成的"22 兆瓦磁悬浮飞轮储能系统"耦合热电联产示范工程，为煤炭清洁高效综合利用、辅助新能源消纳提供关键技术支撑，通过了工信部成果鉴定，技术整体达到国际领先水平。

3. 减少能源消费

依托大机组低能耗优势，为银川高新区（灵武）羊绒园区和临港园区用能企业供应工业蒸汽，减少企业能源消费总量和强度。

（三）强化能力培训，全面提升从业人员专业水平

自治区高度重视碳排放权改革能力提升工作，不断加强温室气体排放核算方法的相关培训。截至 2023 年 10 月，共组织企业参加国家级相关业务培训 4 次、自治区级指南相关培训 3 次，拟定《自治区发电行业月度信息化存证数据填报指南》（以下简称《指南》）1 份，全力推进一线工作人员业务能力提升。为了保证培训效果，每年邀请《指南》编制机构的老师到培训现场进行解读，并设置答疑环节，确保一线工作人员准确掌握指南的规范要求。2023 年 4 月，全区 44 家发电企业管理层及碳排放管理专责人员参与了核算方法培训。精心编印《自治区碳排放管理工作手册（企业版）》，将近两年碳市场相关的技术规范、政策制度收录，发放至企业手中；建立由生态环境厅技术人员、系统平台老师及行业专家共同组成的技术小组，为保障服务效果，分地市建立交流群。

（四）加强碳排放市场配额管理

《宁夏回族自治区碳排放权交易管理实施细则（试行）》要求，列入重点排放单位名录的温室气体排放单位，必须符合属于全国碳排放权交易市场覆盖行业等两项条件，其中全国碳排放交易配额总量设定与分配实施方案中规定的生物质发电机组、掺烧发电机组、特殊燃料发电机组、使用自产资源发电机组和其他特殊发电机组等机组类别暂不纳入配额管理。各设区市生态环境主管部门每年 12 月 10 日前，通过全国碳市场管理平台更新辖区内下一年度重点排放单位名录，自治区生态环境主管部门审核确定重点排放单位名录，向生态环境部报告并向社会公开。

重点排放单位名录实行动态管理。因停业、关闭或者其他原因不再从事生产经营活动而不再排放温室气体的以及连续 2 年温室气体排放未达到 2.6 万吨二氧化碳当量的企业，在确认其完成相应义务后，从重点排放单位名录中移出。按照规定，碳排放配额分配以免费分配为主，可以根据国家有关要求适时引入有偿分配。鼓励重点排放单位、机构和个人，出于减少温室气体排放等公益目的，自愿注销其所持有的碳排放配额。自愿注销的碳排放配额，相应在碳排放配额总量中予以等量核减，不再进行分配、登记或者交易。重点排放单位可以使用国家核证自愿减排量抵销碳排放配额的清缴，抵销比例不得超过应清缴碳排放配额的 5%。用于抵销的国家核证自愿减排量，不得来自纳入全国碳排放权交易市场配额管理的减排项目。

重点排放单位虚报、瞒报温室气体排放报告，或者拒绝履行温室气体排放报告义务的，以及未按时足额清缴碳排放配额的，按照国家和自治区相关法律法规依法进行处罚。

（五）全力推动企业进入市场交易

围绕提升碳排放数据质量、全面融入全国碳排放市场，自治区积极组织重点排放单位开展注册登记、交易系统开户、注册登记系统和交易系统绑定激活等工作，全力推动全区发电行业具备条件的企业（含自备电）进入全国碳排放权交易市场开展交易。2021 年 9 月，宁夏电投银川热电有限公司率先完成自治区首笔大宗碳排放配额交易，出让 10 万吨，成交 415 万元。在第一个履约周期内，银川市共完成碳排放配额交易 15 笔，累计成交 220.04 万吨，金额 9304.5 万元。宁夏泰益欣生物科技有限公司完成 4.95 万吨碳配额缺口竞买，并通过碳排放注册登记系统提交履约申请，标志着银川市全面完成了全国碳市场第二个履约周期的碳配额清缴任务。截至目前，银川市纳入全国碳市场第二个履约周期发电行业重点排放单位共 11 家，累计完成交易 27 笔，成交 387.4 万吨，成交金额 2.73 亿元。

三、宁夏碳排放权改革面临的难点与挑战

（一）碳排放数据统计核算能力亟待提升

碳市场的相关数据包括企业排放数据、企业配额数据、企业碳资产交易数据。企业排放数据与既有的数据质量及核算方法密切相关。碳排放核算是一项复杂而专业的工作，由于专业能力参差不齐，不能对公司的碳排放量做出精确的核算，这对企业获得真实准确的碳排放数据是一个挑战。

（二）企业参与碳市场的积极性不足

碳市场的最终目的是通过市场手段促使企业节能减排，实现产业结构升级，在转型初期必然给企业造成巨大的经营压力。就电力行业而言，电价受国家管控，无法随意定价，企业无法通过提高产品价格转移成本，这对企业的盈利能力带来了很大挑战，也导致排放企业对碳减排工作有抵触，碳市场的成功运行需要协调相关主体的利益，如何寻求一个兼顾各方的方案还需要时间。

四、进一步推动宁夏碳排放权改革路径选择

（一）银川市深入推进碳排放权改革应对气候变化优秀案例

2023 年 12 月，在阿联酋迪拜举办的《联合国气候变化框架公约》第二十八次缔约方大会上，宁夏银川市碳排放权改革作为应对气候变化的优秀案例予以展示，受到各方好评。银川以"大胆闯"的魄力、"先行试"的勇气，稳步推进碳排放权改革，不仅表明宁夏推动碳排放权改革的决心和行动，更重要的是为建设全国统一碳交易市场提供经验。

1. 以制度刚性汇聚强大合力

作为国家低碳试点城市，银川市积极学习借鉴碳排放权改革试点省市先进经验，率先在宁夏制定出台《关于加强碳排放管理推进碳排放权改革的意见》，明确 6 个方面 20 条改革措施，全面推进碳排放权改革。2023 年，宁夏回族自治区党委政府印发《实施意见》，明确了碳排放权改革十大重点任务。为扎实推动《实施意见》见实效，银川市出台《银川市 2023 年碳排放权改革实施方案》《银川市重点行业碳排放管理实施方案》等政策

措施，规范重点排放单位名录确定、碳排放配额分配、交易、核查、配额清缴、数据监测、监督管理，助力全市碳排放改革向纵深推进。

2. 以市场导向激发主体活力

全国碳排放权交易市场上线交易正式启动后，银川市积极组织重点排放单位开展注册登记、交易系统开户、注册登记系统和交易系统绑定激活等工作，全力推动全市发电行业 10 家具备条件的企业（含自备电）进入全国碳排放权交易市场开展交易。同时，银川市建立碳排放权改革奖励激励机制，设立"银川卫士"生态环境保护基金，重点支持节能减碳项目建设与提升改造，对全区首笔大宗碳配额交易的宁夏电投银川热电有限公司 3# 机组节能减碳改造项目兑现 50 万元基金奖励，累计奖励 3 家企业共计 120 万元，鼓励重点企业主动开展节能降碳，做好碳资产管理工作，为第二个履约周期入市交易和配额清缴工作做好准备。银川市积极推进第二个履约周期，配合自治区对重点排放单位碳排放配额进行现场核定，及时告知企业碳配额发放情况，鼓励企业积极参与全国碳市场交易，弥补差额，足额履约，出售余额，获取收益。在第二个履约周期内，11 家重点企业交易 5 笔，累计成交量 127.83 万吨，成交额 7713 万元。2022 年，银川市成功入围国家北方地区冬季清洁取暖示范城市，已完工清洁取暖项目 5 个，力争 2024 年底全面完成城区、县城、农村清洁取暖率 3 个 100%，实现供暖期二氧化碳减排量 118 万吨，减排量市值 8000 多万元。

3. 以试点建设提升改革效力

持续巩固银川市国家级低碳试点城市建设成果，启动银川市碳排放现状情况调查及分析研究工作，编制《银川市碳排放现状情况调查及分析报告》，制定《银川市低碳城市建设方案（2022—2025 年)》，从低碳经济、低碳交通、低碳建筑、低碳生活、低碳环境、低碳社会 6 个方面，深入推动银川市低碳城市建设。编制《银川市温室气体排放清单》，并在严格落实年用煤量 10000 吨以上（含）标煤企业二氧化碳排放量核查工作要求基础上，率先在自治区开展年用煤量 5000 吨以上、10000 吨以下标煤企业二氧化碳排放量核查，组织全市二氧化碳排放量核算培训会，制定银川市化工、煤炭、镁冶炼等行业排放报告模板，高质量推进核查核算工作，进一步摸清银川市碳排放家底，为碳排放权交易、实现碳减排夯实基础数据支撑。加强质量管理，组织全市 14 家发电行业重点排放单位 50 余名业务骨干参加全国碳市场数据质量管理培训班 3 期，督促企业按时完成月度存证、质控计划、年度碳排放报告提交。聘请第三方技术服务机构，对重点排放单位提交的月度存证、质控计划严格审核。开展重点排放企业第二个履约周期（2021—2022 年）碳排放报告核（复）查工作，用高质量数据保障高水平交易。

4. 以创新驱动增添改革动力

为有效引导市场主体将清洁取暖等自愿减排降碳项目的社会效益转化为经济效益，点"碳"成金，银川市全面启动碳普惠试点建设，对银川市北方地区冬季清洁取暖项目减碳行为进行具体量化和赋予一定价值，并逐步覆盖全市其他小微企业、社区家庭和个人的减碳行为，运用商业激励、政策鼓励和核证减排量交易等正向引导机制，构建公众碳减排"可记录、可衡量、有收益、被认同"的机制，推动公众形成绿色低碳生活方式。

为推进碳普惠试点建设，银川市印发《银川市碳普惠体系建设工作方案》，大力实施"7 个 1"工程，通过构建 1 套管理制度体系、设立 1 个管理机构、建立 1 个专家智库、建设 1 个碳普惠系统、建立 1 套技术支撑体系、开发 1 批碳普惠项目、建议 1 条多层次可持续的碳普惠减排量消纳渠道，到 2025 年完成 4 个银川市碳普惠方法学和 2 个银川市碳普惠核证减排项目备案，机关、企事业单位、商业场所可通过购买碳普惠减排量实施自愿碳中和，建成结构完善、科学规范、特色突出的银川市碳普惠制度体系，形成在全区可复制、可推广的碳普惠模式。目前，银川市"7 个 1"工程正在稳步推进，管理制度体系逐步完善，出台了《银川市碳普惠自愿减排管理办法》《银川市碳普惠交易管理办法》等配套文件；依托银川市"六权"改革一体化服务平台，建设了碳普惠管理系统；技术支撑体系逐步建立，已征集使用空气热源泵取暖、分布式光伏项目等方法学 4 个，碳普惠系统建设内容已通过可行性研究报告论证。银川市以激励机制推动减碳行动落实，助力黄河流域生态保护和高质量发展先行区建设。

（二）进一步推动宁夏碳排放权改革路径选择

1. 坚持"双碳"目标，在建设"低碳宁夏"上下功夫

继续加大改革研究力度，推动固原市全国林业碳汇试点市建设，鼓励重点排放单位积极开展全国碳市场第二个履约周期配额交易、清缴和履约等工作，有力推动宁夏"双碳"目标实现，助力宁夏绿色低碳高质量发展。深入研究碳排放配额"免费＋有偿"分配模式等改革难点任务，切实发挥碳市场在资源配置中的关键作用，有力推动宁夏"双碳"目标实现。

2. 初步形成绿色低碳循环发展的生产体系、流通体系、消费体系

健全绿色低碳循环发展的生产体系。以推动工业高质量发展为主题，以碳达峰碳中和目标为引领，以减污降碳协同增效为总抓手，统筹经济发展与绿色低碳转型，着力构建绿色制造体系。实施产业结构调整、重点行业达峰、节能降碳、绿色制造、数字降碳、科技降碳、新能源产业链建设、资源循环高效利用等八大工程，推动铁合金、电石、水泥、焦化、炭素、活性炭等行业过剩产能、低端低效产能有序退出，推动形成节约资源和保护环境的经济发展方式。健全绿色低碳循环发展的流通体系。积极调整运输结构，推进多式联运，加快铁路专用线建设。加强物流运输组织管理，加快相关公共信息平台建设和信息共享。推广绿色低碳运输工具，优先使用新能源或清洁能源汽车；鼓励物流企业构建数字化运营平台，鼓励发展智慧仓储、智慧运输。健全绿色低碳循环发展的消费体系。促进绿色产品消费，倡导绿色低碳生活方式。

3. 加大对企业碳排放核算指导

碳排放统计核算是做好碳达峰碳中和工作的重要基础，是制定政策、推动工作、开展考核、谈判履约的重要依据。一要完善建立碳排放核算工作机制。自治区要建立各行业碳排放核算工作机制，对碳排放核算方法、标准及工作指南等内容进行明确，从而为有序推进碳排放核算工作打好基础。二要加大对企业碳排放核算指导培训。针对企业普遍反映的缺乏碳排放核算相关知识、操作培训等问题，建议相关行业牵头部门加大对企业碳排放核算方面的指导培训，亦可通过政府购买服务的方式，委托具有资质的专业机构，对企业碳排放核算进行指导，使企业尽快建立科学精准的碳

排放核算工作制度。

4. 压实主体责任，深挖企业减污降碳潜力

一要进一步压实企业主体责任，推动企业牢固树立"排碳有成本，减碳有收益"的思想理念，强化企业领导层碳减排主体责任意识，持续更新《自治区碳排放管理工作手册》，不断更新管理人员的知识体系。二要建立数据质量定期通报与帮扶制度。定期通报企业月度信息化存证的及时性和准确性，做好月度信息化存证和年度排放报告技术审核工作，及时跟进全国碳排放管理平台下发的问题线索整改推进情况，做好企业的技术指导。

领域篇
LINGYU PIAN

2023 年宁夏环境空气状况研究

王林伶

宁夏积极践行习近平生态文明思想，坚持绿水青山就是金山银山的理念，优化国土空间开发保护格局，不断筑牢祖国西北生态安全屏障。把生态环境保护作为谋划发展的基准线，划定生态保护红线，强化用途管制，加强源头防控，持续调整产业结构、能源结构、交通运输结构，全区生态环境持续向好、生态质量稳中有升、空气环境治理持续改善，生态修复取得突出成效、绿色低碳高质量发展发生了显著变化，美丽宁夏建设迈出重大步伐。

一、2023 年宁夏大气环境治理举措与空气质量排名

(一) 宁夏空气环境治理举措

1. 持续推进攻坚行动，积极应对重污染天气

宁夏聚焦冬春季细颗粒物污染和重污染天气，持续开展冬春季大气污染防治攻坚行动，强化指挥调度、预报会商、应急响应、部门联动和监督帮扶，强化减排措施落实，全力降低污染物排放，以改善空气质量。2023年4月，自治区生态环境厅等12个部门联合印发《宁夏回族自治区深入打

作者简介 王林伶，宁夏社会科学院综合经济研究所所长。

好重污染天气消除、臭氧污染防治和柴油货车污染治理攻坚战行动实施方案》，对全区重污染天气消除攻坚行动进行安排部署。确定以银川都市圈为重点区域，紧盯冬春季重点时段，不断提升重点领域污染治理水平，加强重污染天气应对。制定了《重污染天气应急响应区域联动方案（试行）》，提出到 2025 年基本消除重度及以上污染天气，全区重污染天数比率控制在0.3%以内，重点推动银川都市圈区域大气污染联防联控。在积极应对重污染天气中，自治区派驻服务指导组、交叉执法组下沉一线监督指导应急减排措施落实，加强与气象部门的沟通会商，每日发布空气质量预测预报，及时发布重污染天气预警信息，并按要求及时发布预警启动应急响应，统一标准、统一监测、统一污染防治措施，逐步构建自治区—市—县重污染天气应对三级预案体系。

2. 稳妥有序推进清洁取暖，逐步改善污染物排放

大力发展清洁取暖，以逐步"减量替代"，通过使用清洁能源（煤改电或者"光伏＋电能"等方式），替代分散燃煤和生活燃煤，并稳妥有序推进煤改电清洁取暖，减少燃煤消耗和烟尘排放，以提升改善城乡大气环境质量。根据生态环境部工作要求，自治区生态环境厅、自治区发展和改革委员会、自治区住房和城乡建设厅等部门联合推进宁夏冬季清洁取暖项目，实施银川、吴忠、中卫、固原北方地区冬季清洁取暖项目。宁夏通过实施清洁取暖项目，累计完成投资 44.7 亿元，有效减少大气污染物排放，使环境空气质量持续改善；近 3 年全区已累计下达清洁取暖补助资金 28 亿元，其中 2023 年已下达 12.8 亿元；2022 年完成清洁取暖散煤替代 10.3214 万户，累计完成清洁取暖散煤替代 11.19 万户；2023 年上半年，累计完成热源清洁化改造 5748 万平方米，完成农户供暖热源改造 24.62 万户。同时，开展冬春季民用散煤治理专项检查行动，严格散煤监管，查处生产、销售不符合质量标准的煤炭及其制品，检查配煤中心煤炭经营户 243 家，抽检煤炭样品 592 批次，争取让更多农户温暖过冬、清洁过冬，以全面提升人民群众的生活质量和生活环境。

3. 强化环境质量分类治理，打好蓝天保卫战

宁夏坚持整体性保护、突出系统性修复、推动融合性发展和加强多样

性维护，在系统性修复中，通过聚焦贺兰山、六盘山、罗山生态保护修复，先后启动实施项目 254 个，累计投入资金 88.52 亿元，完成矿山修复和国土整治 51.48 万亩、营造林 300 万亩。[①]在空气环境治理中，聚焦控排、控煤、控尘、控车等关键环节，以减少烟尘、扬尘、煤尘、汽尘排放，保卫好蓝天绿水，深入工业废气重点排污单位、燃煤污染综合治理点、移动源污染防治重要环节、大气面源管理重点区域；针对钢铁、水泥、工业炉窑、燃煤锅炉等重点行业进行深度治理，对重点行业 VOCs"一企一策"综合治理行动；针对建筑工地、道路、工业企业排放、物料堆场等扬尘加大管控力度，增强重点排渣企业固废消减目标约束，大力推动粉煤灰资源化利用，完成大气治理重点项目 176 个、在建 61 个，报废老旧车辆 32007 辆，淘汰国三以下柴油货车 7118 辆，完成非道路移动柴油工程机械备案登记 5976 台。开展污染源自动监控第四方监管，有效发挥污染源自动监控作用，确保达标排放；并有效地开展巡查检查、集中夜查、走航监测等调研，系统掌握污染防治措施落实相关情况。

（二）宁夏 5 地级市环境空气质量综合指数与排名

宁夏 5 地级市在治理空气环境质量上积极作为，认真落实年度计划，采取各种措施来降低污染物排放，确保实现年度目标任务，在空气质量治理上取得了阶段性效果。从 2023 年 1 月到 10 月环境空气质量监测、环境空气质量综合指数、优良天数比例和各个月份综合排名情况可以看出，在宁夏 5 地级市中固原市空气环境质量最好，已经连续多年排在第一位，其次是中卫市排名第二，吴忠市排名第三，银川市排名第四，石嘴山市排名第五（见表 1）。

---

①宫炜炜、李锦、陈郁、张唯、赵锐：《建设天蓝地绿水美现代化美丽新宁夏——习近平总书记在全国生态环境保护大会上的重要讲话在我区引发强烈反响》，《宁夏日报》2023 年 7 月 20 日。

表1　2023年1—10月宁夏5地级市环境空气质量综合指数与排名

月份	指　标		全区	银川市	石嘴山市	吴忠市	固原市	中卫市
1	平均浓度（$\mu g/m^3$）	可吸入颗粒	154	134	143	163	136	193
		细颗粒物	56	61	61	62	44	54
		二氧化硫	19	21	35	22	7	10
		二氧化氮	32	44	38	28	22	26
		一氧化碳	1.5	2.0	1.9	1.7	1.1	0.8
		臭氧	82	77	75	81	93	86
	环境空气质量综合指数		5.81	6.08	6.26	6.10	4.73	5.86
	优良天数比例（%）		56.1	61.3	51.6	48.4	67.7	51.6
	综合排名		—	3	5	4	1	2
2	平均浓度（$\mu g/m^3$）	可吸入颗粒	91	94	93	94	72	101
		细颗粒物	47	49	48	51	38	48
		二氧化硫	15	15	26	14	6	12
		二氧化氮	32	42	36	30	23	30
		一氧化碳	1.2	1.4	1.4	1.1	1.1	0.8
		臭氧	100	99	95	101	103	100
	环境空气质量综合指数		4.61	5.01	4.97	4.69	3.72	4.58
	优良天数比例（%）		89.3	85.7	89.3	82.1	96.4	92.9
	综合排名		—	5	4	3	1	2
3	平均浓度（$\mu g/m^3$）	可吸入颗粒	150	144	178	147	118	164
		细颗粒物	44	39	50	47	35	48
		二氧化硫	15	18	27	12	6	11
		二氧化氮	28	38	34	25	19	25
		一氧化碳	0.9	1.0	1.3	0.8	0.8	0.6
		臭氧	116	121	121	119	106	111
	环境空气质量综合指数		5.29	5.43	6.35	5.20	4.13	5.35
	优良天数比例（%）		72.2	77.4	64.5	67.7	87.1	64.5
	综合排名		—	4	5	2	1	3
4	平均浓度（$\mu g/m^3$）	可吸入颗粒	209	175	207	214	178	273
		细颗粒物	62	50	55	70	51	82
		二氧化硫	10	11	19	8	7	7
		二氧化氮	20	27	23	18	14	18
		一氧化碳	0.7	0.7	0.9	0.6	0.6	0.5
		臭氧	120	116	127	114	127	118
	环境空气质量综合指数		6.36	5.69	6.44	6.50	5.41	7.67
	优良天数比例（%）		59.3	63.3	63.3	56.7	70.0	43.3
	综合排名		—	2	3	4	1	5

续表

月份	指标		全区	银川市	石嘴山市	吴忠市	固原市	中卫市
5	平均浓度（μg/m³）	可吸入颗粒	81	75	96	75	62	98
		细颗粒物	30	28	34	30	22	38
		二氧化硫	10	10	17	9	6	8
		二氧化氮	18	24	21	16	14	17
		一氧化碳	0.6	0.6	0.7	0.6	0.5	0.5
		臭氧	137	144	142	131	128	138
	环境空气质量综合指数		3.65	3.69	4.21	3.45	2.89	4.02
	优良天数比例（%）		28.4	30	28	28	30	26
	综合排名		—	3	5	2	1	4
6	平均浓度（μg/m³）	可吸入颗粒	56	49	56	51	42	84
		细颗粒物	20	18	19	20	16	29
		二氧化硫	11	12	16	9	6	10
		二氧化氮	19	24	23	16	13	18
		一氧化碳	0.5	0.6	0.6	0.5	0.5	0.5
		臭氧	170	187	184	175	146	156
	环境空气质量综合指数		3.21	3.33	3.49	3.06	2.51	3.75
	优良天数比例（%）		75.3	56.7	66.7	73.3	96.7	83.3
	综合排名		—	3	4	2	1	5
7	平均浓度（μg/m³）	可吸入颗粒	56	52	61	63	33	73
		细颗粒物	20	18	20	21	14	26
		二氧化硫	9	10	15	8	6	8
		二氧化氮	17	22	21	14	13	16
		一氧化碳	0.6	0.8	0.8	0.6	0.6	0.4
		臭氧	165	184	179	171	145	145
	环境空气质量综合指数		3.12	3.32	3.53	3.20	3.35	3.31
	优良天数比例（%）		75.5	61.3	77.4	58.1	96.8	83.9
	综合排名		—	3	5	1	4	2
8	平均浓度（μg/m³）	可吸入颗粒	53	46	57	53	35	72
		细颗粒物	20	19	21	18	14	26
		二氧化硫	10	10	18	8	6	9
		二氧化氮	20	24	27	17	13	17
		一氧化碳	0.6	0.7	0.7	0.7	0.5	0.6
		臭氧	160	186	158	173	131	152
	环境空气质量综合指数		3.15	3.31	3.56	3.08	2.26	3.44
	优良天数比例（%）		84.5	67.7	96.8	74.2	96.8	87.1
	综合排名		—	3	5	2	1	4

续表

月份	指　标		全区	银川市	石嘴山市	吴忠市	固原市	中卫市
9	平均浓度（μg/m³）	可吸入颗粒	57	60	62	60	30	71
		细颗粒物	23	26	25	22	15	25
		二氧化硫	11	13	17	12	6	9
		二氧化氮	23	30	29	24	14	20
		一氧化碳	0.7	0.8	0.9	0.8	0.5	0.6
		臭氧	142	156	158	146	121	128
	环境空气质量综合指数		3.30	3.75	3.81	3.40	2.19	3.32
	优良天数比例(%)		95.3	90.0	96.7	93.3	100.0	96.7
	综合排名		—	4	5	3	1	2
10	平均浓度（μg/m³）	可吸入颗粒	58	70	73	62	30	57
		细颗粒物	26	32	31	27	16	25
		二氧化硫	14	15	27	12	5	11
		二氧化氮	34	44	40	31	22	31
		一氧化碳	0.8	0.8	1.0	0.8	0.6	0.6
		臭氧	110	114	119	116	99	102
	环境空气质量综合指数		3.54	4.17	4.37	3.56	2.29	3.27
	优良天数比例(%)		100.0	100.0	100.0	100.0	100.0	100.0
	综合排名		—	4	5	3	1	2

资料来源：宁夏回族自治区生态环境厅网站及银川市、石嘴山市、吴忠市、固原市、中卫市生态保护局网站相关资料整理所得。

说明：1. 环境空气质量自动监测项目为二氧化硫（SO_2）、二氧化氮（NO_2）、可吸入颗粒物（PM_{10}）、细颗粒物（$PM_{2.5}$）、一氧化碳（CO）、臭氧（O_3）；2. 环境空气质量状况排名采用环境空气质量综合指数和可吸入颗粒物月均浓度两种方法，环境空气质量综合指数越小，可吸入颗粒物月均浓度值越低，表示环境空气质量越好。

二、宁夏环境空气质量面临的问题与挑战

全区生态环境保护工作取得了一定成效，但还存在大气污染治理成效不稳固、空气优良天数同比下降、企业环境保护主体责任意识不强、生态环境治理仍然存在短板和薄弱环节，需要持续关注。

（一）大气污染治理成效不稳固，空气优良天数同比下降

受地理环境、气候及本地污染源影响，春冬季 PM_{10} 和 $PM_{2.5}$ 浓度依然较高，颗粒物存在较大反弹风险，机动车污染、挥发性有机物、臭氧等复

合性污染越来越突出，重污染天气仍时有发生。2020 年，宁夏 5 地市重污染天数共 15 天；2021 年，重污染天数为 0；2022 年，5 地市重污染天数 13 天，大气污染治理仍处于"气象影响型"阶段。全区大气环境保护结构性压力总体上尚未根本缓解，大气主要污染物排放量仍然较大，以化工为主的产业结构、以煤为主的能源结构、以公路货运为主的运输结构没有明显转变。机动车及非道路移动机械减排手段有限，扬尘污染防治距离精细化管理仍有差距，挥发性有机物 VOCs 治理尚未步入正轨，现有大气监测网格的覆盖范围、智能化、自动化水平等无法匹配当前大气环境管理需求，大数据平台建设和污染溯源解析等监测能力分散且不足，缺乏系统性和深度整合。大气污染防治工作机制不健全，扬尘管控常态化闭环管理仍未形成，宁夏北方地区冬季清洁取暖项目，还没有达到全覆盖。

2023 年 1—10 月，宁夏空气优良天数总体呈下降趋势，优良天数比例为 79.9%，较 2022 年同期下降了 4.3 个百分点，即固原市、吴忠市、中卫市、银川市、石嘴山市的优良天数比例均为下降，这是近几年同比中较少出现的现象，分市来看：

银川市 2023 年 1—10 月，优良天数比例达到 76.0%，同比下降了 6.9%；可吸入颗粒物（PM_{10}）平均浓度为 68 $\mu g/m^3$，同比上升了 7.9%；细颗粒物（$PM_{2.5}$）平均浓度为 30 $\mu g/m^3$，同比上升了 3.4%。

石嘴山市 2023 年 1—10 月，优良天数比例达到 79.6%，同比降低了 2.0%；可吸入颗粒物（PM_{10}）平均浓度为 70 $\mu g/m^3$，同比上升了 1.4%；细颗粒物（$PM_{2.5}$）平均浓度为 30 $\mu g/m^3$，同比下降了 3.2%。

吴忠市 2023 年 1—10 月，优良天数比例达到 74.3%，同比下降了 5.6%；可吸入颗粒物（PM_{10}）平均浓度为 63 $\mu g/m^3$，同比下降了 4.5%；细颗粒物（$PM_{2.5}$）平均浓度为 28 $\mu g/m^3$，同比下降了 9.7%。

固原市 2023 年 1—10 月，优良天数比例达到 90.8%，同比下降了 2.0%；可吸入颗粒物（PM_{10}）平均浓度为 44 $\mu g/m^3$，同比下降了 4.3%；细颗粒物（$PM_{2.5}$）平均浓度为 20 $\mu g/m^3$，同比下降了 13%。

中卫市 2023 年 1—10 月，优良天数比例达到 78.6%，同比下降了 5.0%；可吸入颗粒物（PM_{10}）平均浓度为 63 $\mu g/m^3$，同比不变；细颗粒物

（PM_{2.5}）平均浓度为 27 μg/m³，同比下降了 6.0%。

（二）企业主体责任意识还需加强，生态环境监管自身能力亟待提升

生态环境保护需要多部门多领域联合系统治理，着力构建多元共治、统一监管的大环保格局，在生态环境保护系统治理中，需要政府加强治理，更需要企业和社会多方合力共同治理才能达到预期治理的效果。目前，有的企业环保主体责任意识淡薄，还存有投机侥幸心理，只注重眼前的经济利益，只算自己的"小账"；一些企业为了谋生存、降成本，偷排、超排和违法问题依然存在；有的企业污染治理设施陈旧、技术落后，不能稳定达标排放。生态环境监管能力建设亟待提升，生态环境保护工作点多、面广、量大，深入打好污染防治攻坚战要求更严、难度更大，但基层一线生态环境保护队伍中，各县（市、区）生态环境分局队伍年龄结构偏大、学历偏低、专业能力不强等因素还存在，特别是监测执法人员业务素质参差不齐，在现场执法检查、证据收集及环境违法行为认定、法律法规适用等方面与满足当前形势和任务需要还有一定差距。监测能力难以满足现实需要和要求，还存在监测的设备和监测人员能力滞后问题，如现有应急气体分析仪器仅能分析常见的 20 多种污染物，而一些工业园区和部分化工集中区域多种挥发性污染物有 40 多种，尤其是一些县级生态环境监测机构在满足各种环境基体、多种污染物应急监测和分析需要还有较大差距。

三、2024 年宁夏空气环境质量预测与建议

（一）2024 年宁夏空气环境质量预测

根据 2023 年 1—10 月环境空气质量监测和优良天数趋势，预计 2024 年宁夏 5 地级市平均优良天数比例范围在 50%—100%。优良天数比例达到 70%—100% 的城市为固原市，优良天数比例在 60%—90% 的城市分别是吴忠市、中卫市、银川市和石嘴山市（见图 1）。

（二）改善宁夏环境空气质量对策建议

按照自治区党委和政府黄河流域生态保护和高质量发展先行区建设要求，以改善环境空气质量为核心，健全机制、强化措施，全力服务经济发展大局，统筹经济发展和生态环保，全力防治重污染天气，深入打好蓝天

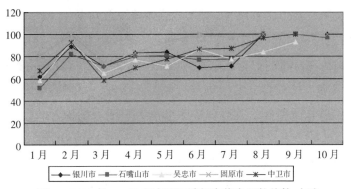

图 1　2023 年 1—10 月宁夏五地级市优良天数趋势（%）

资料来源：宁夏回族自治区生态环境厅网站及银川市、石嘴山市、吴忠市、固原市、中卫市生态环境局网站相关资料整理所得。

保卫战，以生态环境高水平保护推动经济高质量发展。

1. 加大重污染天气防治力度，完善指挥调度机制

党的二十大报告明确提出，国家将重污染天数比率控制目标完成情况和重点任务落实情况纳入污染防治攻坚战成效考核，重污染天气防治成为一项政治性、长期性任务，到 2025 年基本消除重污染天气。一是统筹"当下治"与"长久立"。推动自治区层面出台《关于治理消除重污染天气的工作方案》，统筹减污降碳协同增效，围绕重点区域、重点行业、重点领域，制定工作举措和任务目标，明确全区重污染天气治理路线图。持续开展冬春季大气污染防治攻坚，深入打好重污染天气消除攻坚战。围绕钢铁、焦化、建材、有色、石化、煤化工等重点行业和居民取暖、柴油货车、扬尘面源等重点领域，应采取更加科学精准的措施，加强废气深度治理、综合治理和精细化管控，全面提升污染治理水平，切实减少大气污染排放。二是健全各级重污染天气防治指挥调度机制。定期召开工作联席会议、会商调度等会议，及时发布工作调度指令，形成政府主导、部门发力的协调联动工作格局。三是科学合理设定各地重污染天数比率控制目标。进一步修订完善重污染天气应急预案，合理确定减排基数，将应急减排目标细化至重点产污染物减排区域，指导重污染天气应对参与单位制定配套部门实施方案，指导企业认真编制应急减排清单，制定"一厂一策"实施方案，确保重污染天气防治取得实效。

2. 深化环境治理能力提升，持续改善环境空气质量

以全区生态环境综合治理目标为要求，坚持精准治污、科学治污、依法治污，以更高标准打好蓝天、碧水、净土保卫战。一是协调实施应对气候变化及温室气体减排，实施重点行业深度治理，加强污染源监测监控，强化治理设施运维监管，加强污染源监测人员能力的提升与设备的配备，重点对县级监测人员素质的培养和培训以适应现代环境保护的需要，同时，要逐步升级监测分析仪器、设备滞后等问题，提升服务能力和服务功能。二是深化重点区域大气污染联防联控，强化颗粒物与臭氧协同控制，深化挥发性有机物源头、过程、末端全流程控制。三是要采取积极措施，联合有关部门积极帮助指导石嘴山市申报清洁取暖项目，力争宁夏全区实现清洁取暖项目全覆盖。四是鼓励、引导、支持企业家提升生态环境企业主体责任，政府部门要扎实推动环保督察及督查反馈问题整改，也要改变工作方式，深入企业切实了解企业在发展中存在的困难，帮助企业以解决生态环保中遇到的问题，来督促企业履行生态环境保护中企业的主体责任。

宁夏水资源、水环境、水生态建设研究

吴　月　甘　源

水是生存之本、生产之要、生态之基、文明之源。宁夏位于中国西部、黄河上游地区，是我国重要的西部生态安全屏障区。宁夏始终坚持生态优先、绿色发展之路，实施水资源、水环境、水生态"三水"统筹综合治理，合理配置有限的水资源用于工业、农业、生态用水，构建人水和谐的城乡人居环境。依托黄河及其支流、湖泊及水库、排水沟等水体专项治理，加快水利等基础设施建设，不断增强水环境综合治理能力和水平，打赢净水保卫战。加快水生态保护与修复，构建优美和谐生态空间，为社会主义现代化美丽新宁夏提供生态保障。

一、宁夏水资源、水环境、水生态现状

（一）宁夏水资源保护和开发利用现状

1.水资源总量

根据《2022年宁夏水资源公报》，全区水资源总量8.924亿立方米，其中天然地表水资源量7.077亿立方米，折合径流深13.7毫米；地下水资源量15.344亿立方米，地下水与地表水资源量之间的重复计算量为13.497亿

作者简介　吴月，宁夏社会科学院农村经济研究所（生态文明研究所）研究员；甘源，抚州职业技术学院教师。

立方米（见表1）。从行政分区来看，固原市水资源量占全区水资源总量的47.45%，其余依次是石嘴山市、银川市、中卫市、吴忠市，占比相差不大。

表1　2022年宁夏地级市水资源总量

行政分区	计算面积/平方公里	年降水量	地表水资源量	地下水资源量	重复计算量	水资源总量
		（亿立方米）				
全区	51800	131.397	7.077	15.344	13.497	8.924
银川市	6931	13.687	0.880	4.635	4.266	1.249
石嘴山市	4042	7.148	0.623	2.187	1.496	1.314
吴忠市	16664	40.684	0.811	3.023	2.799	1.035
固原市	10635	40.755	3.920	2.265	1.951	4.234
中卫市	13528	29.123	0.843	3.234	2.985	1.092

2022年，全区共有中小型水库228座，总库容141207万立方米，年末蓄水量7197万立方米，较2021年减少513万立方米。2012—2022年，水库蓄水量变化较大（见表2）。水利基础设施建设有效解决了宁夏部分地区水资源时空分布不均问题，优化了水资源配置。

表2　2012—2022年宁夏水库蓄水量变化

单位：万立方米

年度	2012	2013	2014	2015	2016	2017	2018	2019	2020	2021	2022
水库座数	236	228	228	228	228	228	228	228	228	228	228
年末蓄水量	3371	7136	5964	4671	3293	5470	6772	7671	8718	7710	7197
年蓄水变量	−527	3765	−1172	−1293	−1378	2177	1302	899	1047	−1008	−513

2. 水资源开发利用现状

供水量。2022年，全区实际供水量66.328亿立方米，其中地表水源占90.6%，地下水源占7.2%，其他水源占2.2%。地表水源中黄河水占总供水量的88.9%，是宁夏主要供水来源；其他水源中再生水占总供水量的1.09%，是2012年污水处理回用量的5倍多，这项供水量是宁夏水资源开发利用的新水源之一。按行政区分布来看，供水量由多到少依次为银川市（占29.69%）、吴忠市（占25.81%）、中卫市（占20.55%）、石嘴山市（占18.11%）、宁东（占3.27%）、固原市（占2.57%）。可见，宁夏水源主要依托黄河水及其支流，因此保障黄河水生态安全是重中之重。

取水量。2022 年，全区行业总取水量 66.328 亿立方米，其中农业取水量 53.639 亿立方米（占总取水量的 80.87%），实灌面积 1057.44 万亩，鱼塘补水面积 12.97 万亩；工业取水量 4.461 亿立方米（占 6.73%）；生活取水量 3.698 亿立方米（占 5.58%）；人工生态环境取水量 4.530 亿立方米（占 6.83%）。从行政分区来看，农业取水中吴忠市与银川市之和超过 50%，固原市最少；工业取水中宁东最多（占工业总取水量 44.95%），石嘴山市次之，银川市第三，三地共计占 77.65%；生活取水中银川市最多（占 48.38%），吴忠市与中卫市两市共计占 30.75%；人工生态环境取水由多到少依次为银川市、石嘴山市、中卫市、吴忠市、宁东、固原市（见表 3）。由于宁夏各行政区资源禀赋及高质量发展定位不同，各行业取水量存在较大差异。

表 3　2022 年宁夏各地级市及宁东基地取水量

单位：亿立方米

	农业取水量	工业取水量	生活取水量	人工生态环境取水量	总取水量
全区	53.639	4.461	3.698	4.530	66.328
银川市	14.831	0.680	1.789	2.391	19.691
	27.65%	15.24%	48.38%	52.78%	29.69%
石嘴山市	9.643	0.779	0.390	1.199	12.011
	17.98%	17.46%	10.55%	26.47%	18.11%
吴忠市	15.699	0.467	0.579	0.377	17.122
	29.27%	10.47%	15.66%	8.32%	25.81%
固原市	1.195	0.118	0.363	0.030	1.706
	2.23%	2.65%	9.82%	0.66%	2.57%
中卫市	12.271	0.412	0.558	0.387	13.628
	22.88%	9.24%	15.09%	8.54%	20.55%
宁东	0	2.005	0.019	0.146	2.170
	0	44.95%	0.51%	3.22%	3.27%

耗水量。2022 年，宁夏总耗水量 39.616 亿立方米，其中耗黄河水 34.418 亿立方米，耗当地地表水 0.815 亿立方米，耗地下水 2.952 亿立方米，耗其他水 1.431 亿立方米。分行业看，农业耗水量 30.150 亿立方米（占总耗水量的 76.11%），工业耗水量 3.548 亿立方米（占 8.96%），生活耗

水量 1.388 亿立方米（占 3.50%），人工生态耗水量 4.530 亿立方米（占 11.43%）。分地区看，吴忠市耗水量最多，占 28.95%，银川市占 27.33%，中卫市占 18.27%，石嘴山市占 16.63%，宁东占 5.44%，固原市占 3.38%。2012—2022 年，宁夏总耗水量呈波动增长趋势，其中农业耗水量基本保持在均值水平但略有减少，生活耗水量较 2020 年减少 8.7%。[①]工业耗水量和生态耗水量呈增长态势，尤其生态耗水量增速较快。宁夏总耗水量增加主要是因为生态耗水量增幅大，表明农业、生活及工业节水成效显著。

取水、用水指标。2022 年，宁夏万元地区生产总值用水量 131 立方米，是全国 GDP 用水量（当年价）的 2.6 倍。耕地实际灌溉亩均用水量 524 立方米，是全国亩均用水量的 1.4 倍。万元工业增加值用水量 21.3 立方米，是全国工业增加值用水量（当年价）的 88.38%。灌溉水有效利用系数 0.570，基本与全国农田灌溉水有效利用系数（0.572）持平。2012—2022 年，宁夏万元 GDP 用水量和万元工业增加值用水量呈逐年减少趋势，2022 年较 2012 年均减少了一半以上；耕地实际灌溉亩均用水量呈波动下降趋势，2022 年较 2012 年减少了 254 立方米；灌溉水有效利用系数每年最少增长 0.01，增长较快。表明宁夏水资源利用率低，可开发利用空间大。

（二）宁夏水环境质量现状

1. 地表水环境质量

根据《2022 年宁夏水资源公报》《2022 年宁夏生态环境状况公报》，2022 年，宁夏地表水（黄河干流及支流、湖泊与水库、排水沟）环境质量总体稳定，监测的 20 个地表水国家考核断面水质优良比例为 90%，达到国家考核目标。其中，黄河干流 6 个国家考核监测断面水质均为Ⅱ类，自 2017 年以来连续 6 年保持Ⅱ类进、Ⅱ类出，较 2021 年高锰酸盐指数、氨氮、总磷指标明显下降，水质总体为优。10 条黄河支流水质总体为轻度污染，葫芦河、泾河、渝河、茹河、洪河属Ⅱ类水质（占 50.0%），蒲河属Ⅲ类水质（占 10.0%），清水河属Ⅳ类水质（占 10.0%，地质本底受氟化物影

---

①2020 年与 2022 年统计口径一致。2012—2018 年宁夏水资源公报数据未统计生态耗水量。

响），苦水河、红柳沟、都思兔河属劣Ⅴ类水质（占30.0%，地质本底受氟化物影响）。6个沿黄重要湖泊（水库）水质总体良好，阅海、典农河、鸣翠湖、香山湖、鸭子荡水库均达到或优于Ⅲ类水质（占83.3%），沙湖为Ⅳ类水质（占16.7%，较2021年水质下降）。22条主要沿黄排水沟36个入黄断面监测点位，Ⅱ类至Ⅲ类水质断面点位占50.0%，较2021年下降4.1个百分点；Ⅳ类占47.2%，较2021年上升6.7个百分点；劣Ⅴ类占2.8%，较2021年上升0.1个百分点，水质总体为轻度污染。从矿化度来看，宁夏地表水矿化度<2.0克/升（淡水）的水资源量占地表水总资源量的67.6%，矿化度2.0克/升—5.0克/升的咸水占22.4%，矿化度>5.0克/升的苦咸水占10.0%，可见宁夏地表水淡水本底体量小。2022年，国家考核的城市集中式饮用水源地水质达到或优于Ⅲ类占比68.8%，不达标的饮用水源地主要受地质本底因素影响。因此，保障城乡居民饮用水安全是全面建设社会主义现代化美丽新宁夏的重要组成部分。

2. 地下水环境质量

宁夏范围内作为饮用水源的地下水水质均符合《地下水水质标准（GB/T14848-93)》中Ⅲ类标准。2022年，宁夏地下水环境质量21个考核点位，包括区域点位11个、地下水型饮用水源地7个、重点污染区域风险监控点位3个。从矿化度来看，地下水矿化度≤2.0克/升的水资源量15.344亿立方米（占地下水资源量的100%），地下水矿化度>2.0克/升的水资源量5.346亿立方米（不作为地下水资源量）。宁夏地下水水质总体保持稳定，呈稳中向好态势。

（三）宁夏水生态保护与修复取得的成效

截至2022年，宁夏规模以上企业水循环利用率达到96.7%，城市再生水利用率达35%，农村集中供水率和自来水普及率分别达到98.8%、96.5%。高效节灌面积520万亩（增至近50%），农田灌溉水利用系数达0.57。城市生活污水处理率达98.69%，农村生活污水治理率达31.59%。可以看出，通过黄河水岸综合治理、城镇黑臭水体综合治理、农村厕所革命、城乡生活污水治理等专项综合整治行动，加强水利基础设施建设，积极推广使用节水器具，水生态保护与修复成果显著，节水型社会建设初具规模，为建设人与自然和谐共生现代化美丽新宁夏提供优美生态保障，助力黄河流域生态保护和高质量发展先行区建设。

二、宁夏"三水"统筹综合治理存在的主要问题及成因

（一）水资源配置不合理

2022 年，宁夏人均水资源量 122 立方米，不足全国的 1/15，是我国水资源严重短缺的地区之一。宁夏降水南多北少且主要集中于夏秋季节，水资源时空分布不均，加之黄河干流流经宁夏少部分地区，水资源利用空间格局失衡，致使宁夏局部地区和时段旱灾与洪涝灾害频发、水资源供需矛盾突出。宁夏中小型水库主要分布于固原市和中卫市，蓄水量年度变化较大，难以满足区域水资源时空调配供给，工程性缺水加重了宁夏水资源短缺现状。

从取水、用水指标来看，宁夏人均用水量 911 立方米，是全国的两倍多，万元 GDP 用水量是全国的 2.6 倍，万元工业增加值用水量占全国的 88.38%，耕地灌溉亩均用水量多于全国近 160 立方米，表明宁夏水资源利用率低下。宁夏水资源短缺、供需矛盾突出、用水效率低成为区域水生态建设与高质量发展的主要瓶颈。

（二）局部水环境问题仍然突出

宁夏废水排放量呈波动减少态势，但总排放量年际时增时减呈不稳定变化（见图 1），表明宁夏局部水环境问题仍然很严峻。黄河部分支流、湖泊、水库、城市水体、饮用水源地等水体水质有待进一步加强，黑臭水体治理成效有待进一步巩固，还存在流域水污染综合防治的协同机制不完善、水环境安全评估及风险预警机制不健全、水质数字化平台监管机制不成熟等问题。

根据《宁夏统计年鉴（2022）》，从行业废水排放量来看，2020 年宁夏煤炭开采和洗选业（占工业废水总排放量的 41.17%）、石油加工及炼焦和核燃料加工业（占 17.77%）、化学原料和化学制品制造业（占 14.89%）、食品制造业（占 6.51%）等行业是主要排污行业，这四个行业污染物排放量占比超过 80%。化学需氧量（COD）排放量中农业源占比最高，达

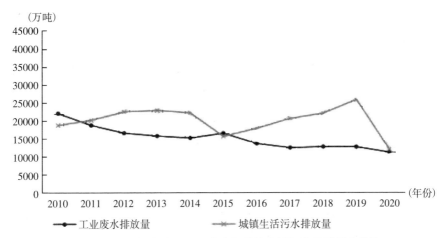

图 1　2010—2020 年宁夏工业废水与城镇生活污水排放量变化情况

80.45%，生活及其他占比 10.45%，工业占比 1.36%。氨氮排放量以生活及其他为主（占 2/3），农业占 1/3。可见，宁夏工业废水污染物主要源自三个行业领域，农业污染物主要是化学需氧量，生活污染物以氨氮为主。

（三）水生态保护修复及综合治理的体制机制不健全

1. 流域整体性保护制度不健全

黄河流域省际间及宁夏境内各市域水资源保护与开发、水环境治理、水生态保护与修复"三水"缺乏整体性统筹，还存在一定的制度性缺陷。如，缺乏全流域、水岸线、生物等资源要素统筹管理的指标体系及标准，全流域污染物排放标准动态调整机制不健全，等等。

2. 全流域生态补偿及生态损害赔偿制度不完善

黄河流域上中下游用水关系日趋紧张，用水矛盾日益突出，缺乏全流域横向生态补偿机制（或协议），包括省际与省内的水环境生态补偿资金拨付渠道及出资比例、水生态保护修复及水污染防治项目、水质考核办法及水生态指标的预期标准等。针对水生态环境损害事件的赔偿制度还不完善，损害程度及鉴定评估、主体责任、赔偿方式、生态修复指标完成情况等都亟待优化。

3. 最严格的水资源管理制度落实不到位，城乡水务一体化管理还未实现

宁夏境内取水许可证制度不健全，落实不到位，取用水违规问题仍然存在。

4.宁夏境内现有水利基础设施建设不足及设备老化，工程性缺水问题仍很严峻

针对极端强降雨情况，城镇排水系统及防洪减灾工程基建设施薄弱，难以应对极端天气下的防洪减灾要求。农田灌溉设施不足及老化，以及排水工程欠缺，致使水土流失及土壤盐渍化问题严重。农业、工业、生活性节水设施缺乏，水资源利用效率较低，严重影响宁夏节水型社会建设。

5.水资源保护与开发、水环境质量改善、水生态保护修复的投融资体系还不健全

现阶段，相关水资源、水环境、水生态的投资主要来自国家专项投资，地方财政配套较少，缺乏社会资本的参与，多元化的投融资结构还未形成。

三、"三水"统筹改善宁夏水生态环境的路径选择

宁夏要统筹考虑国家未来产业发展、能源双控和能源安全、"双碳"目标、水污染防治和监管技术、污水处理设施及节水设施普及、用水安全等因素，根据区情及水生态建设目标，探讨宁夏"三水"统筹改善水生态环境的战略路径。

（一）完善水生态建设机制和政策

1.健全水生态环境政策

完善水生态环境资金投入机制，使之与宁夏水污染防治攻坚任务和水生态建设目标相匹配。加快推进省、市、县、乡镇水生态环境领域财政事权和支出责任划分改革，加强财政转移支付分配与水生态环境质量改善有效衔接，鼓励社会资本与水生态建设各领域。紧抓生态扩容，预留生态空间，保障生态用水，构建水生态廊道及生态空间管控等体制机制。

2.坚持系统观念，统筹推进全流域山水林田湖草沙一体化保护和系统治理机制建设，加强水资源、水环境、水生态"三水"协同机制建设

建立健全水资源保护与开发、水资源高效利用、水环境综合治理、水质监测、水生态保护修复与综合治理的长效机制。落实水生态建设各级责任，将水生态建设目标与政府工作考核挂钩。

3. 贯彻落实最严格的水资源管理制度

严格落实用水总量、用水效率、水功能区纳污控制"三条红线"管理，合理估算区域水资源承载力，加强用水定额动态管理，加强区域内不同水源样本水体的监测和全流域协同管理等，保障宁夏境内生产、生活、生态水量供给充足和水质安全。持续开展取用水管理专项整治行动，全面排查违规取水问题，按规定安装取水计量设施，建立取用水数字台账。加强取水许可审批监管与水行政执法的衔接，加强水行政执法与检察公益诉讼协作，开展问题专项集中整治。健全水资源管理长效机制，着力提升宁夏水资源管理能力和水平，推动黄河流域取用水秩序持续好转。充分利用水交易市场，深化水权改革新举措，并依托水利工程措施，合理配置有限的水资源。

4. 建立健全全流域生态保护补偿和损害赔偿机制

探索建立黄河流域省际间纵向生态补偿机制、黄河干支流及重点入黄排水沟上下游横向生态补偿机制，明确补偿方案、补偿范围、补偿金额及水生态建设项目、预期达到的生态目标等。根据上下游水资源利用量配置变化情况及水生态指标达标情况，动态调整水生态补偿方式及区域环保投入分担比例。建立健全生态环境损害赔偿制度，加强执法监管，严厉打击各类水资源、水环境、水生态违法行为。

5. 构建水资源、水环境、水生态相关技术体系，推动科技成果转化应用

强化水资源节约集约利用效率。在国家各水体排污标准下，制定污水处理地方标准。不断推动技术规范、行业技术标准统一，为全国生态环境治理体系和治理能力现代化建设提供宁夏经验、宁夏标准、宁夏模式。

6. 建立流域整体性水资源、水环境、水生态智慧监管体系和数字化平台

不断完善水资源管理、取用水规范、水环境质量检测、污染源管理、污染物总量及强度监管等一体化水生态环境综合监管智慧平台，为宁夏水生态环境科学监管提供保障。建立健全水资源、水环境、水生态风险监管体系，防范流域水环境风险及重大生态环境风险，提高全流域水生态风险防控能力，并设置预警预案，减少损失，为群众营造良好的水环境。

（二）保障水资源供给，提高用水效率

1. 合理配置、高效利用水资源

严格落实水资源管理制度和取水许可制度，统一规划、合理开发、高效利用、优化配置有限的水资源。依托水利设施化解宁夏水资源时空分布不均问题，合理配置不同水源、水质的水资源，统筹水量、水质和水生态，保障水资源供给和用水安全。依托先进技术和设备，坚持开源与节流并重、设施建设和水资源监管并举，高效配置再生水，开展污水源头治理与管网工程建设，提高水资源保障能力。科学计算宁夏各市区及区域水资源承载力，坚决落实以水定城、以水定地、以水定人、以水定产原则，精打细算用好水资源，高质高效实现水资源的可持续利用。

2. 加强节水型社会建设

一是工业节水。优化产业结构，持续推进节水型绿色园区建设和监管；加大再生水利用率；推广工业节水技术，提高企业水循环利用率；通过水权交易、排污权交易等将水资源向节水型、低耗水、低排污行业流转，提高水资源的利用率，推动工业节水减排。二是农业节水。调整农业种植结构及面积，持续推进高标准农田建设，大力实施农业节水技术及高效输配水工程，严格落实灌溉用水计量收费和阶梯水价制度，提高灌溉水利用率，推动农业节水增效。三是城乡生活节水。加大城乡供水管网提标改造、人畜节水器具推广使用，加大家庭生活水回用工程建设，继续实行阶梯式水价，强化计划用水和定额管理。加大节水型企业、单位、学校和社区建设。

（三）水污染防治与水环境质量改善

紧抓全国能源双控、"双碳"目标、山水林田湖草沙系统治理等战略机遇，开展工业废水、农业面源水污染、黑臭水体、城乡生活源水污染综合治理以及再生水循环利用，形成具有宁夏特色的水污染综合治理模式。

1. 工业废水防治

持续推动化工、有色金属、印染、冶金等重点行业全流程清洁改造和综合整治，推动火电、石化、钢铁等高耗水行业减污降碳协同增效，提高再生水利用率，打造绿色园区，加强源头控制和过程控制，降低工业源污染物排放总量和强度。

2. 农业面源水污染防治

加强水土流失及土壤盐渍化综合治理，做好种植养殖业及生活污染物对水体污染的综合防治，做好农业退水监管及农药化肥等面源污染防治。

3. 城乡生活源污水防治

持续推进城乡污水处理设施提标改造、管网互联互通、农村厕所革命、城乡黑臭水体综合整治与修复，提高城乡生活污水处理率，推进城市及县城污泥无害化处置，改善城乡人居环境。

(四) 保障水生态安全

统筹河、湖、库、沟及地下水资源，建立健全水生态空间治理和管控标准，不断提升水源涵养、维护生物多样性、保持水土肥力、防风固沙、防洪防涝等水生态功能，保证水资源的可持续性，改善水环境质量，保障水生态系统稳定与健康。

加强黄河宁夏段干流及支流水岸同治。保护和修复滨水岸线要综合考虑历史原因、现实可行性、景观效果、防洪标准等因素，并建立健全全流域岸线达标和水体水质标准，加强监管，保障黄河水岸安全。

宁夏土壤及农村生态环境研究

师东晖

土壤是生物多样性和农业生产的基础，更是人类生存所必需的重要资源。习近平总书记在全国生态环境保护大会上强调，切实加强耕地保护，全力提升耕地质量，充分挖掘盐碱地综合利用潜力，稳步拓展农业生产空间。宁夏回族自治区第十三届五次全会通过了《关于深入学习贯彻习近平总书记重要讲话精神、全面推进新征程生态文明建设、加快建设美丽宁夏的意见》及环境整治、生态修复、绿色发展、组织保障 4 类专项文件，为宁夏筑牢西北地区重要生态安全屏障、推动新征程生态文明建设提供了行动目标和政策保障。2023 年，在自治区党委、政府的领导下，宁夏以黄河流域生态保护和高质量发展先行区为引领，土壤污染防治取得新进展，农村人居环境显著改善，农业面源污染治理有效，生态文明建设取得新成效。

一、2023 年宁夏土壤及农村生态环境发展取得的成效

2023 年，宁夏稳步开展土壤污染风险监测与防治工作，以高标准打好净土保卫战，土壤环境质量总体保持稳定，土壤环境风险得到基本管控。同时不断深入实施农村人居环境整治提升行动，乡村环境面貌焕然一新，

作者简介　师东晖，宁夏社会科学院农村经济研究所助理研究员。
基金项目　国家社会科学基金项目（项目编号：20CMZ029）阶段性成果。

农村生态环境保护成效显著。

（一）土壤污染防治有序开展

2023 年，宁夏土壤污染防治工作稳步有序开展。2 月 23 日，宁夏生态环境厅印发了《2023 年全区生态环境工作要点》，提出要扎实推进净土保卫战，并将土壤污染防治工作具体化、目标化。一是在土壤污染风险管控与风险排查方面，宁夏共组织 169 家土壤污染重点监管单位开展第二轮土壤污染隐患排查，并通过"回头看"的方式从土壤污染源头加强土壤污染管控工作。同时，宁夏开展了生态环境突出问题"大排查、大整改、大突破"专项行动，围绕全区大气、水、土壤污染防治等 9 个方面进行重点排查，建立风险与问题清单，强化整改措施。二是在土壤污染防治工作方面，宁夏制定了《2023 年全区土壤、地下水和农村生态环境保护工作安排》，对全区各市县土壤保护工作提出了目标要求，并发布 2023 年土壤污染重点监管单位名录和建设用地土壤污染风险管控和修复名录，进一步完善建设用地准入管理机制。三是在土壤固危废环境治理方面，宁夏率先全面启动新污染物调查评估，并加强对全区农用地土壤重金属污染源排查工作，对受污染的耕地采取有效措施进行安全利用和治理恢复，同时，严格固危废排放监管与控制，稳步推进银川市、石嘴山市"无废城市"建设，顺利完成全区危险废物规范化管理评估工作，评估结果显示，2023 年宁夏耕地土壤环境质量安全，未出现农产品质量问题，疑似污染地块或污染地块再开发利用安全合理，未出现不良社会影响事件。截至 2023 年 11 月底，全区危险废物安全处置率达到 100%。

（二）土壤环境质量整体良好

据 2023 年宁夏生态环境厅公布的《2022 年宁夏回族自治区生态环境状况公报》数据显示，宁夏土壤污染风险低，土壤环境质量整体良好，具体表现：在土壤生态环境质量方面，全区开展一般风险监控点位监测，农用地监测点位汞、砷、铬、铜、锌、铅、镍、六六六、滴滴涕、苯并芘土壤污染物含量均低于农用地土壤污染风险筛选值。建设用地点位汞、砷、铬、铜、铅、镍、六六六、滴滴涕、苯并芘含量均低于建设用地第二类用地土壤污染风险筛查值。在土地资源方面，全区耕地 119.84 万公顷，园地

9.16 万公顷，林地 95.37 万公顷，草地 203.10 万公顷，城镇村及工矿用地 29.75 万公顷。在畜禽养殖废弃物资源化利用方面，全区规模养殖场粪污处理设施装备配套率达到 99.8%，大型规模养殖场粪污处理设施装备配套率达到 100%，畜禽粪污资源化利用达到 90%。在残膜回收方面，全区农用地膜覆膜面积 441.98 万亩，年使用量 3.49 万吨，回收量 4.57 万吨（含往年的 1.52 万吨），残膜回收率 87.5%。在秸秆综合利用方面，全区农作物秸秆资源可收集量 358 万吨，综合利用量 326 万吨，秸秆综合利用率 91.2%。

（三）耕地土壤保护措施有力

为进一步推进农用地土壤镉等重金属污染源头防治，实现耕地环境质量稳定，2023 年，自治区重点研发计划重大项目耕地土壤重金属污染源解析与污染防控综合技术研究项目启动会召开，关注耕地土壤重金属污染源头控制及污染防控技术，为宁夏耕地土壤安全提供了有效保障和技术支撑。同时，宁夏印发《关于进一步规范农田水利设施用地管理有关工作的通知》，加强农田水利设施用地管理，严格耕地保护和生态保护。2023 年，宁夏全面启动第三次全国土壤普查工作，通过制定《自然资源系统 2023 年度全面推进乡村振兴重点工作实施方案》，开展农村乱占耕地建设非住宅类房屋整治，强化耕地用途监管与控制，加大耕地非粮化排查整治，有效防止基本农田非粮化。同时，针对新建高标准农田，按照相关程序及时划为永久基本农田，实行特殊保护，原则上全部用于粮食生产。在自然资源部 2022 年耕地保护考核中，宁夏位列第 5 名，是全国完成耕地和永久基本农田保护任务的两个省份之一。除此之外，宁夏还注重盐碱耕地改良工作。目前，宁夏盐碱耕地共 248 万亩，其中轻度盐碱地 139.8 万亩、中度盐碱地 74.6 万亩、重度盐碱地 34.3 万亩。为了合理利用盐碱地，宁夏一方面发展高效节水农业，大力实施"三个百万亩"工程，加强技术创新，探索出了脱硫石膏/磷石膏改良、高起垄种植的高效生产技术体系；另一方面加强盐碱地开发利用，大力开展耐盐碱作物品种选育、种植，培育的耐盐碱农产品实现了较好的经济效益。

（四）农村人居环境持续向好

为了深入打好农村污染防治攻坚战，根据《宁夏农村人居环境整治提升五年行动实施方案（2021—2025年）》的要求，2023年宁夏重点从农村生活污水治理、农村垃圾治理等方面进行了农村人居环境改善与提升。

1. 农村生活污水治理力度加大，农村生态环境保护设施逐步完善

2023年2月，《宁夏农村生活污水处理设施运行维护管理办法（试行）》印发，内容涵盖职责分工、运行维护、资金保障、监督考核4个方面、26条要求，加大了对农村生活污水治理设施的运行维护管理力度，有效解决了农村生活污水处理问题，对农村生活污水治理工作提供了有效的监督管理作用。2023年，宁夏完成农村生活污水集中式处理设施存在问题的初步排查，组织银川市、吴忠市、石嘴山市、中卫市、固原市申报农村生活污水治理项目共40个，将农村生活污水以奖代补资金比例提高到40%，农村生活污水治理率从2019年的28.79%提高到2023年的34%，农村生活污水治理水平得到显著提升。

2. 农村垃圾治理有序推进

村庄清洁是农村人居环境提升的重要内容。2023年，宁夏健全农村生活垃圾治理体系，采取政府购买第三方服务模式，配备小型垃圾收集车1.8万辆、大中型转运车1600多台，聘用农村保洁员1.8万名，建立了城乡一体化、运维市场化的环境卫生保洁体系，全面实行环境卫生积分制等激励制度，农村生活垃圾治理率从2019年的90%提高到2023年的95%，农村人居环境显著改善，生态宜居美丽乡村建设取得一定进展，为农村土壤环境防治奠定了基础。

（五）农业面源污染防治效果较好

宁夏深入推进农业面源污染防治工作，大力发展绿色、生态、现代农业，农用地土壤污染风险防控工作取得了实质性进展。为做好农业面源污染治理工作，宁夏积极推进农作物秸秆、畜禽粪污资源循环再利用，引进现代生物畜禽粪污处理技术，推进畜禽粪污高效还田利用，截至2023年11月，全区农作物秸秆综合利用率达到90%，畜禽粪污资源化综合利用率达到93.1%，高于国家考核指标3个百分点；同时宁夏持续推动化肥农药减量增效行动，大力推广化肥减量增效与有机肥替代技术，支持规模化养殖企业利用畜禽粪便生产有机肥，推广"规模化养殖＋有机肥加工"模式，

截至 2023 年 11 月，化肥利用率达到 41.2%，农药利用率达到 41.5%。为有效控制农用地膜污染、保护耕地环境，宁夏积极推进农膜回收利用。截至 2023 年 11 月，农用残膜回收率达到 90%，高于自治区党委十三届五次会议确定的目标。为进一步做好畜禽养殖污染防治工作，2023 年 4 月，自治区农业农村厅开展了畜禽粪污资源化利用设施装备配套运行问题专项整治行动，10 月又征集推介 12 项畜禽粪污资源化利用集成技术及配套设施装备，为进一步促进畜禽粪污资源化利用提供了监督保障和技术支撑。2023 年 10 月，甘肃、青海等与来自全国的行业专家对宁夏畜禽粪污资源化利用信息填报工作进行了省级交互复核，充分肯定了宁夏畜禽粪污资源化利用的工作成果。农业面源污染防治工作取得的成就为宁夏促进农业绿色转型、推动农业绿色高质量发展、加快建设美丽宁夏提供了坚实基础。

二、宁夏土壤及农村生态环境存在的问题

土壤是生态系统的重要组成部分，对生物多样性、农业生产、食品安全和人类健康都至关重要，加强土壤污染防治是新时代生态文明建设的重要内容。2023 年，宁夏土壤污染防治虽取得了较大成效，但土壤污染防治工作还存在较大压力、农村人居环境整治提升还需进一步深化、农业面源污染仍存在风险等现实问题，绿色发展仍然任重道远。

（一）土壤污染问题不容小觑

2023 年，宁夏在土壤污染防治方面作出了较大的努力，也取得了土壤环境质量稳定的局面，但仍存在土壤污染的风险。

1. 全区范围内仍存在违法倾倒危废现象

尤其是在工业园区固废处置不当时有发生，不正确的废弃物管理和处理方法会导致有害物质渗入土壤，产生土壤污染问题。

2. 土壤污染防治意识不强

工业园区、重点企业普遍存在不愿意投入资金等用于废物利用与处置的问题。

3. 固废综合利用率较低

2020 年，全区一般工业固体废物产生总量为 6453.67 万吨，综合利用

总量为 2966.30 万吨，综合利用率为 45.96%。处置方式以填埋为主，这对土壤污染产生威胁。目前，宁夏尚未建立针对土壤环境污染的应急预案和措施管理体系，土壤污染防治工作存在风险。

（二）农村人居环境有待提升

近几年，宁夏农村人居环境整治提升行动取得了初步成效，但农村人居环境改善的深度不足，主要表现在以下几个方面。

1. 农村基础设施有待改善

2019—2023 年，宁夏农村生活污水治理率分别为 28.79%、26%、28.96%、30%、34%，呈现川区与山区农村生活污水治理率差别较大的现象。以 2022 年为例，宁夏川区农村生活污水治理率在 40% 的水平上，山区农村生活污水治理率在 18% 左右，由此可以看出，宁夏还需要继续加大山区农村生活污水治理设施的建设力度。同时农村用水、如厕等方面仍存在季节性问题，如冬季卫生厕所无法水冲、用水管道冻裂等现象时有发生。

2. 村庄规划管理还不到位，人居环境运维管护机制不健全

在调研过程中，部分农户反应，道路硬化一般只针对村级主干道，村内其他道路还无法实现全面的硬化，雨雪天气道路泥泞不堪，与村庄主干道形成鲜明对比。同时，农村虽然定期清收生活垃圾，并建立了较为完善的垃圾集中处理机制，但农户反映垃圾清运公司有时存在垃圾清理不及时、焚烧垃圾等问题，对垃圾清运公司监督考核措施较少。

3. 缺乏农村人居环境惩罚机制

调研中发现，部分农户不愿意配合农村人居环境整治工作。由于不存在惩罚机制，这部分农户的人居环境脏乱差现象较普遍。

（三）农业面源污染问题突出

农业面源污染是水体污染的主要来源之一。化肥、农药、畜禽粪便和农田土壤中的养分、农药残留物等会通过雨水冲刷或渗透进入河流、湖泊和地下水，对水体质量造成影响，导致水体污染。2023 年，宁夏实施农业面源污染整治集中攻坚行动，取得了较大成效，但仍存在一些问题。

1. 畜禽粪污无害化处理、能源化利用水平有待提升

调研中发现，部分养殖散户仍存在粪肥腐熟还田不及时的现象，尤其是在夏季、秋季，不再使用粪肥进行农业生产，养殖散户将畜禽粪污堆放在自家院落内，不仅污染空气，对土壤及地下水也存在威胁。此外，宁夏畜禽粪污资源化利用率达到90%，但无害化与能源化处理效果还不好。

2.农用残膜回收率存在虚高

在统计农用残膜回收率过程中，显示部分市县超额完成，农用残膜回收率达到100%，但这个数据统计存在虚高现象。由于农用薄膜投入量是精准的，但在回收的过程中残膜上的附着物会虚增残膜回收总量，农用残膜回收量与实际回收量之间比例为1:25，导致统计出来的农用残膜回收率比实际农用残膜回收率偏高的现象。

三、宁夏改善土壤及农村生态环境的对策建议

生态文明建设是事关长远的千年大计、事关根本的"国之大者"。2024年，宁夏要深入学习贯彻党的二十大精神和习近平生态文明思想，全面贯彻落实习近平总书记在全国生态环境保护大会、加强荒漠化综合防治和推进"三北"等重点生态工程建设座谈会上的重要讲话精神，认真贯彻落实自治区党委十三届五次全会部署要求，全面加强新征程生态环境保护、推进美丽宁夏建设。

（一）提高土壤污染防控能力

我们应以更高标准打好蓝天、碧水、净土保卫战和固体废物和新污染物治理攻坚战，提升土壤污染防治能力，确保土壤环境质量稳中向好。

一是以园区为重点，加强对产生固废企业的监督与管理，加快推进宁夏固废综合利用与处置项目建设，提升工业园区一般固废收集处置能力，提高资源化利用率。

二是深化土壤污染防治攻坚行动，强化"六废联治"，确保土壤和地下水污染增量问题有效解决、新增污染有效防治。

三是做好政策引导，提升企业土壤保护意识。由于工业固废处置与利用需要投入较大的资金购买先进的设备，因此应对工业园区和企业做好相应的政策引导和支持，鼓励工业企业建立固废资源化利用机制。

四是加强土壤污染源头防控，实施耕地土壤环境治理保护重大工程，

深入推进农用地重金属污染源头防治，实施建设用地风险管控和治理修复，严把供地环节土壤污染状况调查审查，做到净土收储、净土供应、净土开发，全力守护好净土家园。

（二）大力提升农村人居环境

宁夏应持续加大乡村基础设施建设力度，高质量实施农村人居环境整治提升行动，进一步健全农村人居环境保护与监督长效机制。

1. 持续完善农村基础设施

加大对农村污水治理、农村用水、农村公路、垃圾治理等基础设施建设，尤其要大力提升山区的基础设施建设力度，改善乡村生产生活条件。

2. 持续实施农村人居环境整治提升五年行动

构建乡村环境长效发展机制，充分发挥农民自身主体作用，加强爱护环境宣传教育引导，鼓励农户争当环境整治的维护者和监督者，激发农民"我参与、我受益"的内生动力。

3. 开展垃圾分类和资源化利用试点

完善生活垃圾收运处置体系，常态化开展村庄清洁提升行动，引导群众清理整治"六堆六边一顶"，持续开展农村人居环境整治提升示范建设，形成良好示范带动效应。

（三）加强农业面源污染防治工作

继续强化农业生态环境保护责任，落实农业面源污染治理各项措施，推进建立农业污染防治长效机制，保护好农业产地生态环境。

1. 继续强化源头减量、资源利用

鼓励引导种植大户化肥减量，扩大有机肥使用面积，推广使用全生物降解地膜，大力实施粪污资源化利用、农用残膜回收补贴等项目，确保畜禽粪污就近就地还田利用、农用残膜有效妥善处理。

2. 建立科学的农用残膜回收体系

为了获取准确的农用残膜回收率，建议全区建立健全农用残膜回收体系，包括收集、分类、运输和处理等环节。合理规划和布局回收点、垃圾站和再生资源利用中心，提供便捷的残膜回收通道。同时支持和鼓励农业科技机构开展农用残膜的降解处理技术研发，探索更环保、可降解的农用膜材料，以降低残膜对环境造成的影响。

3. 推进耕地土壤环境保护

坚持最严格的耕地保护制度，依据全区耕地土壤环境质量类别划分，结果实施分类管理。认真开展污染现状调查评估，制定受污染耕地安全利用方案，开展耐镉污染土壤微生物筛选，对受污染耕地进行土壤环境质量监测、农产品质量检测等，针对性地采取治理和修复措施，降低农产品污染风险。

2023 年宁夏草原生态保护与修复研究

宋春玲

　　草原被称为"地球的皮肤"，在保持水土、防风固沙、保护生物多样性、维护生态系统平衡等方面具有不可替代的作用。宁夏 6.64 万平方公里的土地面积中，现有草原 3046.55 万亩，占比 39.1%。自治区党委、政府高度重视草原生态保护与修复，制定了《宁夏林业和草原发展"十四五"规划》，出台了《关于加强草原保护修复的实施意见》，以完善草原保护修复制度为主线，以加强草原资源保护为核心，以实施草原生态修复工程为抓手，以培育稳定草原生态系统为目标，统筹山水林田湖草沙综合治理，"封、种、改"多措并举，"乔、灌、草"合理配置，全面加强草原生态脆弱区综合治理，持续推进草原生态保护和修复。草原生态退化状况得到有效遏制，草原生态环境不断改善，为建设黄河流域生态保护和高质量发展先行区作出积极贡献。

一、草原生态保护与修复的重要性

　　草原是非常重要的生态屏障，我国草原面积约占国土面积的 40%，是陆地上面积最大的生态系统，草原生态保护与修复异常重要。草原植被具

作者简介　宋春玲，宁夏社会科学院农村经济研究所（生态文明研究所）助理研究员。

有减缓风力侵蚀的作用，植被根系较发达且呈网状，能够较好地固定沙地；草原容易吸收降水，减缓地下水蒸发，是天然的蓄水池；草原可为各种野生动物提供栖息地。所以说草原具有防风固沙、涵养水源、调节气候、维护生物多样性等生态功能，同时是发展畜牧业最重要的生产资料，是牧民重要的经济来源。草原还能够吸收大量二氧化碳等温室气体并将其固定在植物和土壤中，是仅次于森林的第二大碳库，但草原固碳的成本仅为森林固碳的44%。自治区党委十三届五次全会指出，要全面贯彻落实习近平总书记在全国生态环境保护大会、加强荒漠化综合防治和推进"三北"等重点生态工程建设座谈会上的重要讲话精神，以毛乌素沙地、腾格里沙漠和贺兰山、六盘山"两沙两山"为治理重点，草原的生态保护与修复就变得更为重要。

二、宁夏草原生态保护与修复现状与成效

深入学习贯彻党的二十大精神和习近平生态文明思想，全面贯彻落实习近平总书记在全国生态环境保护大会、加强荒漠化综合防治和推进"三北"等重点生态工程建设座谈会上的重要讲话精神，紧紧围绕铸牢中华民族共同体意识这条主线，在新征程全面加强生态环境保护、推进美丽宁夏建设作出全面部署。

（一）草原保护制度逐渐完善

《中华人民共和国草原法》作为基本草原保护制度的基本法，是1985年6月18日第六届全国人民代表大会常务委员会第十一次会议通过，2021年4月29日第十三届全国人民代表大会常务委员会第二十八次会议第三次修正。2021年出台的《国务院办公厅关于加强草原保护修复的若干意见》进一步强调落实基本草原保护制度，加强草原保护与修复，保障草原畜牧业健康发展。宁夏最早于1994年12月15日宁夏回族自治区第七届人民代表大会常务委员会第十次会议通过并印发了《宁夏回族自治区草原管理条例》，作为宁夏草原资源管理的基本条例于2005年11月修订并沿用至今。2021年，宁夏印发了《宁夏林业和草原发展"十四五"规划》《关于加强草原保护修复的实施意见》，明确了要以坚持尊重自然、保护优先的原则，

坚持政府主导、绿色发展、科学利用、分区施策、系统治理、全民参与。为加强全区草原资源管理，完善国有草原承包经营制度，落实基本草原管理制度。2023 年，自治区党委十三届五次全会审议通过《关于进一步加强禁牧封育的实施方案》，为宁夏草原疏堵结合、科学合理利用指明方向。2023 年同时印发了《宁夏回族自治区基本草原保护管理办法（试行）》《宁夏回族自治区国有草原承包经营确权登记工作方案》《宁夏回族自治区基本草原划定工作方案》。明确划定全区基本草原 2600 万亩，同时明确了基本草原管理方针、监督考核责任、草原保护义务、建立基本草原保护工作表彰奖励机制。

（二）草原生态功能逐步恢复

宁夏是全国唯一一个全域施行封山禁牧的地区。多年来宁夏认真持续贯彻落实禁牧封育、草原生态补助奖励政策，相继实施了多个草原生态保护建设重大工程，为全国草原保护修复工作提供了许多有益的经验。宁夏林草资源中，林地资源与草地资源比例大概为 1:3。截至 2022 年底，宁夏草原总面积 3046.55 万亩，占宁夏土地面积的 39.1%，其中天然牧草地 2174.07 万亩，人工牧草地 16.45 万亩，其他草地 856.03 万亩。草原综合植被盖度为 56.7%，比上年提高了 4.05 个百分点，草原生态得到明显恢复，生产力显著提高。禁牧是加强草原保护修复的重要途径，是促进退化草原休养生息、加快恢复草原植被的主要措施。禁牧封育 20 年来，宁夏草原生态逐步向好，草原综合植被盖度从禁牧前的 35% 提高到 2022 年的 56.7%，增长了 21.7 个百分点。同时大力发展畜牧产业，畜牧业总产值比禁牧前增长了 7.67 倍，实现了"生态恢复、生产发展"的良好局面，走出了一条生态和效益双赢的路子。2020 年，宁夏西华山国家草原自然公园与香山寺国家草原自然公园入选了全国首批国家草原自然公园试点建设名单。2021 年，印发《宁夏回族自治区草原自然公园试点工作方案》，西华山国家草原自然公园与香山寺国家草原自然公园同时制定了发展规划，正式启动国家草原自然公园试点建设工作。2022 年以来，宁夏科学精准谋划，开展草原生态修复、挖掘草原文化、发展草原生态旅游，构建了草原生态保护与发展互利共赢的新发展格局。

（三）草原修复技术创新能力提升

在草原修复技术创新方面，宁夏创造了"柠条平茬+草原修复"的林草资源良性循环利用模式，既有利于草原的修复，又带来了经济收益，是宁夏生态经济发展的典型案例。另外，在草种优化、草地种植模式升级、草地丰产技术方面等方面均有突破，探索总结出草原生态改良和增效的新模式与关键技术。在草原生物防治技术方面，野化狐狸控制鼠害技术被农业农村部列为新型推广技术，大大降低了草原灭鼠成本。草原蝗虫防治新方法，既提升了草原虫害绿色防控水平，又降低了防治成本，大幅提高了防治作业效率。另外，2023年种草改良计划任务落地上图工作全面完成，为草原保护修复精细化管理提供了依据。

（四）林草改革稳步推进

为全面清查核实国有草原承包经营现状，宁夏开展了承包经营权确权登记试点县（区）国有草原承包地块勘测定界工作。目前已经完成银川市兴庆区、石嘴山市平罗县、吴忠市红寺堡区、固原市西吉县、中卫市中宁县5个试点县（区）114435户、612万亩承包地块的勘测定界工作，涉及承包证6826个、承包合同41份。勘测定界工作进一步明确了草原国家所有、集体使用、农户承包经营三者关系，明确了所有权、使用权、经营权，为开展草原承包经营权确权登记奠定了基础，为下一步在全区开展确权承包登记工作提供了经验和借鉴。

三、宁夏草原生态保护与修复存在的问题

近年来，宁夏草原生态保护与修复工作取得了显著的成效，但也存在一些不足。

（一）生态环境本底脆弱

宁夏地处黄土高原和内蒙古沙漠边缘的过渡地带，位于中国西北部黄河中上游地区，属于东部农耕区与西部草原牧区的过渡地带。地理位置介于35°14′N—39°23′N、104°17′E—107°39′E，属于典型的干旱、半干旱气候区，全区总面积为6.64平方千米。同时宁夏还是全国水资源拥有量较少的省份，年均降水量150—600毫米，但是蒸发量却在800—1600毫米。降水

量空间分布不均匀，加之人类活动的干扰，使得包括草原生态系统在内的生态环境极其脆弱。

（二）草原生态保护意识仍需提高

近年来，草原生态保护与修复越来越受到重视，然而草原生态保护与修复工作起步较晚，部分地方存在"重经济、轻保护"的思想，导致相关工作人员参与性不高、自主性不强。

（三）监管力度不大

《中华人民共和国草原法》现如今已经修订几次，而作为宁夏草原管理基本法的《宁夏回族自治区草原管理条例》仅修订了一次，最新修订时间为2005年，略显滞后。从中央生态环境保护督察集中通报案例看，还存在国有草原承包制度不完善、草原经营权流转不规范等现象。草原监管缺少专项经费，缺少专业人员，缺少先进设备，这也是导致出现上述现象的主要原因。

四、宁夏草原生态保护与修复的对策建议

习近平总书记提出，要统筹山水林田湖草沙系统治理，实施好生态保护修复工程，加大生态系统保护力度，提升生态系统稳定性和可持续性。采取禁牧封育、退化草原修复、种草改良、有害生物防治等措施，全面加强草原生态保护修复。

（一）筑牢生态安全屏障

2020年6月，习近平总书记视察宁夏时指出，要努力建设黄河流域生态保护和高质量发展先行区，加强贺兰山、六盘山、罗山自然保护区建设，统筹生态保护修复和环境综合治理，赋予宁夏人民保障国家生态安全的历史责任。自治区党委、政府全面践行习近平生态文明思想，坚决贯彻落实习近平总书记视察宁夏重要讲话指示批示精神，从全国生态大局、区域生态格局深刻认识宁夏的生态地位。构建"一带三区"生态生产生活总体布局，以"一带"辐射带动"三区"高质量发展，以"三区"护卫支撑"一带"生态保护建设，为继续建设经济繁荣、民族团结、环境优美、人民富裕的美丽新宁夏提供坚实保障。

（二）加强生态保护宣传教育

第一，加强对相关工作人员的教育与培训，通过加强生态保护理念的教育，提高对草原生态保护与修复的认识。同时要因材施教，重点加强对各企业及牧民生态保护理念的教育。第二，增加资金投入，利用主流媒体和微信、微博、抖音、快手等渠道，加强生态保护的宣传教育。第三，增开自然学校、科普基地，开展自然教育活动，加大对公民尤其是青少年的生态保护理念的教育，使其形成生态思想、生态思维。

（三）创建国家草原保护发展综合改革试验区

1.适时修订法律法规

针对草原经营权流转存在的问题，为做到有据可查、有法可依。建议完善规范草原承包经营权流转措施，加强国有草原承包经营权流转管理，引导和促进国有草原承包经营权合法、有序、规范流转，逐步实现国有草原自然资源保值增值。

2.推进草原制度改革

深化草原产权制度改革，推进草原资源调查和确权登记。建立以集体经济组织内部家庭承包经营为基础、统分结合、责权利相统一的草原经营体制，缓解草原保护与利用矛盾。持续巩固拓展脱贫攻坚成果同乡村振兴有效衔接，健全完善国土绿化、生态产业、生态补偿等政策机制，拓展增收致富途径。以确定草原所有权、明确草原使用权、规范草原承包经营权为导向，实现国有草原承包经营权属清晰、责任明确，做到国有草原承包地块、面积、合同、证书"四相符"，为加强国有草原自然资源资产管理、国有草原处置配置、经营权流转、调解处理纠纷、完善补贴政策、开展征地补偿和抵押担保提供重要依据。

3.深入开展林草碳汇计量评估与碳中和战略研究

编制宁夏林草碳汇潜力评价等碳中和战略研究系列报告，提出宁夏林草碳汇计量标准，构建宁夏林草碳汇计量与监测体系，为绿色低碳可持续发展提供支撑。

4.统筹发展和安全

强化风险意识和底线思维，积极防控和减少各类林草灾害，筑牢林草生态安全基础。持续做好森林草原防灭火工作，压实森林草原防火责任，强化野外火源管控，加强防火队伍培训、物资储备和防火宣传，持续推进防火重点工程和基础建设，扎实做好全区森林草原火灾风险评估区划，积极开展森林草原火灾隐患排查专项行动，充分利用自治区党委"四防"常态化督查工作机制加强检查，跟踪督导问题整改，及时消除隐患，不断夯实全区森林草原防灭火基础。全力做好林草有害生物防治工作，确保完成各项防治任务目标。

5. 加强基层队伍建设

面对乡镇林业站机构改革新形势，创新服务模式和机制，发挥基层人员优势，成立综合执法队伍。加快生态护林员、公益林管护员、草管员等管护人员融合，保持1万人以上的管护队伍。健全自治区林草人才发展规划体系，多渠道引进和培养高水平专业人才，稳定现有人员队伍，完善林草专业技术人才继续教育体系，激励人才到基层一线创业，并大力培养科技领军人物和技术骨干。

2023 年宁夏"三山"生态保护研究

李晓明

贺兰山、六盘山、罗山(以下简称"三山")作为宁夏的重要生态坐标,是北方农牧交错带、黄河流域生态系统和全国生态安全屏障的重要组成和主要构成单元。"三山"特有的自然地理,具有调节水汽交换、阻挡沙尘东进、改善西北局部气候、稳定季风界限、联动全国气候格局的功能作用。习近平总书记赋予宁夏生态环境建设与保护的特殊使命任务,指出"宁夏作为西部地区重要的生态安全屏障,承担着维护西北乃至全国生态安全的重要使命""要大力加强绿色屏障建设"。"三山"的有力保护和有效利用,在宁夏建设黄河流域生态保护和高质量发展先行区中具有空间支撑、要素保障和发展赋能的重要作用,在新征程加强生态环境保护、推进美丽宁夏建设、奋力谱写人与自然和谐共生的中国式现代化宁夏篇章中具有基础性、关键性、全局性的重要地位。

一、"三山"生态保护现状

(一)"三山"生态保护修复取得阶段性成效

"三山"生态保护修复专项规划持续推进落实,先后共计启动实施 254

作者简介 李晓明,宁夏社会科学院农村经济研究所(生态文明研究所)助理研究员。

基金项目 国家社科基金青年项目"农牧交错带易地搬迁农户的生计可持续发展模式与实现路径研究"(项目批准号:19CSH064)阶段性成果。

个项目，完成投资 88.52 亿元，累计保护修复湿地 45.9 万亩，修复矿山及国土整治 51.48 万亩，治理荒漠土地 180 万亩，营造林 300 万亩，治理新增水土流失面积 1949 平方公里。[①]全区森林覆盖率、草原综合植被盖度、湿地保护率分别达到 10.95%、56.7%、29%。[②]"三山"保护修复取得重大成效，实现了贺兰山、六盘山、罗山生态保护区域的延伸拓展，显著提高了生态自愈能力，明显增强了西北、华北乃至全国的生态安全屏障功能。

（二）构建起"一河三山"生态空间格局

《宁夏回族自治区国土空间规划（2021—2035 年）》，围绕黄河和贺兰山、六盘山、罗山（以下简称"一河三山"）区域的山水林田湖草沙和城市生态系统建设，突出"一河三山"在维护西北乃至全国的区域生态安全中的核心地位，着力建设具有多样性、稳定性和可持续性的生态系统，通过将贺兰山保护区和延伸区域的综合整治提升为系统治理，贺兰山生态环境保护质量明显提升、生态系统自我修复能力不断加强、自然生态本底得到逐渐恢复；通过全面推进六盘山小流域综合治理和国土绿化，六盘山水源涵养和水土保持功能持续增强，森林覆盖率达到 66.3%；通过持续实施防风固沙、不断加大林草植被保护和修复，罗山水土流失、草地退化、土地荒漠化沙化等问题得到有效控制；通过加强黄河流域生态治理、推动绿色转型发展，黄河流域生态保护和高质量发展先行区建设步伐不断加快，宁夏逐步构建形成"一河三山"生态空间格局。

（三）国家试点示范工程系统推进成效显著

宁夏积极将"三山"生态保护修复融入国家战略、纳入国家规划、建设示范工程，系统推进生态保护和修复项目已见成效。贺兰山生态保护修复和贺兰山、六盘山生态屏障建设分别列入《中华人民共和国国民经济和社会发展第十四个五年规划纲要》和《黄河流域生态保护和高质量发展规划纲要》；贺兰山生态保护修复、黄河重点生态区矿山修复等工程纳入《全

---

① 张唯：《宁夏"三山"生态保护修复取得阶段性成效》，《宁夏日报》2023 年 10 月 2 日。

②赵锐：《宁夏晒出"三山"生态保护修复"成绩单"》，《新消息报》2023 年 7 月 7 日。

国重要生态系统保护和修复重大工程总体规划（2021—2035年)》；黄河上游风沙区（中卫）历史遗留废弃矿山生态修复、吴忠罗山地区防沙治沙综合治理等项目入选国家试点示范工程。①通过将"三山"生态保护修复融入国家战略、纳入国家规划，积极争取推动国家试点示范工程建设和中央财政水土保持、林业改革发展、国土绿化补助等专项资金，有效保障了"三山"生态修复项目顺利实施。中央财政资金先后支持贺兰山、六盘山山水工程共40亿元，自然资源部和世界自然保护联盟将贺兰山生态保护修复列为中国特色十大典型案例，"三山"的国家试点示范工程系统推进成效显著。

（四）"三山"生态保护制度进一步健全

自2017年自治区第十二次党代会明确提出要大力实施生态立区战略、构筑'三山'生态安全屏障以来，在国家层面，贺兰山生态保护和修复被列入《全国重要生态系统保护和修复重大工程总体规划（2021—2035年)》，贺兰山、六盘山国家公园建设纳入《国家公园空间布局方案》。②在自治区层面，自治区第十三次党代会提出"争创贺兰山、六盘山国家公园"、"实施生态优先战略、打造绿色生态宝地"，先后制定《贺兰山国家级自然保护区生态环境综合整治推进工作方案》《贺兰山生态环境综合整治修复工作方案》《鼓励和支持社会资本参与生态保护修复的实施意见》《关于进一步加强生物多样性保护的实施意见》《宁夏回族自治区自然资源保护和利用"十四五"规划》《宁夏回族自治区生态环境保护"十四五"规划》《贺兰山、六盘山、罗山生态保护修复专项规划（2020—2025年)》《关于建设黄河流域生态保护和高质量发展先行区的实施意见》，以及自治区党委十三届五次全会对新征程全面加强生态环境保护、推进美丽宁夏建设作出全面部署，印发自治区生态文明建设"1+4"系列文件③等政策方案，

---

① 张剑波：《宁夏"三山"生态保护修复取得阶段性成效》，《宁夏法治报》2023年9月28日。

② 李锦：《"三山"生态修复"修"出美丽新画卷》，《宁夏日报》2023年3月5日。

③ "1+4"系列文件指《关于深入学习贯彻习近平总书记重要讲话精神、全面推进新征程生态文明建设、加快建设美丽宁夏的意见》及环境整治、生态修复、绿色发展、组织保障4个专项文件。

"三山"生态保护修复治理的制度保障进一步健全。

二、"三山"生态保护面临的问题和挑战

"三山"生态保护虽已取得阶段性成效，国家试点示范工程系统推进，进一步构建了"一河三山"生态空间格局，制度逐渐完善，但还存在生态质量改善不够稳固、生态治理存在短板和薄弱环节，仍需加强"三山"生态保护力度，大力加强绿色屏障建设，科学应对生态环境问题，全面提升生态安全能力水平。

（一）"三山"生态质量改善不够稳固

在建设黄河流域生态保护和高质量发展先行区的关键时期，"三山"生态系统服务功能水平还不够高，优质生态产品供给能力不足，自然生态保护仍需大力加强，生态产品价值实现机制有待创新突破。

（二）"三山"生态治理能力需继续提升

"三山"生态保护修复的资金主要为政府投入，市场导向的生态环境经济政策效用尚未充分发挥，还未形成多元生态保护主体和市场化、社会化保护格局，投入力度和保护主体还不能满足现代化生态治理需求，"三山"生态保护和修复的资金投入保障政策有待进一步完善。生态风险管控压力大，监测能力还不能满足现代化的监管需求，监测监管的数字化、智能化水平不高，突发生态环境事件应急能力还需进一步加强。生态文明建设领域的创新力量较弱、创新资源短缺、创新活力不足，生态保护和修复的科技创新不够、支撑能力不足、环保意识缺乏，经济社会发展各主体、各领域的生态环保意识需要重点培养提升。

（三）"三山"生态保护工作仍面临巨大挑战

宁夏三面环沙、干旱少雨的自然地理和气候特征，决定了其先天资源禀赋不足、环境承载能力有限的生态底子。当前，解决生态环境问题的手段途径单一、能力水平不高，统筹发展和保护、发展和安全、发展和民生的难度较大，面临着保护生态可持续与实现经济社会高质量发展的矛盾压

力。①"三山"生态环境保护从根源上、结构上还存在较大问题，生态环境保护形势依然不容乐观，与完整准确全面贯彻新发展理念要求还存在较大差距，"三山"生态保护信息化建设滞后，数字化、智能化水平不高，面临科技创新不够、治理能力不足、发展质量不高等多重困境。②

三、推进"三山"生态保护的对策建议

（一）准确把握"三山"生态保护修复的新任务、新要求

国家支持宁夏建设黄河流域生态保护和高质量发展先行区，赋予宁夏生态环境建设与保护新的使命，对"三山"生态环境保护提出了更大任务、更高要求。一是要坚决贯彻党的二十大精神和习近平生态文明思想，全面落实习近平总书记在全国生态环境保护大会、加强荒漠化综合防治和推进"三北"等重点生态工程建设座谈会上的重要讲话精神，作为"三山"生态环境保护工作的最大动力和根本保障。二是要深刻认识统筹发展和安全、发展和生态、发展和民生是各级党委和政府的使命任务、职责所在，要坚持综合治理、系统治理、源头治理，狠抓责任落实，强化监督检查。三是要加强顶层设计，牢固树立生态优先的理念，大力实施生态立区战略，按照生态系统整体性保护、生态要素系统性修复、生态产业融合性发展、生物多样性维护的思路，整体统筹、科学施策，推动综合整治"三山"生态环境，坚决保护好"三山"生态，守好生态环境生命线。

（二）积极推动将"三山"生态保护修复纳入国家重大战略布局

围绕"三山"生态功能提升与生态修复治理，加强与国家部委的对接的联系，充分掌握国家层面关于生态问题的任务要求、推进计划和项目安排，准确把握机遇，主动迎接挑战，积极探索生态修复治理、多产业融合发展与生态产品价值实现一体推进模式，完善综合保护措施，推进国家公

---

① 《自治区人民政府办公厅关于印发〈宁夏回族自治区自然资源保护和利用"十四五"规划〉的通知》（宁政办发〔2021〕57号）。

② 《自治区人民政府办公厅关于印发〈宁夏回族自治区生态环境保护"十四五"规划〉的通知》（宁政办发〔2021〕59号）。

园、自然保护区、动物栖息地建设，把生物多样性保护目标纳入相关重大发展规划，制定新时期生物多样性保护战略与行动计划，实施野生动植物生境改善工程，提升生物生存环境质量，保护各类生态资源和生物多样性，推动将"三山"生态保护修复纳入国家重大战略布局，发挥重大工程牵引带动作用，打造国家公园，为筑牢我国北方生态安全屏障、建设美丽中国作出宁夏贡献。

（三）全面构建"三山"生态保护修复体系和生态安全格局

全面推进《贺兰山、六盘山、罗山生态保护修复专项规划（2020—2025 年)》落实落地，统筹山水林田湖草沙综合治理、整体保护、系统修复，推进"三山"生态保护和修复，继续实施封山育林、保护森林草原植被资源、推进水源涵养区建设、提升水源涵养及水土保持能力，着力构建贺兰山、六盘山、罗山生态保护修复体系和生态安全格局，提高"三山"生态系统的质量和稳定性，实现山绿、水清、林茂、田沃、湖（河）畅、草丰、沙退、民富，守住自然生态安全边界，筑牢西部生态安全屏障。

（四）切实加强"三山"生态修复项目管理和生态治理效果评估

围绕"三山"生态保护修复工程项目，建立健全政策制度、资金投入、监测监管、综合评价、改革创新等保障机制，全面检视存在的问题短板，强化生态修复项目验收和生态治理效果评估，为有针对性地做好下一步的工作提供科学指引。将"三山"生态保护修复推进情况纳入各部门和地方效能目标管理考核体系，研究制定生态评价考核指标，以考核提效能，精准推动年度重点目标指标全面完成。同时，探索社会化治理路径，聚焦深化改革创新，因地制宜探索多元主体参与的生态保护修复模式，充分发挥市场在资源配置中的决定性作用，激发市场主体活力，增加优质生态产品供给，促进社会资本参与生态保护修复，拓宽生态保护修复资金投入渠道和科技创新力量，全面赋能"三山"生态保护，筑牢西北地区重要生态安全屏障，维护国家生态安全。

（五）努力提升"三山"生态保护保障能力水平

加快建设六盘山实验室和贺兰山实验室，加强"三山"基础理论研究和基础设施建设，加强生态保护信息化建设，建立卫星遥感与地面"地空"

复合的生态资源监测体系，大力提升数字化、智能化管护能力和水平，让科技赋能生态保护工作。加大对"三山"生态保护人才队伍建设支持力度，发挥"三支一扶"和选调生政策优势，鼓励大学生到保护区建功立业。发挥政府主导作用，统筹各级财政资金，建立多元投入主体和生态补偿体制机制，保障"三山"生态保护和修复有充足的资金、人才、科技等要素投入。全面推进"三山"生态保护行政执法和法治建设工作，加快构建和完善行政执法体系，提升法治能力和执法水平，以法治管理促进治理能力提升，为持续巩固贺兰山生态环境整治成果提供保障，为建设黄河流域生态保护和高质量发展先行区贡献力量。

区域篇

QUYU PIAN

2023 年银川市生态环境报告

高 乔

2023 年，银川市坚持以习近平新时代中国特色社会主义思想为指导，深入贯彻落实习近平生态文明思想和党的二十大精神，认真落实自治区党委十三届四次、五次全会以及银川市委十五届八次、九次全会精神，推动污染防治向纵深推进。高标准举办第二届"黄河流域生态保护主题宣传实践月"活动，闽宁镇成功创建"两山"理论实践创新基地，"无废"城市、区域再生水利用试点建设城市稳步推进，排污权、碳排放权改革走在全区前列，列入黄河流域生态保护和高质量发展联合研究"一市一策"驻点科技帮扶城市，银川市葡萄酒产业清洁生产审核创新试点项目入选国家创新试点，各项工作取得显著成效。

一、2023 年生态环境质量状况

（一）环境空气状况

2023 年，自治区下达银川市环境空气质量考核目标为：优良天数比例为 84%，PM_{10} 平均浓度为 67 $\mu g/m^3$，$PM_{2.5}$ 平均浓度为 31 $\mu g/m^3$。截至 11 月 30 日，银川市优良天数 258 天，优良天数比例为 77.2%，同比减少 6.3%。扣除沙尘天气后，PM_{10} 平均浓度为 70 g/m^3，同比上升 7.7%；$PM_{2.5}$ 平均浓

作者简介　高乔，银川市生态环境局办公室干部。

度为 30 μg/m³，同比持平。

（二）水环境状况

2023 年，自治区下达银川市水环境质量考核指标为：黄河干流断面水质确保"Ⅱ类进Ⅱ类出"，地表水国控断面水质优良比例达到 80%，劣Ⅴ类水体控制在 10%以内；城市和县级集中式饮用水水源达到或优于Ⅲ类水质比例为 100%；重要江河湖泊水环境功能区达标率达到国家下达目标。1—11 月，黄河干流银川段继续保持Ⅱ类进出，地表水国控断面水质达标率 100%，无劣Ⅴ类水体；城市和县级集中式饮用水水源达到或优于Ⅲ类水质比例 100%（剔除地质本底因素）；黄河永宁过渡区达到自治区水环境功能区Ⅲ类目标；地表水区控断面水质达标率 100%。

（三）土壤环境状况

2023 年，自治区下达银川市土壤环境质量考核指标为：重点建设用地安全利用有效保障；2 个区域地下水考核点位水质稳定达到Ⅳ类、4 个地下水型饮用水源地水质稳定达到Ⅲ类；农村生活污水治理率达到 73.3%，完成新增行政村农村环境整治 4 个，完成农村黑臭水体整治 2 条，农业面源污染防治各项指标进一步巩固提高。危险废物安全处置率持续保持 100%，重点行业重点重金属污染物排放比 2020 年下降 1%。截至 11 月 30 日，2 个地下水型饮用水源地水质稳定达到Ⅲ类，1 个停用，1 个暂未达到考核要求，其他各项指标均达到自治区考核要求。农产品质量和土壤人居环境安全情况总体平稳。

二、2023 年银川市生态环境工作成效

（一）坚持高位推动，加强组织领导

银川市委、市政府高度重视生态环境保护工作，修订《银川市噪声污染防治条例》《银川市餐饮服务业环境污染防治条例》，出台《关于深入学习贯彻习近平总书记重要讲话精神　认真贯彻落实自治区党委十三届五次全会部署　全面加强生态文明建设　加快建设美丽银川的实施意见》《银川市深入推进生态文明建设工作保障机制》等重要文件，形成全面系统的路线图和施工图。在全市范围内开展"四防"常态化督查检查和生态环境

违法行为专项整治行动，排查问题，整治隐患，完善机制，切实形成党委领导、政府落实、主管部门齐抓共管的工作格局。

（二）坚持问题导向，从严整改反馈问题

始终把各级各类督察反馈问题整改作为一项重要政治任务，建立"台账管理、定期调度、督办落实、验收销号"工作模式，确保反馈问题按时高质量整改销号。截至 11 月 30 日，2021 年第二轮中央生态环境保护督察反馈的 21 项问题，8 项已通过自治区现场验收，3 项正在组织验收中，其余 10 项正在按进度有序推进；反馈的 560 件投诉举报转办件，全部办结；自治区各类生态环境保护督察反馈问题共 1137 个，已整改完成 1127 个，剩余 10 个正在按进度有序推进，整改率 99.1%；全市生态环境违法行为专项整治行动发现问题 950 个，已整改完成 946 个，剩余 4 个正在按进度有序推进，整改率 98.6%。

（三）坚持依法治污，深入打好污染防治攻坚战

1. 多点发力打好蓝天保卫战

强化煤尘治理，完成农村地区 3 万余户散煤治理，建立三区散煤用户清洁煤供需台账；强化烟尘治理，分类施策推进挥发性有机物综合治理，对 156 家涉挥发性有机物企业开展"一企一策"深度分析；建设完成大气污染防治项目 13 个；强化扬尘治理，对 101 处裸露地面进行全面整治，开展"洗城"行动，洒水 6.36 万车次，雾炮作业 1.59 万车次，绿地、草坪、绿化带喷洒面积 11.26 亿平方米，建成区道路机械化清扫率稳定达 80% 以上；强化汽尘管控，检查用车大户 22 户、柴油货车及国六重型燃气车辆 7285 辆次，累计注销淘汰机动车 3.27 万辆，新增新能源公交车 600 辆；加大协同治理力度，积极与宁东、鄂尔多斯等地就大气污染联防联控，有效改善空气质量。

2. 多措并举打好碧水保卫战

持续加强饮用水源保护，银川都市圈城乡西线供水工程稳定运行，地表水型水源地保护区规范化建设有序推进；深化工业废水综合整治，实现工业园区废水"一网统管"，集中处理及稳定达标排放率 100%；巩固黑臭水体治理成效，开展水体返黑返臭风险排查，完善城市建成区黑臭水体长效管理机制；推动污水处理提质增效，全市 16 座污水处理厂全部达到一级 A 及以上排放标准，城市污水集中处理率超过 95%；深化人工湿地运维管护，确保入黄水质稳定达到Ⅳ类；强化水安全应急保障，编制四二干沟等 7 条河流"一河一策一图"环境应急响应方案；开展黄河干流入河排污口排查整治，对 276 个排污口进行"一口一策"分类整治，已完成整治 243 个，整治率 88.04%，超额完成自治区下达任务。

3. 多管齐下打好净土保卫战

严管土壤重点监管单位，依法依规将 27 家企业纳入 2023 年土壤污染重点监管单位名录，有效管控土壤污染风险；严格建设用地准入管理，在全区率先印发《银川市重点建设用地土壤污染状况调查实施细则（试行)》，组织完成 73 处用途变更地块土壤污染状况调查及专家评审；将 17 家从事土壤污染调查、风险评估、风险管控和修复活动单位纳入信用系统监管，确保土壤污染调查、评估真实可信；强化耕地重金属污染源头控制，开展农用地土壤镉等重金属污染源头防治行动，排查整治涉重金属等矿区历史遗留固体废物，坚决打击非法排放、倾倒、处置含镉等重金属污染物违法违规行为，保障粮食和食品安全；加大农业面源污染综合治理力度，农村生活污水治理率达到 73.3%，农村黑臭水体实现动态清零；稳步推进新污染物治理，对全市 240 家制造企业以及兴庆区、灵武市 70 家畜禽养殖企业化学物质环境信息进行统计调查。

(四) 坚持示范引领，打造生态创建新典范

1. 碳排放权改革积极推进

率先在全区对 14 家年用煤量 5000 吨以上、10000 吨以下标煤企业开展二氧化碳排放量核查，已全部完成核查工作。积极争取全区碳普惠试点建设，制定出台《银川市碳普惠体系建设方案》等文件，征集 4 个碳普惠方法学，为全区碳普惠机制构建提供可参考样本。

2. 排污权改革试点先行

启动挥发性有机物排污权有偿使用和交易试点工作，增加排污权交易污染因子；探索激活排污权金融属性，实现排污权金融赋能新突破，累计开展排污权交易 152 笔，交易金额 1059.92 万元，交易数位列全区第一。

3. "无废城市"建设走在前列

督促指导各有关单位积极创建 9 类"无废细胞",已有 100 个"无废细胞"通过牵头单位验收,打造"无废细胞"示范点 13 个,创建工作走在全区前列。永宁县闽宁镇成功创建"两山"理论实践创新基地。

4. 区域再生水循环利用试点建设取得突破

编制《银川市再生水利用规划》,实行试点建设重点工程动态更新管理机制,18 项重点工程已建成 4 个,在建 2 个,已列入中央资金实施库项目 2 个,正在申请纳入中央资金储备库项目 5 个,其余 5 个正在加快优化项目建设内容和可研报告。

5. "海绵城市"重塑生态环境

开展内涝积水点治理,对 11 处积水路段进行治理,目前,银川市 31% 以上的建成区面积达到 30 年一遇内涝防治标准,内涝积水区段消除比例达到 93%。顺利通过财政部、水利部、住建部绩效评价,取得示范市 B 级成绩,位列西北城市前列。

(五)坚持保护、修复并重,绘就大美银川新画卷

1. 高站位筑牢贺兰山生态屏障

推进重点区域历史遗留矿山生态修复,其中西夏区套门沟矿区整治项目、贺兰县宰牛沟生态恢复治理项目、闽宁镇矿山治理项目均已完工,治理成果得到有效巩固。

2. 高标准建设森林生态圈

实行营造林工程进度周报制,已完成 7.651 万亩,完成率 100.04%;建成小微公园 8 个,面积 14.2 公顷,力争率先在全区建成"百园之城"。完成全市基本草原初步核定,核定 172.54 万亩,2023 年修复 1.5 万亩,草原生态有效改善。

3. 高质量推进防沙治沙、农田改造

2023 年完成中部防沙治沙建设工程 5.705 万亩。持续推进高标准农田建设,全市总耕地面积 211.01 万亩,累计建设高标准农田 199.11 万亩,为产业转型升级、生态可持续发展奠定基础。

4. 高效能建设美丽河湖

实施河湖重点项目 28 项，已开工 24 项，开工率 85.7%。金凤区宝湖、典农河城区段有望成功申报为自治区级美丽河湖；鸣翠湖被国家林草局批准列入国家湿地名录，并参加全国"美丽河湖"优秀案例评选，有望成为继沙湖后宁夏第二个国家级"美丽河湖"建设范例单位。

（六）坚持底线思维，切实维护生态环境领域安全

牢固树立安全发展理念，按照自治区"1+37+8"系列文件制定生态环境领域"1+9"配套文件。紧盯"一废一库一品一重"、环保设施安全稳定运行、核与辐射安全等重点领域和关键环节，开展重大事故隐患专项排查整治，发现一般安全生产隐患问题 188 项，已完成整改 183 项，整改率97.34%。加强危险废物执法监管，完成 81 家工业企业危险废物网上申报工作，监督危险废物产生、经营单位规范化收集处置危险废物 36.41 吨。加大企业突发环境事件应急预案监管力度，完成 163 家企事业单位应急预案备案。

（七）坚持科技赋能，全面提升生态环境智能监测水平

加快建设银川市生态环境综合管理信息化平台，一期项目已通过竣工验收，已与自治区实现数据资源共享。争取自治区资金 1124 万，建设银川市交通污染监测站，力争在全区率先建成精准化、协同化、智能化的生态环境管理平台。围绕执法监测、监督性监测、环境质量监测、应急监测任务，积极开展实验室项目资质扩项，生态环境监测能力增至 351 项，环境空气质量监测能力从常规 6 项增至 200 项，基本实现了水、气、声、土壤、固废环境要素的全覆盖。环境空气监测点优化到 13 个，地表水和地下水监测点位优化到 46 个，功能区噪声监测点优化到 15 个，环境监测网络更加科学，能够客观反映全区生态环境质量。

（八）坚持依法治污，不断完善生态环境法治建设

紧盯 560 个涉气、涉水、固废、土壤等重点排污单位和其他一般排污单位，督促其按照法律法规做好自主监测、信息公开等工作。开展行政处罚包容免罚工作，对宁夏润腾商业管理有限公司等 3 家企业包容免罚，共免罚 40 万元。积极探索"服务 + 执法"模式，编印《生态环境服务企业指导手册》，针对现场检查发现的企业环评办理、生产工艺、污染防治、危废处理等方面存在的 51 个问题，及时指导帮扶企业完成整改。2023 年以来，共出动执法人员 5895 人次，检查巡查企业 3180 家次，发现问题 537 个，整改完成 498 个。审核、下达行政处罚决定书 49 件（包含 3 件包容免罚案件），罚款金额 223 万元，没收违法所得 530 元，收缴入库罚款金额共计约 470 万元。

三、银川市生态环境建设存在的问题

（一）环境空气质量受气象条件影响明显

沙尘天气影响广泛，臭氧污染明显增大，大气污染受外源影响较大，协同治理力度还不够，优良天数比例同比减少，环境质量持续改善压力大。

（二）改革力度需进一步加大

排污权、碳排放权改革交易主体总量和可交易报量较少，交易市场活跃度不足与潜在危险并存。

（三）执法监管责任仍需进一步压实

解决群众反映突出环境问题的质效还不够，典型违法案例曝光、查处力度较弱。

（四）生态环境智能监测水平有待提升

数据资源共建共享还不够畅通，监测数据与环境执法互联互通水平有待提升。

四、进一步改善银川市生态环境改善的对策建议

（一）围绕空气常新打好蓝天保卫战

聚焦防治重点，加大预测预报预警频次，强化联合执法，持续推进散煤治理、燃气锅炉综合整治，精准减排。综合运用卫星遥感、"热点网格"、"高空瞭望"、在线监控、走航监测、遥感监测等科技手段，推动大气污染防治提档升级。多方争取自治区支持，加快建立与宁东、吴忠、石嘴山以及鄂尔多斯等周边地区联席会议制度，完善银川都市圈协作机制。

（二）围绕人水和谐打好碧水保卫战

扎实开展黄河干流入河排污口"一口一策"分类整治，全面完成监测溯源；持续保障饮用水水源安全，进一步优化城市双源供水格局，加强城市应急备用水源建设，完善饮用水水源保护区管理"一张图"；深化工业废水综合管控，指导园区开展工业污水排查评估，动态更新排查结果；加强水生态保护项目谋划储备，推进鸣翠湖、永宁县重点排水沟治理、第六污水处理厂片区再生水生态利用3个项目按期开工建设。

（三）围绕全域无废打好净土保卫战

深化土壤污染防治攻坚行动，严把土壤污染状况调查前置审查，做到"净土收储""净土供应""净土开发"；加强地下水污染风险管控，推动全市地下水环境稳中向好；建立塑料污染全链条治理机制，有效治理城乡"白色污染"；一般工业固废综合利用率达到54.9%，危废安全利用率稳定达到100%；农村生活污水治理率达到74%，农村黑臭水体保持动态清零。

（四）全面推进生态文明建设示范区建设

全面建设"无废城市"，新建"无废细胞"50个，指导白芨滩申报"两山"理论实践创新基地；加快区域再生水循环利用试点建设；持续深化碳排放权改革，搭建"银川碳普惠"平台，建设多元化碳普惠机制；创新排污权改革，出台激发排污权二级市场活力的鼓励政策，确保交易数、交易金额继续走在全区前列；推进生态文明示范建设，全力创建市级国家生态文明建设示范区。

（五）高质量完成反馈问题整改

统筹推进各级各类督察检查反馈问题整改，对未完成整改、整改进度缓慢的问题紧盯不放，增补措施，倒排工期，挂图作战，确保按期高质高效完成整改。对立行立改、长期坚持的问题，不断完善长效机制，常抓不懈，一抓到底。尤其是紧盯中央第二轮生态环境保护督察反馈的需在2024年底前整改完成的2个问题和需在2025年底前需完成的6个问题，加大督查检查力度，完善整改资料，确保整改有序推进。

（六）全面提高生态环境保护执法效能

坚持用最严格制度、最严密法治保护生态环境，聚焦重点领域、重点行业和群众反映突出环境问题，依法依规加强环境监管执法，坚决守住生态环境保护底线。以开展生态环境保护执法大练兵为抓手，全面推行排污许可"一证式"管理，开展排污许可清单式执法。健全完善生态环境领域制度机制，加大普法力度，提高企业守法意识。加大典型违法案例曝光、查处力度，发现一起、查处一起。

（七）不断提升生态环境保护监测能力

加快推进银川市执法监测采样过程可视化管理、银川市乡镇环境空气质量自动监测系统等项目建设进度，提高挥发性有机物走航监测能力和臭氧垂直观测能力。完善银川市大气臭氧、挥发性有机物协同控制监测网络体系建设，强化臭氧精准防控科技支撑与监测。积极申请资金维护更新大气超级站设备设施，加大数据综合应用，提高预警预报精准性。加大社会化生态环境检验检测机构整治监督、检查力度，提高监测数据质量。强化人员培训，提升监测能力和预警预报分析能力，守牢环境安全底线。

2023 年石嘴山市生态环境报告

童 芳

2023 年，石嘴山市坚持以习近平新时代中国特色社会主义思想为指导，全面贯彻落实习近平总书记在全国生态环境保护大会、加强荒漠化综合防治和推进"三北"等重点生态工程建设座谈会上的重要讲话精神，学习宣传好自治区十三届五次全会、市委十一届七次全会精神，严格落实"1+4"系列文件工作要求，实施生态优先、"无废城市"建设、黄河"几"字弯攻坚等重大举措，协同推进经济高质量发展和生态环境高水平保护，以美丽石嘴山建设的生动实践书写新征程的"生态答卷"。

一、石嘴山市生态环境总体状况

（一）大气环境持续改善

截至 11 月 30 日，全市优良天数 270 天，优良天数比例为 79.1%。剔除沙尘天气影响，颗粒物（PM_{10}）平均浓度 70 $\mu g/m^3$，同比上升 1.4%；细颗粒物（$PM_{2.5}$）平均浓度 30 $\mu g/m^3$，同比下降 3.2%。

（二）水环境稳中有升

1—11 月，3 个国控断面和 9 个区控均达到考核要求，黄河出入境断面水质达到Ⅱ类，沙湖水质达到Ⅳ类。5 个县级及以上城市集中式饮用水水

作者简介　童芳，石嘴山市生态环境局办公室主任。

源水质达到或优于Ⅲ类比例为100%。

（三）土壤环境稳定

土壤环境保持稳定，有效保障重点建设用地安全利用，危险废物和医疗废物安全处置率保持100%，未发生重特大土壤污染事故。

二、石嘴山市生态环境建设取得的成效

（一）坚决扛牢生态环保重大政治责任

严格落实"党政同责""一岗双责"，召开市委十一届七次会议，审议并印发《石嘴山市贯彻落实自治区党委十三届五次全会"1+4"系列文件任务清单》，压紧压实工作责任，深入推进生态文明建设和生态环境保护工作。加快推进中央环保督察反馈问题整改，建立月调度、月排名、月通报工作机制，定期召开整改工作推进会，每季度向市委、市政府汇报工作进展情况，确保整改任务有序推进。2016年中央第一轮环保督察反馈的20个问题和87件转办件均已完成，2018年中央环保督察"回头看"及水环境专项督察反馈的20个问题已全部完成。第二轮中央生态环境保护督察反馈29项整改任务已通过自治区验收16项，149件信访转办件已办结147件。自治区"四防"督查组反馈问题381个，已完成整改368个，整改率96.6%，积极帮扶指导13个未完成整改的问题。平罗崇岗煤炭集中区生态治理成效显著，并通过中央生态环境保护督察组现场核验。

（二）深入打好蓝天保卫战

1. 聚焦行业深度治理

实施钢铁、水泥、焦化、燃煤锅炉等行业超低排放改造120家次，136个自治区级大气污染防治项目完成132个。开展夏季臭氧攻坚，全市132家加油站和4家储油库全部安装油气回收装置，对重点区域走航监测67次，完成自治区级大气治理项目131个。

2. 聚焦移动源污染防治

划定非道路移动机械禁行区域，建立交通管理、道路运输、生态环境等部门"检测取证＋处罚"的联动机制，严查超标排放的柴油货车，对新增的1300余台非道路移动机械编码监管。

3.聚焦大气面源污染防治

加强烟尘防控，建立打赢蓝天保卫战"1+9"行动机制，市委、市政府先后组织召开大气污染防治推进会15次，发布督办预警函33期、调度指令201条、空气质量形势预报327期、气象分析日报327期。加强扬尘防控，检查建筑工地100余次，严格落实建筑施工"六个100%"。推进裸露地治理，建成小微公园5个、绿化硬化面积80余亩。对重点路段及城区道路实行机械化清扫，持续开展喷雾降尘作业。加强汽尘治理，严格管理工程运输和"冒黑烟"车辆，严肃查处241起报废车、超载遗撒等违法行为。加强煤尘治理，完成1091户清洁取暖改造，加强秋冬季秸秆禁烧管控，查处秸秆焚烧行为16起。

4.聚焦减污降碳协同增效

积极推动传统产业绿色化转型、重点企业清洁化生产、工业园区生态化改造，2020年以来累计淘汰落后产能278万吨。降低能源消费强度，严控钢铁、铁合金及电石行业新增产能。推进重点用能设备节能降碳，大力推进绿能替代，打造燃料乙醇产业集群，建成了首朗吉元4.5万吨/年、滨泽6万吨/年燃料乙醇项目，每年实现二氧化碳减排20.4万吨。

5.聚焦重污染天气联合应对

修订《石嘴山市重污染天气应急预案》，市、县两级印发《中、轻度污染天气响应方案》。动态新增124家企业重污染天气工业应急减排措施清单，指导帮扶金晶科技、贝利特、格瑞化工等13家企业开展重污染天气绩效评级。"十四五"以来，累计减排氮氧化物2887吨、挥发性有机物1176吨，提前超额完成自治区下达的涉气总量减排目标任务。

（三）深入打好碧水保卫战

1.注重污染物源头管控

全市工业园区均建设污水处理厂并实现达标排放，85家涉水企业均纳入在线监管。制定工业废水源头治理工作方案，加快推进工业废水与生活污水分类收集、分质处理，有效保障水生态环境安全。

2.注重农业农村污染防治

2023年，全市化肥、农药利用率达到41%，主要农作物测土配方施肥覆盖率达 90% 以上。开展健康水产养殖，实现养殖尾水不外排。建成农村生活污水集中处理设施 29 座，污水治理率达到 33.2%。

3. 注重入河排污口排查整治

印发入河排污口排查整治和监督管理工作方案，以"无人机＋人工徒步"的方式拉网排查，逐步摸清各类排污口分布、数量、类型等情况，完成排污口三级排查。实施重点入黄排水沟（第三排水沟）水环境治理示范项目，完成 472 个点位黄河流域溯源排查，建立全域排查、综合施策、溯源预警的黄河周边及排水沟工作机制，入黄排水沟水质较上年明显改善，全力保障黄河长久安澜。

4. 注重生态综合治理

实施重点入黄排水沟典农河水环境治理项目，加强人工湿地运维管理，实行"月巡查、季考核、年通报"管理制度。在全区率先开展第三排水沟突发水污染事件"南阳实践"应急演练，全区首个应急演练物资储备库落户石嘴山市，实施黄河石嘴山段出境断面水环境风险预警项目，构建"水系一张图、监控一张网、数据一条线"的水生态保护格局。

（四）深入打好净土保卫战

1. 强化工业固废源头控制

严格项目准入管理，落实国家和自治区产业结构调整政策，坚决遏制高耗能、高排放、低水平项目盲目上马。新建年产工业固废 5000 吨以上项目环评中均已明确利用途径和利用水平。实施石嘴山市煤层气综合利用项目，建成后将实现年产气量 1500 万立方米，减少煤炭消费量和废弃物产生量。

2. 推进工业固废过程减量

实施铁合金废渣制岩棉、粉煤灰制建材、吉元集团胶凝材料等项目，进一步畅通工业废弃物在企业内部项目间的微循环、企业间的小循环和产业间的大循环，为实现循环园区奠定基础。累计培育国家级绿色工厂 11 家、自治区级绿色工厂 32 家，全市 3 个工业园区均获评国家级绿色园区。

3. 拓展工业固废综合利用渠道

发挥坤水水泥、滨河海利建材、中节能等水泥和建材生产企业优势，年利用固废 260 万吨。推动粉煤灰、煤矸石、冶炼渣在道路资源化的综合利用，依托乌玛高速项目综合利用各类工业固废 170 万吨，包银高铁石嘴山南站实现粉煤灰利用 70 万吨。宁夏益瑞公司组建了固体废弃物产业研究院，积极探索固废道路化应用技术。固废资源化利用领域重点项目共争取自治区财政资金 4000 余万元。40 家土壤污染重点监管单位完成土壤自行监测和隐患排查，对 17 家用途变更为"一住两公"的地块依法开展了土壤污染状况调查。大武口区星海镇枣香村四合院污水处理站被评为 2023 年宁夏农村生活污水治理首批"最美污水处理站"。

（五）着力提升生态环境治理现代化水平

1. 扎实推进绿色低碳发展

争取实施生态环境治理项目 29 个，落实到位中央、自治区专项资金 2.36 亿元。开展排污权交易 38 笔，交易总金额约 1711 万元。完成全区首笔跨地市排污权交易，交易总金额约 171 万元。制定印发《石嘴山市推进碳排放权改革实施方案（试行）》，完成全市三年温室气体排放清单报告编制，督促发电企业开展履约工作。

2. 不断提升环境治理水平

认真开展安全生产监管，做好环境信用登记评价联合奖惩。与贺兰山国家级自然保护区管理局、银川铁路运输法院等 5 部门达成贺兰山（大磴沟）生态环境法治宣传教育及修复示范协作共建框架协议。积极开展执法大练兵，联合乌海市生态环境局开展区域生态环境联合执法检查。生态环境指挥调度"1+2+11+700"体系不断完善，转办各类环境问题 1930 余个，立案查处环境违法企业 139 家，处罚金额 1334.7 万元，包容免罚 6 件，免罚金额 101 万元。

3. 全力做好群众服务

积极指导 156 家环境违法行为的企业实施信用修复。"绿水青山就是金山银山"实践创新基地接待群众 1000 余人，对外开展生态文明宣讲 60 场次。6 月 5 日世界环境日"七个一"活动获群众好评。全市 30 家机关单位成功创建国家级节约型机关，5 家企业获评国家级绿色工厂。石嘴山市作为全国首批、全区唯一生态环境智慧监测试点城市，黄河流域水环境风险预警经验被全国推广。

三、石嘴山市生态环境存在的问题

（一）大气环境污染治理成效还不稳固

臭氧污染防治难度大，区域传输特征明显，随着秋冬季来临，静稳、沙尘等不利气象因素增多，环境空气质量改善形势异常严峻。

（二）水污染防治遇到瓶颈

石嘴山市排水沟位于全区末端，上游来水水质不稳定，接纳沿线污水处理厂尾水，水体自净能力较弱，湿地水质净化效益未能充分发挥，影响全市排水沟断面稳定达标。

（三）工业园区环境治理水平和能力有待提高

石嘴山市粉煤灰、脱硫石膏等大宗固废产生量大、利用率低。建筑垃圾处置利用能力不足，部分工业园区缺乏循环经济理念，资源型、原料型产业及初级产品比重较大，较少考虑资源及"三废"综合利用。

三、进一步改善石嘴山市生态环境质量的对策建议

（一）做好中央环保督察反馈问题整改销号

紧盯自治区环保督察及专项督察未完成整改事项和转办件办理，采取有力措施，实施专人督办、专案盯办方式，压紧压实各级各部门生态环境保护责任，突出整改重点，动真碰硬，加快推进第二轮中央环保督察反馈石嘴山市的29项整改事项，严格按照时间节点完成问题整改。

（二）坚决打好污染防治攻坚战

持续打好污染防治攻坚战。一是在大气污染防治上下功夫。统筹发挥打赢蓝天保卫战"1+9"攻坚力量，科学研判，精准发布调度指令，加强与乌海市、阿拉善盟等周边城市联防联控，提高预报预警水平和精细化管控水平，积极推进重点行业绩效评级，严厉打击生态环境违法行为。二是在水污染防治上求突破。持续加强饮用水水源地环境监管，扎实开展城市建成区黑臭水体排查治理，深入推进工业废水源头治理，确保实现工业废水零排放。强化人工湿地运维管理，严格落实河长制，确保黄河安澜。三是

在固废综合治理上求实效。严格项目准入管理，依法淘汰落后产能。提升清洁生产水平，鼓励企业通过技术改造、科技创新实现工业固废减量。推进渡口新材料 60 万吨固废利用、吉元君泰 90 万吨铁合金废弃物利用等项目，早日实现投产达效。

（三）全力推进生态保护和高质量发展

认真贯彻自治区十三届五次会议要求，突出生态优先、绿色发展导向，推进降碳减污，淘汰落后产能，完善资源环境倒逼机制，促进资源集约节约利用，加快形成节约资源和保护环境的空间格局、产业结构、生产方式、生活方式，统筹推进高质量发展和高水平保护。持续推进排污权确权、定价、赋能、入市。健全完善环境成本合理负担机制和污染减排约束激励机制，完善排污权核定调控机制，推动挥发性有机物纳入有偿使用交易试点。严格碳排放配额管理，加强碳排放权注册登记、交易核查、清缴履约等环节的信用监管和激励，积极融入全国碳交易市场。

2023年吴忠市生态环境报告

马旭东　　杨正莲

2023年，吴忠市坚持以习近平新时代中国特色社会主义思想为指导，深入学习贯彻习近平生态文明思想，牢固树立绿水青山就是金山银山的理念，聚焦先行区建设和绿色发展先行市建设目标，以改善环境质量为核心，综合推进"四尘同治"，强化工业废气排放管控，深入推进燃煤污染综合治理，持续加强移动源污染防治，强化大气面源综合治理，积极有效应对重污染天气，生态环境质量得到明显改善。

一、吴忠市效能目标完成情况

（一）环境空气质量

自治区下达吴忠市2023年优良天数比例达到82%（299天），PM_{10}、$PM_{2.5}$平均浓度分别控制在66 $\mu g/m^3$、30 $\mu g/m^3$以内，重污染天控制在0.5%（1.8天）。截至10月20日，全市优良天数245天，优良天数比例75.6%，PM_{10}、$PM_{2.5}$平均浓度分别为64 $\mu g/m^3$、28 $\mu g/m^3$，未发生重污染天气。考虑到冬季不利气象条件影响，完成全年目标任务异常艰巨。

作者简介　马旭东、杨正莲，吴忠市生态环境局（吴忠市生态环境保护综合执法支队）助理工程师。

（二）水环境质量

自治区下达 2023 年国控黄河吴忠断面水质 II 类进 II 类出、苦水河入黄口水质达到 V 类（剔除地质本底因素），清水沟等 9 个区控断面水质达到 IV 类及以上（剔除本底因素），苦水河孙家滩断面达到 V 类及以上水质（剔除地质本底因素），县级及以上集中式饮用水水源达到或优于 III 类水质比例为100%。1—10 月，黄河叶盛公路桥断面、苦水河入黄口 2 个国控断面，清水沟等 10 个区控断面水质均达到自治区考核要求，县级及以上集中式饮用水水源水质保持稳定，均达到自治区考核时序进度要求。

（三）土壤环境质量

自治区下达 2023 年吴忠市农村生活污水治理率达到 37.22%，完成新增行政村农村环境整治 4 个，完成农村黑臭水体整治 2 条。截至目前，全市农村生活污水治理率达 37.23% 以上，基本完成行政村农村环境整治 4个，农村黑臭水体整治项目正在加紧实施。

（四）主要污染物总量减排

自治区下达吴忠市 2023 年度化学需氧量削减 274.29 吨，氨氮削减7.98 吨，氮氧化物削减 282.65 吨，挥发性有机物削减 4.29 吨。经核算，预计削减化学需氧量 457 吨、氨氮 79.1 吨、氮氧化物 304.5 吨、挥发性有机物 288 吨。

二、吴忠市生态环境建设取得的成效

（一）扛牢政治责任，服务发展大局

认真贯彻落实全国生态环境保护大会和自治区十三届五次全会精神，制定印发《吴忠市各部门落实"1+4"系列文件工作任务清单》和《吴忠市各级党委和政府及有关部门生态环境保护职责分工》，明确 45 个单位（部门）1700 余条任务和 419 项职责，进一步厘清职能、压实责任。深化排污权改革，建立完善排污权有偿使用和交易体系，开展排污权交易 25 笔103.93 吨，成交总金额 261.39 万元，有效保障项目落地环境容量需求。推动红寺堡区、盐池县、同心县共 5 家企业以"排污权＋组合抵押"的形式办理排污权抵押贷款 1925 万元，助力企业盘活排污权，拓宽融资渠道。排

污权改革工作被《宁夏日报》作为亮点工作在全区推广。加强碳排放管控，督促 8 家发电行业企业编制年度碳排放报告及质控计划，按期完成月度化信息存证工作，提交率达 100%，6 家发电行业重点企业完成了第二个碳排放履约周期的配额清缴工作。优化服务保障，强化"六新六特六优"产业等重大投资项目环评服务，审批建设项目环境影响评价 309 件，核发排污许可证 356 张，环评审批办结时限比法定时限整体压缩 50% 以上。

（二）深化防污攻坚，推进生态治理

坚决打好蓝天保卫战，加快青山石膏园区煤改气、庆华干熄焦改造等项目建设，完成大气污染治理项目 40 个。开展非道路移动机械登记编码工作，超额完成自治区下达任务。全面推进 49 座加油站油气回收在线监控安装工作。全面打好碧水保卫战，开展西线供水工程规范化建设和东线供水工程黄河水源保护区划定，完成苦水河、清水河、红柳沟生态缓冲带划定，建成牛家坊、新华桥、清水沟上段人工湿地项目，累计排查新增入河排污口 1146 个，规范建设清水沟、南干沟 23 个排污口，黄河干流排污口整治率达到 65.7%。持续打好净土保卫战，开展"一住两公"重点建设用地土壤污染状况调查 55 块，重点建设用地安全利用率达到 100%。完成利通区、青铜峡市养殖区域地下水调查。对 39 家土壤重点监管单位开展土壤污染隐患排查工作。扎实开展农村生活污水集中处理设施运行排查整治专项行动，3 个污水处理站被评为 2023 年宁夏农村生活污水治理"最美污水处理站"。加强生物多样性保护，开展自然保护区"绿盾"回头看，整改销号点位 1057 个。

（三）严格执法监管，守牢环境底线

开展生态环境系统第三方环保服务机构弄虚作假、采油区生态环境安全隐患排查整治、环境违法行为专项排查整治、百日集中攻坚等专项行动，持续开展黄河流域清废行动移交点位核查，严厉打击环境违法犯罪，查处同心县"4·21"非法生产染料"红 52"加工点环境刑事犯罪案件。会同有关部门开展第四批生态环境损害赔偿案件线索筛查。全市共排查检查企业 3106 家次，行政处罚 542 万元，查封扣押 5 件，移送公安 1 件。积极做好舆情风险管控，1—10 月共受理并妥善处理环境信访投诉 474 件，案件办

结率达 99%。加强环境应急能力建设，顺利举办政企联合突发环境事件暨苦水河"南阳实践"突发水污染事件应急演练，守牢全市生态环境安全底线。

（四）紧盯问题整改，补齐短板弱项

持续推进环保督察问题整改，严格把好销号关口，坚决防止问题反弹。第二轮中央生态环境保护督察通报问题明确的 32 项整改措施已全部完成；转办件 32 批 271 件，已全部办结。中央生态环保督察反馈的需 2023 年完成整改的 13 项整改任务，已全部完成市级整改验收，自治区完成验收 10 项，正在验收 3 项，争取 12 月底全部完成验收。黄河流域生态环境警示片披露问题共 2 项，均已完成整改并提请自治区验收。自治区党委"四防"督查发现问题 392 个，已完成整改 385 个，完成率 98.21%。在大气污染防治、水污染防治、反馈问题整改集中攻坚行动中，大气污染防治方面发现问题 464 个，整改完成 451 个；水污染防治方面发现问题 135 个，整改完成立行立改问题 127 个；反馈问题整改方面明确的 21 项任务，已全部完成。

（五）强化宣传教育，树牢绿色理念

认真落实环境信息依法披露制度，及时公布全市环境监管重点单位名录。加大生态环境保护宣传力度，充分利用 6 月 5 日世界环境日、5 月 22 日国际生物多样性日等开展广泛宣传。成功举办吴忠市首届"黄河流域生态保护主题宣传实践月"暨环境宣传教育周活动。深入开展"八五"普法宣传教育，开展环保法规"送法入企"活动，通过典型案例曝光、生态环境法治宣传短视频等，提升企业环境守法意识。推进污水处理厂等环保设施向公众开放，不断完善社会参与生态环境保护工作机制。

三、吴忠市生态环境存在的问题

（一）完成目标任务难度加大

2023 年以来，受 23 次沙尘过境、5 次高湿静稳及持续高温天气影响，吴忠市污染天数同比增加 17 天，按现行核算方式，完成自治区下达的优良天数比例年度目标任务有一定难度。根据气象条件预测，PM_{10}、$PM_{2.5}$ 目标

完成形势也异常严峻。

（二）部分水质不稳定

随着秋冬季枯水期来临，南干沟、清水沟、罗家河等沟渠河道自净能力变弱，农田退水积聚存在返黑返臭风险。苦水河甘宁断面有断流现象，水质不稳定，交界断面水质部分因子有超标风险。

（三）年度总量减排项目谋划潜力不足

"十三五"期间，吴忠市已完成电力行业超低排放改造、水泥行业特别排放改造，基本完成燃煤锅炉特别排放改造。"十四五"期间，企业提标改造项目少，年度总量减排项目谋划潜力不足。

四、推动吴忠市生态环境改善的对策建议

（一）服务经济发展大局

认真贯彻落实自治区党委十三届五次全会和市委六届八次全会精神，统筹经济发展和生态环保，紧盯全市经济运行和民生保障主要任务，强化"六新六特六优"产业等重大投资项目环评服务保障，落实包容免罚，实行非现场执法监管。进一步优化总量控制指标调配，为重点项目落地腾出足够环境容量，以生态环境高水平保护推动经济高质量发展。

（二）加大生态环保项目谋划

2024年，市本级共谋划储备重点生态环境项目17个，估算投资4.94亿元，目前争取到位资金8735万元。其中，大气污染治理方面，谋划项目2个，总投资2125万元，均已完成方案编制并正在做招标前准备工作。水污染防治方面，谋划项目5个，总投资2.67亿元，均已完成可行性研究报告编制，正在申报中央资金项目库。土壤污染防治方面，谋划项目10个，总投资2.06亿元，正在申报中央资金项目库。

（三）深入开展污染防治攻坚

结合全市生态环境综合治理七大攻坚行动目标要求，深入开展水污染、大气污染、反馈问题整改百日集中攻坚，以更高标准打好蓝天、碧水、净土保卫战，确保完成空气质量、地下水、黄河吴忠过境断面水质、土壤环境质量"四个不降"任务。协调实施应对气候变化及温室气体减排，实施

重点行业深度治理，加强污染源监测监控，强化治理设施运维监管。推动环保督察、"四防"督查、百日攻坚等反馈问题整改，积极防范化解环境风险，切实维护生态安全。

（四）持续构建绿色发展格局

持续推进排污权四本台账动态更新机制，提高排污权市场储备量，常态化开展排污权交易及抵押贷款，激励企业主动获权、积极减排。深入推进碳排放权改革，积极利用各类投融资平台，鼓励、引导、支持企业提升碳排放监测能力，引导重点用能企业参与全国碳市场交易。健全生态环境损害赔偿制度，探索制定吴忠市生态环境损害赔偿简易磋商程序，加大案件筛查力度，做到应赔尽赔。做好国家生态文明建设示范市创建复核工作，深化县级生态文明建设示范区、"绿水青山就是金山银山"实践创新基地创建，持续推进"无废城市"建设。

（五）不断加强生态文明宣传

深入实施环境信息依法披露制度，强化政府监管和社会监督。加大生态环境保护正面宣传力度，深入宣传污染防治攻坚举措成效。推进生态环境保护全民行动，办好世界环境日、全国低碳日、国际生物多样性日、黄河流域生态保护主题宣传实践月等相关宣传活动，继续推进环保设施向公众开放，不断完善社会参与生态环境保护工作机制。

2023 年固原市生态环境报告

赵克祥

2023 年，固原市生态环境工作坚持以习近平生态文明思想为指导，全面贯彻党的二十大和习近平总书记视察宁夏重要讲话指示批示精神，认真贯彻落实习近平总书记在全国生态环境保护大会、加强荒漠化综合防治和推进"三北"等重点生态工程建设座谈会上的重要讲话精神，紧扣自治区第十三次党代会作出的"12345"总体部署和自治区党委十三届五次全会提出的新征程生态文明建设"111369"总体思路，坚决落实自治区、市党委和政府生态环境保护决策部署，持续改善生态环境，巩固提升国家生态文明建设示范市水平，全市生态环境质量不断改善。截至 2023 年 11 月 30 日，全市优良天数比例 91%，PM_{10} 平均浓度 45 μg/m³，$PM_{2.5}$ 平均浓度 21 μg/m³。8 个国控断面水质优良水体比例 87.5%，15 个饮用水水源地水质全部达到 Ⅲ 类，达标率 100%。土壤环境保持总体安全，建设用地安全利用率 100%，无污染地块，农村生活污水治理率达到 22.57%。

一、2023 年固原市生态环境保护工作取得的成效

固原市被生态环境部列为首批黄河流域生态保护和高质量发展联合研究"一市一策"驻点科技帮扶城市，彭阳县小岔沟村生活污水资源化利用

作者简介　赵克祥，固原市生态环境局副局长。

模式作为典型案例在全区推广，隆德县被自治区生态环境厅列入"整县推进"农村生活污水治理试点县。宁夏六盘山生态功能区（宁夏段）山水林田湖草沙一体化保护和修复工程项目入选中央"十四五"第三批山水林田湖草沙一体化保护和修复工程项目，获得中央财政20亿元资金支持。

（一）坚持综合施策、系统治理，全市生态环境质量稳中向好

1. 打好蓝天保卫战

制定印发《固原市深入打好重污染天气消除、臭氧污染防治和柴油货车污染治理攻坚战行动实施方案》，成立扬尘、煤尘、烟尘和汽尘四个管控组，会同相关部门开展联合执法检查、帮扶指导，积极有效应对重污染天气。下发督办单4份、空气质量预警信息19期、调度指令26份，检查建筑工地53家次、物料堆场230家次，排查裸露空地85处（块）、苫盖76.8万平方米，置换配送清洁煤1800吨，查处冒黑烟车辆1066辆。完成非道路移动机械编码登记821辆，在营加油站在线监控设施安装61家。

2. 打好碧水保卫战

制定印发《固原市加强入河排污口监督管理实施方案》，完成18条河流入河排污口排查整治，开展国控、区控和饮用水水源地水质监测110次。新开工建设隆德县渝河流域再生水资源化利用、泾源县策底河水生态修复、西吉县葫芦河县城段和好水河生态治理等水环境治理项目4个，续建项目3个，常态化开展河湖清"四乱"行动，"七河"水质保持稳定，渝河被生态环境部评为全国第二批美丽河湖优秀案例。

3. 打好净土保卫战

制定印发《固原市新污染物治理工作方案》，成功申报固原市垃圾填埋场地下水环境状况调查评估项目，完成23家危险废物产废和经营企业规范化评估和43个行政村农村生活污水治理，6个污水处理站被评为全区最美农村生活污水处理站，完成23块地块土壤污染状况调查审核。

（二）坚持上下联动、合力攻坚，督察反馈问题整改取得新进展

多次提请市委、市政府召开市委常委会会议、政府常务会议和专题会议研究督察反馈问题整改工作，联合市直相关部门开展现场督查督办8次，下发提醒函6份、督办单9份，推动反馈问题整改走深走实。第二轮中央生态环境保护督察反馈问题 17 项，需 2023 完成整改的 7 项，3 项已完成核查销号，4 项已申请自治区核查销号，其余 7 项按时序进度推进整改。自治区例行督察、专项督察反馈的 32 项问题全部整改完成。自治区党委"四防"常态化督查暨生态环境领域违法行为专项整治行动督查通报的 100 个问题整改完成 96 个，全市固体废物非法倾倒、乱堆乱放专项整治发现问题 52 个问题，完成整改 51 个。

（三）坚持主动作为、创新突破，服务先行区建设迈出新步伐

1. 强化源头管控

严格落实《固原市"三线一单"生态环境分区管控实施意见》和国家《产业结构调整指导目录》要求，坚决遏制"两高"项目盲目上马，完成生态环境分区管控动态更新工作，审批环境影响评价文件 21 份。

2. 强化要素保障

全面落实生态环境系统"稳保促" 10 项措施，对国能六盘山电厂建设等重点项目，提前介入、主动服务，积极开展帮扶审查，助推项目落地。

3. 强化改革创新

深入推进排污权改革，2023 年共完成排污权交易 15 笔 18.01 万元，交易二氧化硫 4.015 吨、氮氧化物 14.174 吨、化学需氧量 6.778 吨、氨氮 0.779 吨，累计完成排污权交易 20 笔 25.83 万元。鼓励企业主动减排，形成可交易权（二级市场）二氧化硫 0.69 吨、氮氧化物 0.86 吨。简化小排放量新（改、扩）建项目排污权交易流程，加快排污权融资抵押进程，纳入排污权融资抵押试点企业 2 家，首笔排污权抵押融资于 5 月 29 日在隆德落地，宁夏金誉生物科技有限公司以"排污权 +N"的组合方式贷款 300 万元，助力企业绿色发展。

（四）坚持严格执法、强化监管，环境治理能力得到新提升

聚焦生态环境安全重点领域、重点行业和重点部位，强化重大风险防范、执法监管和隐患排查。

1. 抓牢安全防范

围绕饮用水源地、固（危）废、辐射等重点领域，开展生态环境安全隐患大排查大整治，出动执法人员 170 人次，检查企业单位 57 家次，3 个

隐患点已全部整改到位。

2. 强化执法监管

制定印发《固原市企业环境信用评价工作方案》，梳理履行社会责任评价参评工业企业 63 家，倒逼企业履行主体责任。全面落实生态环境损害赔偿制度，启动办理生态环境损害赔偿案件线索 3 件，开展污水处理厂、垃圾填埋场、自然保护区、"双打"等专项执法行动 10 次，出动执法人员 1800 人次，检查企业 670 家，依法立案查处 12 件，罚款 142.82 万元。受理办结群众信访件 145 件，办结率、满意率均为 100%。

3. 巩固治理成效

印发生态文明建设示范创建工作安排，指导彭阳县积极开展"两山"基地创建，建成全区第一个开放式生态环境宣传教育基地，成功举办"6·5"世界环境日及 2023 年黄河流域生态保护主题宣传实践月活动启动仪式，组织开展了环保设施公众开放日、新闻发布会等活动。

（五）坚持项目带动、强化支撑，项目谋划推进工作取得新成效

1. 狠抓项目建设

2023 年列入全市的重点建设项目有 3 个，其中：宁夏金昱元资源循环有限公司水泥窑超低排放改造项目完成窑头和窑尾颗粒物治理任务；固原市加油站在线监测系统建设项目，完成设备安装 61 家，完成任务的 75.3%；彭阳县农村面源污染治理试点配套项目完成畜禽粪污收集设施建设，按试点方案开展入户调查、采样监测等工作。

2. 狠抓项目谋划

完成 8 个生态修复和污染治理项目入库，争取到中央专项资金 13503 万元；配合成功争取宁夏六盘山生态功能区（宁夏段）山水林田湖草沙一体化保护和修复工程项目，获得中央财政 20 亿元资金支持。

二、固原市生态环境保护存在的问题

一是由于受自然条件和气候因素影响，外源性传输沙尘天污染多发频发，成为影响固原市空气质量的一大主要污染源。二是受季节性因素影响，个别河流水质不够稳定，存在超标风险。三是在生活污水处理、农业农村面源污染治理等方面，环保基础设施还存在短板。四是执法监管手段较为单一，监测力量薄弱，在精准治污上还需持续发力。

三、推进固原市生态环境保护的对策建议

全面贯彻落实自治区党委十三届五次全会和固原市委、市政府部署要求，聚焦减污治污、降碳减碳、防灾减灾，按照"11463"工作思路，在深入打好污染防治攻坚战中塑造发展新动能、厚植发展新优势，以高品质生态环境保障高水平安全、支撑高质量发展。

（一）坚持一个统领

深入学习贯彻自治区党委十三届五次全会精神，坚持以黄河流域生态保护和高质量发展先行区建设为统领，统筹处理好发展和环保的关系，把生态环境保护工作纳入全市经济社会发展大局考量，找准生态环境保护与经济高质量发展的结合点、发力点、突破口，探索生态环境工作的新思路、新方法，不断强化生态环境保护服务经济社会发展的能力和水平，全力服务保障好先行区建设。

（二）紧盯一个目标

紧盯生态环境质量稳中向好、好中向优这一目标，全流域、全地域、全过程加强生态环境保护，优良天数比例稳定保持在92%以上，8个国控、4个区控断面水环境质量持续向好，剔除本底值后水质优良比例均达到100%，农村生活污水治理率实现大幅提升，14个饮用水水源地保持绝对安全，水源地水质剔除本底值达到Ⅲ类，土壤环境清洁无污染，辐射环境质量保持良好。

（三）打好"四大战役"

坚持精准、科学、依法治污，从力度、深度、广度三个维度入手，持续深入打好蓝天保卫战、碧水保卫战、净土保卫战和固体废物及新污染物治理攻坚战，将污染防治的重点区域向乡镇和行政村延伸，由单一污染物控制向多污染物协同控制拓展，由传统污染物治理向新污染物治理延伸。

1. 打好蓝天保卫战

深化"四尘"同治，深入推进重污染天气消除、臭氧污染防治和柴油

货车污染治理专项行动，基本消除重污染天气，全面提升空气环境质量。

2. 打好碧水保卫战

深入开展入河排污口排查整治和河湖"清四乱"专项行动，强化涉水企业执法监管，严格饮用水源地保护，持续改善水环境。

3. 打好净土保卫战

加强土壤源头管控，落实土壤重点监管企业隐患排查制度，开展农用地土壤镉等重金属污染源头防治行动。强化农业农村面源污染治理，持续实施化肥农药减量增效和农膜回收行动，分类分区治理农村生活污水，保障土壤环境安全。

4. 打好固体废物和新污染物治理攻坚战

加强固体废物源头减量和资源化利用，实施危险废物规范化环境管理，严控危险废物收集、转运、处置全过程环境风险，加大化学品和新污染物风险管控力度，推动污染防治向精细化、深入化、综合化方向发展。

（四）抓实"六项重点"

1. 抓实服务先行区建设

强化源头防控和准入管理，把牢"三线一单"生态环境分区管控单元，把好环评审批服务关口，坚决遏制"两高"项目盲目上马。持续优化生态环境系统"稳保促"10项措施，对重大项目专班推进、专人跟进、提前介入、主动服务。

2. 抓实督察反馈问题整改

坚持严的基调，保持整改定力，加强调度督办，严把质量关口，推进中央生态环境保护督察后续整改任务和自治区党委"四防"常态化督查反馈问题达到时序进度，按期完成整改验收销号。

3. 抓实生态环境领域改革

深化排污权改革，加强排污权"四笔账"动态管理，做好排污权交易与环评审批排污许可制度衔接，鼓励企业提标改造、清洁生产，提升企业降污减排的内生动力。推进碳排放权改革，引导重点企业逐步有序扩大交易范围，积极做好与全国碳市场的融入接轨。

4. 抓实生态保护监管

加快实施山水林田湖草沙一体化保护和修复项目，加强生物多样性保护，做好生物多样性摸底调查评估。加强生态保护红线和自然保护地监管，提升生态系统稳定性，着力打好生态安全守护战。

5. 抓实安全风险防范

加大危险废物、尾矿库、核与辐射风险管控力度，强化应急管理处置，定期开展专项执法和安全风险隐患排查行动，突出重点区域、重点流域、重点部位、重点企业、重点环节风险防控，从严查处生态环境违法行为，从源头上消除环境风险隐患。

6. 抓实生态项目储备

围绕大气、水、土壤和固废等重点领域，瞄准国家和自治区投资方向，精心谋划实施一批大项目好项目，补齐生态环境基础设施短板，夯实生态环境治理基础。

（五）实现"三大突破"

1. 在污染防治攻坚战法治保障上实现新突破

总结污染防治经验，谋划制定适合固原市的饮用水源地保护条例等地方性法规，积极争取出台马铃薯淀粉加工混合汁水肥力化还田利用技术地方标准，为持续深入打好污染防治攻坚战提供坚实法治保障。

2. 在生物多样性保护上实现新突破

在完成六盘山自然保护区生物多样性调查基础上，以县域为单位，以自然保护地为重点区域，开展生物多样性资源普查，编制固原市生物物种名录，建立固原市生物多样性数据库，探索建设生物多样性观测网络，提高生物多样性保护水平。

3. 在生态示范市成效巩固上实现新突破

以生态文旅特色市建设为契机，建成固原生态文明教育实践基地，指导彭阳县、原州区创建"绿水青山就是金山银山"实践创新基地，力争创建数量、创建类型再领先全区，"十四五"实现全覆盖。持续巩固生态文明示范市成果，加强与区厅对接，积极争取主要污染物减排奖补和生态补偿等资金，加快补齐生态环境基础设施短板，切实提高资金使用效益。

2023 年中卫市生态环境报告

孙万学

2023 年，在自治区党委、政府的坚强领导下，在自治区生态环境厅的指导下，中卫市坚持以习近平新时代中国特色社会主义思想为指导，深入贯彻党的二十大精神和习近平生态文明思想、习近平总书记视察宁夏重要讲话指示批示精神，全面落实党中央决策部署和自治区工作安排，坚决扛起生态环境保护政治责任，坚持精准、科学、依法治污，深入打好污染防治攻坚战，着力整治突出环境问题，全市生态环境持续改善，环境质量稳步提升。

一、2023 年中卫市生态环境工作取得的主要成效

（一）系统谋划，统筹推进生态修复治理

近年来，中卫市牢固树立"绿水青山就是金山银山"理念，统筹推进山水林田湖草沙系统治理，加快推进大规模国土绿化行动，全面打响黄河"几"字弯攻坚战宁夏战役，统筹推进山水林田湖草沙综合保护修复，超额完成自治区下达的国土绿化、种草改良、湿地保护修复目标任务。投入国土绿化专项资金 2.84 亿元，实施宁夏南部生态保护修复、国土绿化试点示范项目。完成营造林 32.6 万亩、湿地保护修复 1.44 万亩、乡村绿化和庭院

作者简介 孙万学，中卫市生态环境局科长。

经济林 1.38 万亩，栽植金叶榆、枸杞等各类苗木 71 万株，全市生态环境明显改善。在退化草原生态修复方面，中卫市大力实施草原生态保护工程，通过荒漠化治理、退化草原修复、禁牧封育，完成草原生态修复 8.1 万亩，草原综合植被盖度达到 57.4%。持续开展香山寺、西华山国家草原自然公园建设工作，实施草原自然公园生态修复 1.06 万亩，播种草籽 0.3 万亩，新建围栏 2.1 万米，有效提升了草原综合植被盖度，草原生态持续向好。

（二）精准治污，深入打好污染防治攻坚战

中卫市始终把污染防治攻坚作为"一把手工程"，政府常务会议、专题会议定期研究污染防治攻坚重点工作，协调解决生态环境保护工作突出问题。制定了《中卫市生态文明建设行动——污染治理 2023 年工作计划》《中卫市推进落实 2023 年自治区污染防治攻坚战成效考核争优工作方案》《2023 年度中卫市大气、水、土壤、固体废物与化学品污染防治和应对气候变化等重点工作安排》多个生态环境领域重要文件，层层靠实责任、传导压力，形成齐抓共管合力，做到责任共担、压力同负、齐抓共管，推动环境质量持续改善。

1. 坚决打好蓝天保卫战

将 47 家重点涉气企业纳入重污染天气应急管理，对 46 家企业废气治理设施运行及安全管理情况进行检查，大力推动水泥、钢铁行业和 65 蒸吨/小时以上燃煤锅炉超低排放改造，推进 13 家铁合金企业大气污染综合治理，巩固提升 11 家化工企业挥发性有机物"一企一策"综合治理。对机动车排放检验机构及机动车维修行业进行规范化治理，全力推进加油站油气回收在线监测设备安装，开展柴油车货车上路执法抽测，淘汰老旧车辆 9400 辆，非道路移动机械编码登记 376 辆。强化施工、道路、堆场、裸露地面等扬尘管控，加强城市保洁和清扫，全面深化扬尘污染综合治理。截至 11 月 30 日，全市空气质量优良天数 266 天，优良天数比例 79.6%，扣除沙尘天气影响，PM_{10} 平均浓度 63 $\mu g/m^3$，$PM_{2.5}$ 平均浓度 27 $\mu g/m^3$。

2. 坚决打好碧水保卫战

强化饮用水水源地保护，对全市 5 个城镇及 14 个农村水源地风险隐患开展排查整治，协调推进中卫市河北地区城乡供水工程饮用水水源地规范

化建设，启动清水河流域城乡供水工程饮用水水源地保护区划分工作。统筹推进全市入河（湖、沟）排污口排查整治和监督管理工作，制定生态环境部反馈的 789 个排口分类整治方案，实施排污口专项整治。强化城市污水及工业废水监管，对 8 家城镇污水处理厂、3 家工业污水处理厂和 19 家重点涉水企业水污染防治设施建设运行及安全隐患开展帮扶检查，发现问题全部完成整改。推进中宁县第一、二污水处理厂再生水利用系统工程，中卫工业园区中水厂二期工程开工建设。截至 11 月 30 日，全市 4 个国控断面、8 个区控断面、5 个城市集中式饮用水水源地水质均达到或优于自治区考核目标（剔除本底值），地表水国考断面达到或好于Ⅲ类水质比例为 100%。

3. 坚决打好净土保卫战

强化固（危）废规范管理和医疗废物监管，督导企业落实申报登记、台账记录、标识管理等制度，形成较为完善的源头严防、过程严管、违法严惩的危险废物监管体系，全市危险废物安全处置率达到 100%，县级以上城市建成区医疗废物无害化处置率达到 100%。确定 2023 年土壤污染重点监管企业 24 家，完成 1 个优先管控地块详查工作，以"一住两公"地块为重点，累计完成 41 个重点建设用地土壤污染状况调查。争取专项治理资金 2845 万元，实施农村生活污水治理项目 15 个，5 个农村生活污水处理站获评"最美污水处理站"。截至 11 月 30 日，全市无受污染耕地，重点建设用地安全利用率为 100%，农村生活污水治理率达到 36.1%。

（三）依法治污，加大生态环境监管力度

中卫市始终保持打击生态环境违法行为高压态势，强化执法监管的刚性约束，按照"双随机、一公开"工作机制，做到违法必究、执法必严，强力震慑环境违法行为。坚持"学标准、严规范、保质量"，以更高标准保证监测数据"真、准、全、快、新"，为深入打好污染防治攻坚战提供坚实有力支撑。加大行政执法力度，深入推进行政执法"三项制度"，聚焦行政执法的源头、过程和结果 3 个环节，不断提高行政执法工作水平。下达行政处罚决定书 40 份、责令改正违法行为决定书 58 份，受理环境信访投诉举报 222 件，办结率 100%。提高环境监测精度。绘制中卫市环境监管污染源分布图，编制生态环境质量报告书 1 份、环境质量月报 10 期、水环境质量状况 10 期，出具监督性监测报告 124 份、比对监测报告 23 份、指令性监测报告 105 份，为科学、精确、有效防治污染，推动生态环境持续改善奠定基础。

（四）主动服务，助力经济社会高质量发展

协同推进降碳、减污、扩绿、增长，统筹抓好关于稳经济保增长促发展若干措施落实。紧盯重点项目，关口前移、靠前服务，确保重大项目环评审批按期推进，扎实做好排污许可工作，持续推进排污权与碳排放权改革，引导企业降污增益，创造社会价值和经济效益，促进经济社会发展全面绿色转型。加强环评审批服务，制作 2023 年重点项目环评手续作战图，系统梳理项目环评办理中的政策障碍和制约因素，适时提供政策咨询和相关帮助，确保重大项目环评审批按期推进。对不符合生态环保法律法规、"三线一单"、规划环评及审批原则的建设项目依法不予审批。截至目前，共审批环评项目 130 个，其中报告书 17 个，报告表 113 个。严格排污许可管理，采取联合审查、现场检查和技术评估等多种措施，开展排污许可管理帮扶指导和服务保障。

二、中卫市生态环境存在的问题

（一）生态环境治理成效尚不稳固

中卫市环境空气质量受沙尘、静稳高湿等气象条件影响明显，每年沙尘污染天数在 40 天以上，占总污染天数比例超过 80%。同时大风沙尘天气造成可吸入颗粒物浓度升高等不利影响。

（二）污染防治攻坚水平仍需提高

随着污染防治攻坚战的深入推进，对生态环境系统装备水平、人员业务能力、工作要求也更高，全市生态环境系统规范化、法治化建设需要进一步加强，科技支撑和信息服务差距较大，专业技术人才比较匮乏，干部综合素质有待进一步提升。

三、进一步改善中卫市生态环境质量的对策建议

中卫市坚持以习近平新时代中国特色社会主义思想为指导，统筹推进生态环境高水平保护与经济社会高质量发展两项核心任务，着力打好绿色转型整体战、污染防治攻坚战、防沙治沙阵地战、保护修复系统战、稳妥降碳持久战、体制创新突破战、生态安全守护战、环境保护人民战、基础支撑协同战九大战役，全面推进新征程生态文明建设。

（一）提高站位，凝聚强大工作合力

坚持以习近平新时代中国特色社会主义思想为指导，深入学习贯彻党的二十大精神和习近平总书记视察宁夏重要讲话指示批示精神，坚决落实全国生态环境保护大会、自治区党委十三届五次全会、市委五届八次全会部署要求，以坚定拥护"两个确立"、坚决做到"两个维护"的政治担当和大抓生态文明建设、奋力谱写美丽宁夏建设中卫崭新篇章的坚定决心，不断破解生态环境保护深层次矛盾问题和实践难题，以更高站位、更宽视野、更大力度推进生态环境保护示范市建设取得新成效。

（二）严格标准，狠抓突出问题整治

全面提升生态环境行政执法工作，有效压实企业生态环境保护主体责任，紧盯环境违法行为和历年中央、自治区环保督察反馈整改问题与生态环境违法行为专项整治自查问题，明确目标、增补措施、限期归零，如期销号，对已完成整改的问题适时开展"回头看"，防止问题反弹。坚持严的主基调，强化生态环境保护行政执法与刑事司法衔接，推进公安、检察机关提前介入指导调查，强力震慑环境违法行为，切实消除生态环境领域安全隐患。

（三）精准治污，持续打好污染防治攻坚战

持续大力推动水泥、钢铁行业等超低排放改造和大气污染综合治理，巩固提升化工企业挥发性有机物"一企一策"综合治理等蓝天保卫战。深入推进黄河干支流、重点湖泊、主要排水沟排污口排查整治工作，巩固现有重点入黄排水沟治理成果，推进园区污水集中处理设施及配套管网建设，强化重点涉水企业、城镇及工业污水处理厂安全运行监督检查等碧水保卫

战。继续强化固（危）废规范管理和医疗废物监管，推动形成较为完善的源头严防、过程严管、违法严惩的危险废物监管体系。加强土壤污染重点企业监管，深入开展全市集中式饮用水水源地环境保护专项行动，推进地下水环境质量目标管理等净土保卫战。

（四）靠前服务，推动绿色低碳发展

协同推进降碳、减污、扩绿、增长，统筹抓好关于稳经济保增长促发展若干措施落实，进一步畅通环评审批绿色通道，紧盯重点项目，关口前移，靠前服务，确保环评审批按期推进。落实排污权有偿使用和交易制度，推动可交易排污权入市，积极拓展排污权抵押融资，探索开展排污权租赁、置换和跨区域交易。推进"三线一单"成果更新，以生态环境高水平保护助推经济社会高质量发展。

附　录
FULU

宁夏生态文明建设大事记

（2022 年 12 月至 2023 年 12 月）

宋春玲

2022 年 12 月

4 日 《宁夏回族自治区固体废物污染环境防治条例》颁布，将于 2023 年 1 月 1 日起正式施行。

5 日 宁夏"统筹做好'四篇'文章，推进流域生态保护补偿，筑牢绿色屏障"工作，被国家发展改革委列入健全黄河流域生态保护补偿机制典型经验，并向全国推广。

10 日 宁夏农村生活污水治理率达 28.96%，达到全国平均水平，在西北地区排名第二。

同日 宁夏回族自治区人民检察院和自治区林长办公室联合印发了《关于建立"林长＋检察长"工作机制的意见》，强化检察监督与林业行政执法衔接配合，形成森林草原资源保护合力。

15 日 宁夏关注森林活动组委会召开第三次工作会议，审议通过《宁夏回族自治区关注森林活动 2023 年工作方案》。

16 日 自治区生态环境厅等 12 个部门联合印发《减污降碳协同增效

作者简介 宋春玲，宁夏社会科学院农村经济研究所（生态文明研究所）助理研究员。

实施方案》，明确强化生态环境分区管控、加强生态环境准入等 21 项举措推进减污降碳协同增效。

17 日　银川都市圈中线供水工程成功全线试通水。

18 日　宁夏首个千亿立方米大气田盐池县青石峁气田实现中国北方海相页岩气首次直井高产，开辟了勘探增储新战场。

19 日　宁夏多部门联合出台《宁夏生态保护修复行动实施方案》。

同日　中卫市"六权"改革交易集中签约活动在该市公共资源交易中心举行。此次交易涉及用水权、山林权等共计 22 笔 363.8 万元，有效推动"六权"改革全面发力。

23 日　《宁夏回族自治区补充耕地项目验收管理办法》于本日起施行。

30 日　自治区中央生态环境保护督察整改工作领导小组召开会议，听取问题并研究部署下一步工作。

31 日　国能宁东第三十四光伏电站成功并网，标志着新能源超越煤电，成为宁夏电网第一大电源。

2023 年 1 月

1 日　《宁夏回族自治区固体废物污染环境防治条例》于本日起施行。

2 日　宁夏银行北京路支行与宁夏恒康科技有限公司签订排污权抵押贷款意向性合作协议，标志着银川市首笔排污权抵押贷款成功落地。

5 日　宁夏回族自治区政府办公厅印发《加强入河（湖、沟）排污口监督管理工作方案》。

同日　宁夏回族自治区林业和草原局联合自然资源厅印发《宁夏回族自治区国有草原承包经营确权登记工作方案》《宁夏回族自治区基本草原保护管理办法（试行）》《宁夏回族自治区基本草原划定工作方案》。

9 日　生态环境部公布全国首批区域再生水循环利用试点评审结果，银川市成为首批 19 个试点城市之一。

19 日　宁夏电投银川热电有限公司获"银川卫士"生态环境保护基金奖励资金 50 万元，这是银川市积极探索建立碳排放权改革奖励激励机制，为本次单个项目单笔奖励资金最高额度。

27日 宁夏全面完成年度造林种草任务,共完成营造林150万亩,草原生态修复22.8万亩,湿地保护修复22.7万亩,治理荒漠化土地90万亩,森林覆盖率、草原综合植被盖度、湿地保护率分别达到18%、56.7%、56%。

28日 2022年宁夏首次实现森林草原"零火灾",得到国家森林草原防灭火指挥部办公室和应急管理部充分肯定。

同日 宁夏首个大宗固废综合利用项目落户银川高新区。

2023年2月

1日 自治区水利厅谋划实施防洪减灾、水资源配置、灌区现代化改造、水生态保护修复等4大类34项工程,确保2023年度水利投资规模稳定增长。

3日 宁夏灵武市创新运用山林权政府回购机制,入选国家林草局《林业改革发展典型案例》。

12日 自治区生态环境厅通报,宁夏环境空气质量连续5年达到国家二级标准。

同日 全区水利工作会议通报,宁夏水生态环境质量持续改善。

20日 自治区自然资源厅与财政厅联合印发《宁夏回族自治区重点生态保护修复治理项目管理办法》,充分发挥生态保护修复治理资金效用。

27日 自治区生态环境厅、农业农村厅、住房和城乡建设厅、发展和改革委员会、财政厅联合出台《宁夏农村生活污水处理设施运行维护管理办法(试行)》,进一步规范和加强宁夏农村生活污水处理设施运行维护管理工作,全面提升农村环境保护基础设施管理水平。

28日 自治区生态环境厅制定小排放量新(改、扩)建项目排污权交易工作简易流程。

2023年3月

2日 银川市东部片区生态环境引领经济发展项目通过生态环境部及

相关金融机构审核，成功纳入中央生态环保金融支持项目储备库。

3 日　由国家发展改革委率队，与国家能源局、相关省区发改部门及部分央企来宁夏开展专题调研、进行座谈，并在银川召开全国大型风电光伏基地建设现场会。

5 日　生态环境部公布 2022 年生态环境保护执法大练兵表现突出集体和个人名单，吴忠市生态环境保护综合执法支队获评执法大练兵表现突出集体。

15 日　宁夏生态环境厅和福建生态环境厅在福建省福州市签订两省区生态环境保护对口协作框架协议。

同日　在 2022 年全国重点用水企业、园区水效领跑者名单中，中国石化长城能源化工（宁夏）有限公司、银川经济技术开发区分获重点用水企业、园区水效领跑者，这标志着宁夏工业节水户入选全国水效领跑者实现"零的突破"。

17 日　宁夏召开全区生态文明建设示范创建工作会议，会议通报，截至 2022 年，宁夏创建"绿水青山就是金山银山"实践创新基地成果居沿黄各省区第一位。

20 日　自治区生态环境厅和生态环境部卫星环境应用中心签署战略合作框架协议，挂牌成立生态环境部卫星环境应用中心宁夏遥感应用基地。

21 日　宁夏回族自治区人民政府新闻办公室在银川市举行"推进气象高质量发展　助力宁夏先行区建设"新闻发布会。2022 年宁夏综合气候预测全国排名第二，降水预测全国排名第一；晴雨预报准确率 91.3%，全国排名第六；宁夏气象服务公众满意度 94.8 分，全国排名第二。

22 日　第三十一届世界水日暨第三十六届"强化依法治水　携手共护母亲河"中国水周宣传活动在银川市第一再生水厂绿色生态公园举办。

26 日　银川铁路运输检察院和宁夏贺兰山国家级自然保护区管理局签订协议，建立"林长＋检察长"协作机制。

30 日　工业和信息化部公告 2022 年度国家级绿色工厂名单，共享智能装备有限公司、宁夏贝利特生物科技有限公司、宁夏塞外香食品有限公司等 8 家企业上榜。

2023 年 4 月

1 日　《中华人民共和国黄河保护法》于本日起施行。

10 日　自治区生态环境厅全面启动新污染物调查评估工作，分别涉及国家重点管控新污染物环境风险管理措施落实情况调查、首轮化学物质基本信息调查、首批环境风险优先评估化学物质详细信息调查。

同日　中国环境科学研究院、生态环境部环境发展中心、黄河生态环境科学研究所、宁夏环境科学研究院等 7 家单位组建的驻点科技帮扶团队进驻银川。

13 日　西吉县获评农业农村部举办的 2023 中国美丽乡村休闲旅游行（春季）推介春季精品线路。

18 日　自治区生态环境厅、发改委、工信厅、交通运输厅等 14 个部门联合印发《宁夏深入打好重污染天气消除、臭氧污染防治和柴油货车污染治理攻坚战行动实施方案》。

26 日　自治区政府召开第 11 次常务会议，专题研究全区生态环境保护工作。

同日　全国首批首个"沙戈荒"新能源基地——国家能源集团宁夏腾格里沙漠新能源基地一期 1 吉瓦光伏项目并网发电。

2023 年 5 月

4 日　银川市建立制度动态调整"无废城市"建设重点工程项目库，首批被纳入银川市"无废城市"建设项目库的 32 项重点工程中，13 个项目已完成建设，4 个项目一期工程已建成，4 个项目正在建设。

5 日　银川市美好生活综合满意度表现突出，获评 2022—2023 年度"中国美好生活城市"，为西北地区唯一获评城市。

9 日　宁夏印发《2023 年全区自然资源日常调查监测工作实施方案》。

同日　宁夏三项变电工程获评中国电力建设企业协会 2023 年绿色建造示范工程，妙岭 750 千伏输变电工程获最高等级奖项。

同日　宁夏吴忠市与陕西省榆林市签署跨界河流水污染联防联控合作

协议，合力促进跨界流域水环境质量改善。

10 日　宁夏出台《关于开展碳排放权改革全面融入全国碳市场的实施意见》。

同日　中卫市黄河流域规模化防沙治沙项目入围由财政部、国家林草局组织的2023年中央财政国土绿化试点示范项目评审项目，获中央财政补助资金。

同日　吴忠市利通区入选全国第一批深化农业水价综合改革推进现代化灌区建设试点县名单，成为宁夏首个全国第一批深化农业水价综合改革推进现代化灌区建设试点先行县。

11 日　宁夏正式启动黄河保护综合治理专项行动。

12 日　第一轮中央生态环境保护督察整改方案确定整改任务完成率超过97%，第二轮督察明确整改任务已完成60%。

同日　由国网宁夏电力有限公司承办的全国第五届"清洁能源发展与消纳"论坛在银川召开。

13 日　由北京食品科学研究院、中国食品杂志社、北方民族大学、宁夏科学技术协会、宁夏大学等单位共同主办的生态保护与食品可持续发展国际研讨会在银川举行。

16 日　宁夏首个儿童生态科普园在贺兰县习岗镇揭牌。

17 日　自治区总河长第七次会议召开，安排部署2023年河湖长制重点任务。

同日　沙湖自治区级自然保护区完成公告登簿，标志着宁夏自然资源统一确权登记打通了"最后一公里"。

18 日　宁东能源化工基地与中国石油长庆油田分公司、国能宁夏煤业公司签订《宁夏300万吨/年CCUS示范项目战略合作协议》。

22 日　宁夏印发《关于加强河湖及水资源安全保护工作的实施意见》。

同日　宁夏出台《关于开展用能权有偿使用和交易改革　提高能源要素配置效率的实施意见》，启动用能权有偿使用和交易改革。

29 日　宁夏印发《关于深化生态保护补偿制度改革的实施意见》，深化生态保护补偿制度改革。

31 日　宁夏召开 2022 年宁夏生态环境质量状况及 2023 年生态环境保护工作进展情况新闻发布会。

同日　宁夏生态环境厅发布 2022 年宁夏生态环境状况公报。

2023 年 6 月

1 日　宁夏首届"黄河流域生态保护主题宣传实践月"活动正式启动，银川市主会场水生态治理项目责任书签订仪式及开工仪式同步举行。

2 日　自治区政协召开"持续推进黄河流域生态保护修复，助力黄河流域生态保护和高质量发展先行区建设"专家协商会。

4 日　吴忠市入围第三批 15 个"十四五"系统化全域推进海绵城市建设示范城市名单。

5 日　自治区生态环境厅、文明办、教育厅、水利厅、农业农村厅、银川市政府等多部门联合在银川宝湖公园开展宁夏 2023 年 6 月 5 日世界环境日暨环境教育宣传周活动。

12 日　自治区党委常委会召开会议，研究部署生态环境部调研组检查发现问题整改落实工作。

同日　固原市颁发首批农村土地承包经营权不动产权证书，标志着宁夏农村土地承包经营权正式纳入不动产统一登记。

同日　自治区党委副书记、自治区主席张雨浦到有关部门、科研院所调研荒漠化防治和生态建设等工作。

15 日　宁夏印发《光伏发电项目管理暂行办法》，包括 9 个方面 46 条具体管理要求。

25 日　自治区自然资源厅举行"6·25"土地日宣传周活动暨推行全区"六级"耕地保护网格化监管启动仪式。

28 日　海原县首笔排污权抵押贷款成功落地。

30 日　作为自治区二十大工程建设内容之一的国能宁东 200 万千瓦复合光伏基地项目于本日实现全容量投产。

2023 年 7 月

2 日 自治区生态环境厅发布 2023 年第三批生态环境执法典型案例，重点对两起危险废物环境违法犯罪典型案例进行通报。

9 日 宁夏印发《宁夏科学绿化试点示范区建设实施方案》。

12 日 自治区生态环境厅组织宁夏生态环境保护志愿服务队，开展全国低碳日"五进"宣传与志愿服务活动。

同日 宁夏沙漠绿化与沙产业发展基金会申报的项目"从扩绿向扩绿低碳协同发展的实践基地"成功入围生态环境部公布的 2022 年绿色低碳典型案例征集活动获选名单。

24 日 吴忠市在生态环境部发布的《国家低碳城市试点工作进展评估报告》结果中被评为优良城市。

27 日 宁夏与甘肃签署《甘肃省人民政府、宁夏回族自治区人民政府黄河流域（甘肃—宁夏段）横向生态补偿协议》，全力推进黄河流域大保护、大治理。

2023 年 8 月

2 日 宁夏回族自治区第十三届人民代表大会常务委员会第四次会议决定，批准《银川市噪声污染防治条例》《宁夏回族自治区机动车和非道路移动机械排放污染防治条例》。

同日 宁夏回族自治区第十三届人民代表大会常务委员会第四次会议对《宁夏回族自治区生态保护红线管理条例》《宁夏回族自治区市容环境卫生管理条例》作出修改并重新公布。

4 日 宁夏水利厅会同自治区公共资源交易管理局联合印发了修订完善后的《宁夏回族自治区用水权市场交易规则》。

7 日 宁夏全面启动 2023 年宁夏森林、草原、湿地调查监测工作。

15 日 自治区生态环境厅、自治区文联等单位共同主办的 2023"美丽宁夏"新时代生态文学创作活动启动。

21 日 新修订的《银川市环境噪声污染防治条例》从监管、执法、处罚等多个方面作出调整，将于 10 月 1 日起施行。

28 日 宁夏中卫市沙坡头区检察院、内蒙古自治区阿拉善左旗检察院、甘肃省白银市景泰县检察院协商建立腾格里沙漠跨区域生态环境和资源保护检察协作机制。

30 日 宁夏"六权"改革推进会在银川召开，结合深化主题教育，深学细悟习近平新时代中国特色社会主义思想特别是习近平总书记关于全面深化改革的重要论述，全面盘点总结、部署推进"六权"改革工作。

31 日 宁夏印发《关于深化"六权"改革的意见》，提出 24 条政策举措。

2023 年 9 月

4 日 《宁夏回族自治区用能权市场交易规则（试行）》正式印发，为规范用能权交易行为，建立公开公平公正的用能权交易市场，维护交易秩序，提供了政策支撑。

6 日 宁夏召开全区推进"三北"工程和荒漠化防治工作座谈会。

7 日 服务保障"丝绸之路经济带"（国内西北段）建设加强区域检察协作第三次联席会议在银川市召开，陕西、甘肃、青海、宁夏、新疆、内蒙古 6 省（区）和新疆生产建设兵团人民检察院决定建立"丝绸之路经济带"（国内西北段）生态环境检察对接协作机制。

12 日 由自治区自然资源信息中心研发的一种基于分割算法的高分遥感影像地类数据集制作方法获得国家发明专利证书。

15 日 黄河流域生态保护和高质量发展重大国家战略学术交流会在银川举行。

16 日 全国生态文学创作基地（银川）授牌仪式暨 2023"美丽宁夏"新时代生态文学创作活动（第二阶段）在银川市举办，银川市被授予"全国生态文学创作基地"。

17 日 第六届中国—阿拉伯国家博览会水资源论坛在银川召开，发布了 16 项在"一带一路"共建国家推广并取得成效的水利合作成果。

25 日 自治区文明办发布《关于增强生态文明意识 投身美丽宁夏建

设的倡议书》。

同日　中国共产党宁夏回族自治区第十三届委员会第五次全体会议在银川举行。

26日　自治区党委十三届五次全会审议通过《关于加强柴油货车污染治理的工作方案》明确，实施柴油货车清洁化行动、非道路移动机械综合治理行动等5项行动，加快推进柴油货车污染治理进度。

同日　自治区党委十三届五次全会审议通过《关于加强生态保护红线管理的实施意见》，明确到2027年，健全完善生态保护红线管理制度，全区生态保护红线面积不低于1.2万平方公里。

同日　自治区党委十三届五次全会审议通过《关于推进臭氧污染防治的工作方案》，明确到2025年底，全区臭氧浓度增长趋势得到有效遏制；到2027年底，全区臭氧浓度稳中有降；到2035年，全区臭氧污染防治更加精准科学有效，臭氧浓度稳定达标。

同日　自治区党委十三届五次全会审议通过《关于推进农业面源污染治理的工作方案》，明确宁夏农业面源污染治理的目标和重点任务是控制农业用水总量、把化肥农药用量减下来，实现畜禽粪便、农作物秸秆、农膜基本资源化利用。

同日　自治区党委十三届五次全会审议通过《关于推进中部干旱带灌草植绿的实施方案》。明确到2025年，完成区域灌草生态修复面积109万亩；到2027年，累计完成区域灌草生态修复面积185万亩，实施草原有害生物防治150万亩。中部干旱带森林覆盖率提高1个百分点，草原综合植被盖度提高3个百分点；到2035年，中部干旱带森林覆盖率稳步提高，草原综合植被盖度保持稳定，区域生态系统多样性、稳定性、持续性得到明显提升。

同日　自治区党委十三届五次全会审议通过《关于推进城乡黑臭水体整治的工作方案》，明确全区地级市、县级市黑臭水体治理目标与国家保持一致，县城和农村治理目标高于国家要求。

同日　自治区党委十三届五次全会审议通过《关于推进贺兰山生态保护修复的实施方案》，明确到2025年，完成营造林7万亩，修复草原4万亩，治理水土流失 16 平方公里，保护区森林覆盖率达到 14.5%，矿山地质环境破损问题得到有效治理。

　　同日　自治区党委十三届五次全会审议通过《关于推进水土保持工作的实施方案》，明确提出，2025 年、2027 年、2035 年全区水土保持率分别达到 78.02%、78.37%、80.87%。

　　同日　自治区党委十三届五次全会审议通过了《关于进一步加强禁牧封育的实施方案》，明确到 2025 年，随着禁牧封育工作全面加强，林长责任制全面落实，禁牧责任主体进一步明确，宁夏逐步形成禁牧网格化管理工作格局。

　　同日　自治区党委十三届五次全会审议通过《关于推进河湖湿地生态保护修复的实施方案》，明确提出 4 个方面、13 项任务、3 项保障措施，从规划、管控、修复、制度等方面，全方位、全链条、全过程规范河湖湿地保护工作。

　　同日　自治区党委十三届五次全会审议通过《关于加强水资源节约保护的实施意见》，围绕"总量不超、效率提升、环境改善、绿色发展"的总目标，提出了 5 个方面、16 项举措、3 项保障措施，将"四水四定"实施方案落到实处，破解用水难题，保障高质量发展。

　　同日　自治区党委十三届五次全会审议通过《关于防范化解环境风险维护生态安全的工作方案》，明确要加大环境风险源头防控，全面排查环境风险隐患，完善突发环境事件风险防控措施，大力提升应急处置能力。

　　同日　自治区党委十三届五次全会审议通过《各级党委和政府及自治区有关部门（单位）生态环境保护责任办法》，进一步明确各级党委和政府及自治区有关部门生态环境保护责任，建立健全清晰的分责、定责、追责管理制度，推动形成美丽宁夏建设合力。

　　同日　自治区党委十三届五次全会审议通过《加强生态环境保护监管执法办法》，明确进一步加强生态环境领域监管执法，提升监管执法的制度化、规范化水平，切实保障群众生态环境权益，维护政府公信力，提高监管效能，为生态环境保护提供坚强保障。

　　同日　自治区党委十三届五次全会审议通过《加强生态环境保护宣传

提升生态文明意识工作办法》。

同日　自治区党委十三届五次全会还审议通过《关于推进工业固体废物综合治理利用的工作方案》《关于加强医药、基础化学原料药、农药、染料及其中间体行业污染治理的工作方案》《关于加强社会化生态环境检验检测机构整治的工作方案》《关于推进六盘山生态保护修复的实施方案》《关于推进罗山生态保护修复的实施方案》《关于加强生态保护修复管理的实施方案》《关于加强开发区污水治理的工作方案》《关于加强财政支持生态文明建设办法》。

2023 年 10 月

1 日　《宁夏回族自治区生态保护红线管理条例》于本日起正式施行。

2 日　宁夏"三山"生态保护修复取得阶段性成效。

11 日　中卫市泰和实业有限公司与中卫市绿能新能源有限公司正式签订排污权租赁协议，标志着中卫市完成宁夏排污权首单租赁。

12 日　黄河银行系统"六权"领域抵（质）押贷款余额 3.4 亿元，在金融支持"六权"改革领域取得新突破。

13 日　银川铁路运输法院承建的贺兰山（大磴沟）生态环境法治宣传教育及修复示范点正式揭牌启用。这是全区法院联合生态环境部门、自然资源部门等多家行政机关共同建设的第四个生态环境法治宣传教育及修复示范点。

18 日　宁夏生态环境保护宣讲备课动员会在银川举行，对全区集中宣讲工作进行安排部署。

20 日　由自治区党委组织部、自治区生态环境厅牵头组织的全区党政领导干部生态环境保护综合能力提升专题培训班开班，自治区副主席徐耀出席开班式并讲话。

29 日　中国生态文明论坛济南年会宣布，2024 年中国生态文明论坛年会将由银川市承办，银川市将成为首个承办该论坛年会的西北城市。

2023 年 11 月

2 日　宁夏冬春季大气污染防治攻坚行动动员启动会在银川召开，全面打响 2023 年至 2024 年冬春季大气污染防治攻坚行动，持续巩固改善环境空气质量。

10 日　全国省级水网宁夏先导区建设推进会暨清水河流域城乡供水工程通水仪式在固原举行，标志着全国省级水网宁夏先导区建设全面启动、清水河流域城乡供水工程全线通水。

13 日　宁夏出台《关于推动形成绿色生活方式的实施意见》，聚焦短板弱项，衔接绿色发展相关专项政策，重点从消费侧发力，通过大力推行六方面工作，推动宁夏全面形成生活方式绿色化。

22 日　宁夏出台《关于推进能源清洁低碳转型的实施意见》，围绕能源生产绿色转型、清洁能源制造产业、能源清洁高效利用、新型电力系统建设、能源转型制度保障等提出 22 条政策举措，全力推进能源清洁低碳转型工作。

28 日　宁夏召开自治区十三届人大常委会第六次会议，自治区生态环境厅、自治区人大常委会调研组分别提交了宁夏 2023 年环保成绩单。成绩单显示，2023 年宁夏环保各项目标任务完成情况良好，全区生态环境质量不断改善。

30 日　宁夏回族自治区第十三届人民代表大会常务委员会第六次会议通过《中卫市湿地保护条例》，由中卫市人民代表大会常务委员会公布，自2024 年 1 月 1 日起施行。

2023 年 12 月

6 日　国网宁夏电力有限公司发布了全国首个省级新型电力系统建设蓝皮书。

8 日　"东数西算"高等教育和算力产业合作峰会在银川召开，中国信通院发布《中国综合算力指数（2023 年）》，宁夏算力质效位居全国第四，算力环境分指数位居全国第二、西部第一，算力资源环境指数位居全国第一。

12 日　固原市渝河成功入选生态环境部公布的全国第二批美丽河湖优秀案例，成为全国水生态环境保护的样板。

同日　宁夏宁东科技创业投资有限公司与北京海望氢能科技有限公司合作签约，宁东现代煤化工中试基地孵化成功的首个项目落地。

18 日　自治区生态环境厅、公共资源交易管理局联合发布《宁夏回族自治区排污权交易规则》，进一步规范排污权交易行为，优化交易流程，推动排污权有序流转。

21 日　宁夏在 2022 年国家污染防治攻坚战成效考核中取得历史性突破，被评为优秀等次，这是国家污染防治攻坚战成效考核以来宁夏考核成绩最好的一次。

22 日　《宁夏回族自治区碳排放权交易管理实施细则（试行）》于本日起正式实施。